KB252117

It Cosmetic

잇 코스메틱

초판 1쇄 인쇄 2013년 9월 15일
초판 1쇄 발행 2013년 9월 20일

지은이　　　이선배
발행인　　　김경섭

기획편집　　한선화 · 이미아
디자인　　　정정은
책임마케팅　노경석 · 윤주환 · 조안나 · 이철주
제작담당　　정웅래 · 김영훈

발행처　　　지식너머
출판등록　　제 2013-000128호
주소　　　　서울특별시 서초구 사임당로 82 (우편번호 137-879)
문의전화　　편집 (02) 3487-1650, 영업 (02) 2046-2800

ISBN 978-89-527-7004-2 13590

'화장품 골라주는 여자' 이선배의

아이템별 최고의 화장품!

| 이선배 지음 |

잇코스메틱

It Cosmetic

지식너머

프롤로그

요즘 인터넷에서 '초등학생 화장품', '학교용 비비' 같은 검색어를 보고 깜짝 놀라곤 한다. 그만큼 화장품이 어린 여자 아이들의 생활에까지 깊숙이 파고들었고, 이젠 남자들도 여자친구나 누나의 손길을 빌리지 않고서 당당하게 직접 자신의 화장품을 쇼핑하는 세상이다. 고백하자면 나 역시 중·고등학생 때 엄마 화장품을 몰래 바르고 사진을 찍곤 했다. 지금 그 사진을 보면 불사르고 싶을 만큼 촌스럽지만 말이다. 동화 속에서 미운 오리 새끼가 백조가 됐듯, 자신을 아름답게 가꾸면 언젠가 꿈이 이루어질 것 같은 설렘을 느낀다. 아름다움에 대한 갈망은 인간의 본능으로, 남녀노소 누구나 갖고 있다.

'립스틱 효과'라는 말이 있다. 불경기에 오히려 립스틱 같은 저가 미용 제품 소비가 느는 현상을 말한다. 경쟁이 심해지고 삶이 팍팍할수록 미에 대한 관심은 폭발적으로 는다. 최근 몇 년 새 얼마나 많은 화장품 브랜드가 생기고, 수입되고, 미용 관련 프로그램과 온라인 커뮤니티가 호응을 얻었는지 보라. '코덕('코스메틱 덕후'의 줄임말로 화장품 마니아를 의미)'이란 은어까지 생길 정도로, 매주 신상품을 사러 화장품 가게로 달려가는 사람들도 많아졌다.

　　문제는 화장품에 대한 관심이 높아질수록 수없이 쏟아지는 상품과 미용 정보 속에서 정말 나에게 도움이 되는 옥석이 무엇인지 가려내는 일이 점점 더 어려워진다는 것이다. 화장품 매장 직원이 전혀 맞지 않는 파운데이션 색을 추천하기도 하고, 자외선 차단부터 영양 공급까지 다 되는 제품이라고 광고하지만 실제 그것만 바르면 자외선 차단조차 거의 안 되는 제품들도 허다하다. 잘 모르면 오히려 아름다움을 해칠 수도 있는 이런 상황은 내 주위에서도 비일비재하게 일어난다. 만성적으로 성인 여드름에 시달렸는데 알고 보니 비싼 돈 주고 산 클렌저와 크림에 원인이 있었던 경우도 있고, '화장만 하면 더 이상하다.'며 사시사철 맨얼굴인데 사실 자기에게 맞지 않는 색조 제품만 구비한 것이었던 경우도 보았다.

　　한편, 'ㅇㅇ화장품에 발암물질이 들었다.'는 근거 없는 괴소문이 퍼져 업체가 항변도 제대로 못한 채 크나큰 타격을 입은 경우도 있었다. 모든 것이 불확실한 정보 때문에 벌어지는 일이다. 하지만 우리나라 화장품 산업을 관리, 감독하는 식약처가 모든 제품을 하나하나 분석해서 자세한 미용 정보를 가르쳐줄 수는 없다. 요즘은 대중매체와 뷰티 전문가들을 통해 새로운 정보가 대중 사이로 급속히 퍼져 나간다. 그러나 많은 경우 광고 스폰서나 자기 사업체의 이윤에서 자유롭기 어려운 것이 현실이다.

결국 행정, 마케팅, 피부 건강과 미학적 측면 사이에서 누군가는 균형감을 갖고 발언을 해야 한다. 물론 나 역시 광고가 얽힌 일을 할 때도 있다. 하지만 언젠가 꼭 공정함과 균형감을 최대한 지킨 뷰티 지식을 모아서 책으로 내야겠다는 생각을 해왔다. 그동안 패션, 라이프 스타일 관련 서적을 여러 권 썼지만 지금이 바로 뷰티 관련 서적을 내기에 적당한 시기인 것 같다.

다행히도 날라리 학생이긴 했지만 대학 4년간 화학과에 몸담았던 게 화장품 성분을 이해하고 분석하는 데 뒤늦게 도움이 많이 됐다. 또 패션·뷰티 에디터로서, 화장품 마니아로서 산 세월도 톡톡히 역할을 했다. 많이 쓰지도 않는 화장품, 사 모으기만 한 죄를 용서받기 위해서라도 성실하게 집필에 임했다.

이 책은 우리를 둘러싼 화장품 자체에 대한 이야기다. 1장에서는 화장품에 대한 일반적인 지식을 바로세우고, 2장에선 종류별로 꼭 알아야 할 지식과 선택 기준, 그리고 아이템별로 내가 추천하는 상품을 넣었다. 성분은 비슷해도 이름 붙이기에 따라 종류가 다른 것처럼 느껴지는 화장품이 많아, 그런 것들은 과감히 생략했다.

일부 독자에겐 너무 어려운 이야기일 수도, 또 다른 일부에겐 '에이, 다 아는 얘긴데 썼네?' 싶을 수도 있다. 그만큼 우리나라 사람들은 뷰티에 대한 지식수준에 있어 폭넓은 격차가 있다. 또, 화장품 산업이 급속도로 발전하다 보니 어제의 진실이 오늘의 오류가 되는 일도 흔하다. 본격적으로 화장품을 연구하시는 분들, 의학 전문가들이 오류를 발견해 알려주시면 즐거운 마음으로 배울 것이다.

그럼 예뻐지고 건강해지기 위해, 책장을 펼쳐보시길…….

이선배

Contents

차례

Part1.
All about Cosmetics

화장품 사러
가기 전에
알아야 할
것들

01. 내 피부의 성격부터 알아라

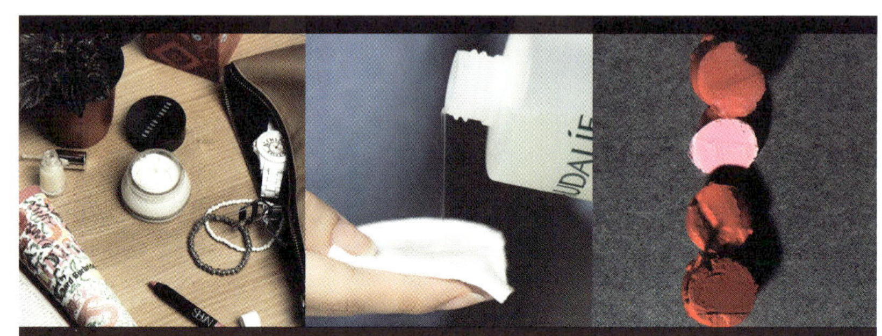

02. 화장품에 대한 진실 혹은 거짓

Part 2.
It Cosmetic

나에게
꼭 맞는
화장품
찾기

01. 스킨 케어 제품

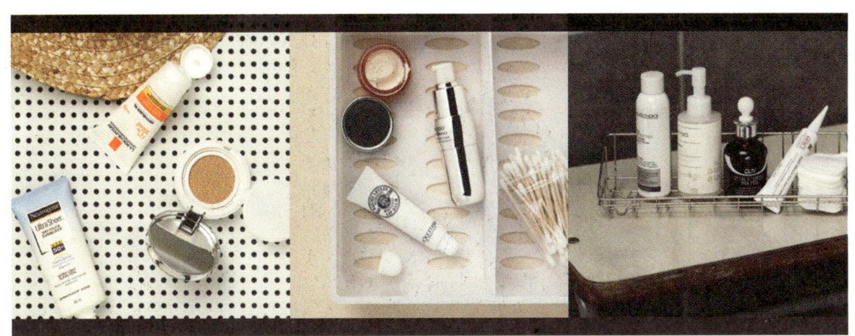

Part 2.
It Cosmetic

나에게
꼭 맞는
화장품
찾기

02. 메이크업 제품

Part 2.
It Cosmetic

나에게
꼭 맞는
화장품
찾기

03. 보디 & 헤어 제품

272

**실크 같은 머릿결을
연출하는 헤어 제품**

두피도 피부다!
내 두피에 맞는 샴푸 고르기
컨디셔너, 트리트먼트, 세럼 고르기
두피와 모발 균형 맞추기

Writer's Choice

284

**언제나 촉촉하고 매끄럽게,
보디 제품**

보디 클렌저는 피부 타입에 맞고 순한 것
손발 제품은 목적이 중요

Writer's Choice

293

**여배우처럼 섹시하게,
보디 메이크업**

보디 오일, 보디 밤, 브론저, 시머 크림
보디 메이크업 제품에도 톤이 있다

워터프루프, 자외선 차단
기능을 확인할 것!

Writer's Choice

300

부록 1.

해외여행 시
화장품
알뜰 쇼핑
노하우

311

부록 2.

해외 화장품
온라인 쇼핑몰
완벽 정리

314

부록 3.

화장품 브랜드별
특징 및
대표 제품

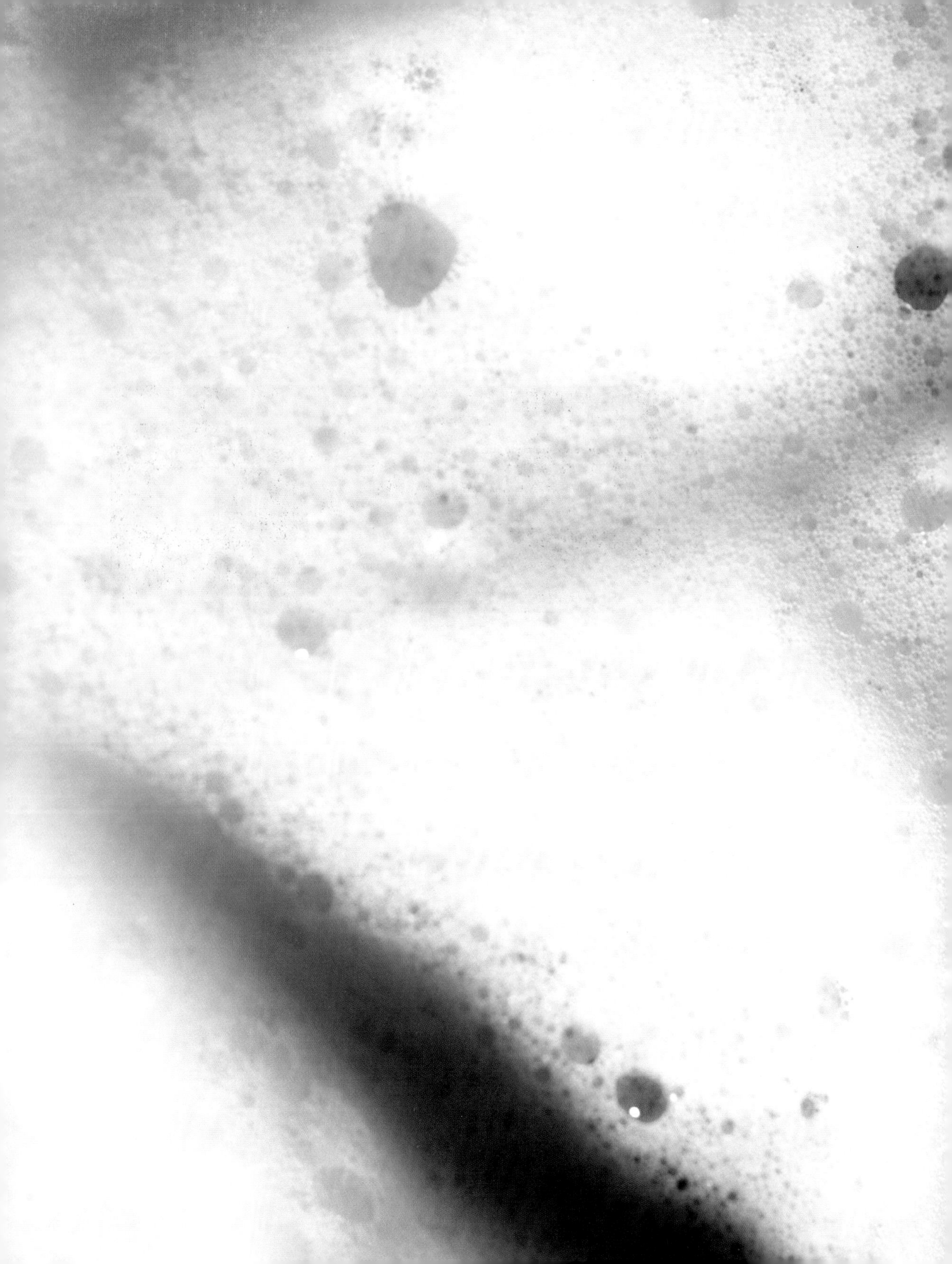

Part 1.
All about Cosmetics

화장품 사러 가기 전에
알아야 할 것들

All about Cosmetics
AnOther Magazine Issue 18 Spring
Another Magazine 18th Iss

01

내 피부의 성격부터 알아라

All about Cosmetics

내 피부의 성격 이해하기

▶ 자신의 성격을 물어보면 어떻게 표현해야 할지가 난처할 뿐 아예 모른다는 사람은 없다. 미처 모르는 내면의 성격도 있겠지만 스스로 명랑한지, 차분한지, 급한지, 느긋한지, 감수성이 예민한지, 둔감한지 정도는 다들 잘 알고 있다. 장점과 단점, 어떤 걸 좋아하고 싫어하는지, 아무리 눈치가 없는 사람도 안다. 그래서 남자친구를 사귈 땐 이상형과 비교도 해보고, 자신과 성격이 맞는지 세심하게 따진다. 반면 피부에 대해서라면 잘 모르는 사람이 허다하다. 피부에도 엄연히 성격이 있다. 피지 분비량에 따라 보통 지성 피부, 건성 피부, 중성 피부와 같은 식으로 나뉜다. 그러나 분명 어느 한 카테고리에 포함되지만 자기 피부의 성격을 아예 모르거나 전혀 다른 걸로 오해하고 있는 사람이 많은 게 현실이다.

여드름 피부로 얼굴에 항상 각질이 일어나 있는 지인이 있었다. 그녀는 각질이 많단 이유로 자신이 건성 피부라고 믿었다. 그런데 어느 날 '기적의 크림'이란 걸 선물 받아 듬뿍 바른 후 팩을 하고 잤더니 각질이 싹 사라졌다고 좋아하는 게 아닌가. 하지만 실상 그 크림은 거의 100% 기름으로, 각질이 기름에 푹 젖어 안 보이게 된 것일 뿐이었다. 며칠 후 그녀는 목까지 뒤덮은 여드름에 비명을 질러댔다.

그녀뿐 아니라 코에 블랙헤드가 있고 콧방울 옆에 지루성 각질까지 껴 있는데 자긴 건성 피부라며 버터와 같이 유분기 가득한 크림을 찾는 사람, 잔주름마저 보이는 건성인데 딥 클렌징을 해야 한다며 각질 제거까지 되는 강력한 클렌저로 세수를 하는 사람……, 이런 이들을 무수히 봤다. 심지어 화장품 판매원조차도 고객의 피부 상태에 상극인 제품을 추천하는 경우가 비일비재하다. 그렇게 자신의 피부에 맞는 화장품을 찾기까지 누구나 시행착오를 겪게 되는데, 간혹 수십 년 계속되는 경우도 있다.

원래 사람 피부란 게 겨울엔 추위와 바람 때문에 표면이 두껍고 칙칙해 보이고, 여름엔 땀과 습기로 번들거리는 게 정상이다. 또 나이가 들면서 모공도 늘어져 커 보이고, 피부 표면에 무수한 잔주름이 생긴다. 하지만 요즘 사람들은 그 모든 불완전함을 거부한다. 계절이나 세월과 관계없이 항상 팽팽하고 촉촉하며, 모공과 잔주름이 눈에 띄지 않는 상태를 유지하고 싶어하는 것. 바로 거기서 행복과 불행이 시작된다.

특히 우리나라 사람들처럼 적어도 4~5가지 화장품을 연달아 바르는 사람들은 제품 하나하나가 자기 피부에 맞는지 안 맞는지도 모른 채 피부를 고문하는 경우가 많다. 피지를 강력하게 제거했다가, 피지와 비슷한 기름을 발랐다가, 다시 그거 지운다고 솔로 막 문질렀다가……. 화장품을 바를 땐 일시적으로 피부가 좋아졌다가도 지우고 나면 상태가 훨씬 나빠져 있는 경우도 다반사다. 고백하자면 나 역시 그런 과정을 한참 겪었다. 화장품을 바를 때 가장 중요한 건 내 피부 성격에 맞게, 원하는 것만 해주는 것이다.

내 피부는 어떤 타입일까

자신의 피부 타입을 잘 모르는 사람이 허다하다. 그러면서 다들 피부에 좋다는 화장품은 잔뜩 바르는데, 이럴 경우 트러블이 생길 확률은 매우 높아진다. 과장하자면 콜레스테롤 수치가 높은데 육식을 더 많이 하거나, 저체중인데 저칼로리 음식으로 다이어트를 하는 것과 같기 때문. 피부 타입이란 것은 유전자에 의해 어느 정도 타고난다. 할아버지가 모공이 크고 얼굴이 번들거리는 지성 피부의 소유자였다면, 아버지도 어느 정도 그렇게 태어날 확률이 높다. 그런 집 손녀딸이 다른 곳은 다 고운 반면 티존이 번들거리고 모공이 큰 것을 보고, '와, 지성 피부 유전자가 3대는 가는구나.' 하고 감탄한 적이 있었다.

분명 지성 피부였는데 여드름 치료를 받다 보니 잠시 피부가 땅기고 피지도 안 나온다면 그건 건성 피부가 아니라 건조해진 피부다. 치료를 끊으면 다시 원래대로 지성 피부가 된다. 물론 나이를 먹어서 호르몬 분비가 아예 바뀌어 피지도, 수분도 적은 상태가 계속된다면 그때부턴 건성 피부라고 할 수 있을 것이다. 일단 자기 피부 타입을 알고, 그 기준에 맞춰 최근 자신의 피부 상태는 어떤지를 관찰하면서 해야 하는 것이 바로 피부관리다.

+++ 지성 피부(해당사항에 체크할 것)

☐ 코 옆, 미간 등이 두껍고 비늘 같은 각질이 끼어 있거나 각질 때문에 피부가 막

을 쓴 것 같다.

☐ 모공이 커서 눈에 보이고 블랙헤드, 화이트헤드 등이 끼어 있다.

☐ 세안 후 10분만 지나도 모공에서 피지가 새어나와 맺힌 것이 보인다.

☐ 피부를 만져보면 미끈하고 끈적거린다.

☐ 피부가 닭살처럼 두껍고 거칠며 만지면 뭔가 알맹이가 많이 들어 있는 것 같다.

☐ 아침에 머리를 감았어도 저녁이 되면 머리가 젖은 것처럼 보이고 냄새가 잘 난다.

☐ 자고 일어나면 베개나 종이에 피지가 묻어날 만큼 많이 나오고 얼굴이 번들거린다.

☐ 좁쌀 여드름, 뾰루지 같은 것이 한 달에 몇 번씩 난다.

+++ 건성 피부(해당사항에 체크할 것)

☐ 하얗고 곱게, 트는 것처럼 각질이 생긴다.

☐ 피부 표면을 자세히 보면 전체적으로 미세하게 쪼글쪼글하다.

☐ 모공이 거의 눈에 띄지 않는다.

☐ 세안 후 한나절이 지나도 피부가 전혀 번들거리지 않는다.

☐ 피부를 만져보면 촉촉하거나 탱탱하지 않고 부석거린다.

☐ 하루 정도 머리를 감지 않아도 머리가 젖지 않고 냄새가 나지 않는다.

☐ 자고 일어나면 피부가 더 조이는 느낌이 든다.

☐ 여드름이 거의 나지 않는다.

+++ 중성 피부

위의 두 가지 피부 중 어느 쪽에도 해당되지 않거나 반반씩 비슷하게 나왔을 때.

+++ 복합성 피부

어떤 부위는 건성 피부에, 어떤 부위는 지성 피부에 해당하며 그 경향이 매우 심할 때. 절대 다수의 사람들이 티존은 조금 번들거리고 유존은 건조하거나 적당한 피지 분비를 보인다. 하지만 그 경향이 심할 때 복합성 피부라고 할 수 있다.

+++ 민감성 피부

위의 피부 타입 중 하나에 속하면서 외부 자극에 훨씬 민감하게 반응하는 피부.

지성 피부 케어

미니 TIP

지성 피부의 화장품 구입 팁

1 기본적으로 '오일 프리'인지 확인한다. 완전히 유분이 없진 않더라도 적게 함유한 제품이다.
2 '워터 베이스'란 문구가 들어가면 더욱 좋다.
3 탄력 크림, 영양 크림, 페이셜 오일 등을 특히 주의한다. 유분이나 막을 형성하는 제품이 피부에 오래 남으면 오히려 좋지 않다.
4 모공이 막히기 쉬우므로 순한 각질 제거 제품을 꾸준히 사용한다.

피지 분비량이 많으며 그에 따라 모공이 크고 각질이 피지에 젖어 잘 떨어지지 않는 피부가 지성 피부다. 사람들 대부분이 티존은 지성인데 얼굴 전체, 몸까지 비슷하다면 진짜 지성 피부를 타고났다고 할 수 있다. 건강한 지성 피부는 큰 모공으로 피지를 잘 뿜어낸다. 피부가 항상 천연 보습막으로 덮여 있어 내부의 수분을 잃지 않고 외부 자극에도 강하다. 특별한 문제없이 전체적으로 번들번들한 게 건강한 지성 피부다. 덕분에 수십 년이 지나면 지성 피부인 사람이 건성 피부인 사람보다 덜 늙어 보인다.

하지만 문제는 누구나 건강한 건 아니라는 것이며, 일단 미관상 지저분해 보일 수 있다. 피지 분비가 너무 심해 모공이 막히고 각질도 피지에 젖어 제때 탈락되지 않으면 일명 '좁쌀 여드름'이라고 불리는 화이트헤드, 블랙헤드가 생기고 거기에 세균이 번식하면 화농성 여드름이 된다. 여드름이 없더라도 피부가 우툴두툴하고 화장도 잘 지워져 결코 마음이 편하지 않은 것이 지성 피부다.

지성 피부관리는 '오일 프리'를 원칙으로 해야 한다. 기름은 이미 많기 때문에 수분을 공급해줄 수 있는 제품을 바르고 그것이 피지와 섞이게 하면 된다. 오일 프리 화장품이 많이 있지만 사실 약간의 유분은 들어가는 경우가 대부분이다. 그것마저 피할 필요는 없고, 거기서 더 뭘 해준다고 유분이 많은 제품을 더하지만 않으면 된다. 지성 피부인 사람 대부분이 과욕을 부리다 트러블을 겪는다. 보습막이 잘 형성돼 건조함을 느끼지 않으면 지나친 피지만 잘 제거해주면 된다. 하지만 천연 보습막을 완전히 파괴할 정도의 강한 클렌저로 수시로 박박 문질러가며 닦으면 문제가 생긴다. 지성이라 기름은 뿜어져 나오는데, 피부는 손상되어 각질도 많고 건조한 상태가 되는 것이다. 이런 상태에선 세균에 감염될 확률도 높으며 더 씻고 각질 제거를 하면 더욱 건조해진다.

건성 피부 케어

피지 분비량이 적고 자연 보습막이 잘 생기지 않아 쉽게 수분을 빼앗기는 피부가 건성 피부다. 겨울철 일시적으로 건조함을 느끼는 것과는 다르며 진짜 건성 피부인 사람은 그리 많지 않다. 그럼에도 우리나라 여자들 상당수가 '건성 피부'라고 주장한다. 심지어 화장품을 살 때도 '건성 피부'라고 판정을 해주며 상품을 제안하는 판매원이 많다. 사실 지성 피부보다 건성 피부한테 팔 화장품이 가짓수도 많다. 거의 모공을 찾아볼 수 없다는 것이 눈으로 보이는 건성 피부의 가장 큰 특징. 사춘기 때 여드름도 잘 안 생기고, 콧등에마저 피지가 돌지 않기도 한다. 대신 일찌감치 눈가, 입가 등에 잔주름이 생긴다.

겨울철이나 목욕 후 등이 건성 피부에겐 가장 큰 위기 상황. 피부가 따갑

Madre
Bees
Richard Burbridge

고 가려울 정도로 건조해지기 때문이다. 이때 수분이 있는 상태에서 유분으로 막을 만들어주는 것이 중요하다. 그래서 수분 증발을 막고 각질층이 알아서 신진대사를 할 수 있는 환경을 만들어줘야 한다. 오일이나 밤은 이런 사람을 위한 제품이다. 건조하다고 물만 든 미스트를 뿌리는 건 하등 도움이 안 된다. 물은 다 증발해버리고 막을 만들지 못하기 때문이다.

건성 피부는 가능한 피지를 뺏는 클렌저를 쓰지 말고 물로만 세안, 목욕을 하는 게 좋다. 클렌저를 쓴다면 최대한 피지를 제거하지 않으면서 보습막을 남기는 촉촉한 종류를 선택해야 한다. '세타필 클렌저'는 클렌저란 이름과는 달리 반투명한 로션 타입인데 그걸로 얼굴을 문지르고 티슈로 살짝 잔여물을 닦아내는 방식이다. 다른 피부 타입인 사람이 쓰면 잘 씻어지지도 않고 여드름마저 날 수 있지만 건성 피부라면 괜찮을 수 있다.

결론적으로 건성 피부는 최대한 피지와 비슷한 성분이 든 보습제를 바르면서, 지나치게 씻지 않도록 주의를 기울여야 한다.

중성 피부 케어

가장 이상적인 피부가 중성 피부다. 건조한 계절에 건조하고 습도 높은 계절에 끈적이는 것처럼 느껴질 뿐, 피지가 많이 분비되거나 속까지 건조해지지 않는다. 중성 피부인 사람이 꽤 많은데 종종 자신이 지성이나 건성 피부라고 착각을 하는 게 함정. 이런 사람들은 계절 등 상황에 따라 아주 기본적인 관리만 해주면 된다. 과욕을 부려 유분을 과도하게 공급하거나 반대로 지나치게 씻어내 여드름 피부 혹은 손상된 건조 피부가 되기 쉽다.

복합성 피부 케어 ◢

원래 복합성 피부는 건성과 중성, 건성과 지성 등 얼굴의 특성이 구역별로 분명히 다를 때 쓰는 말이다. 하지만 절대다수가 티존은 조금 지성이고 유존은 그보다 건조하다. 어쩌면 돌출된 부분이 바람, 자외선 등으로부터 보호를 받아야 하기 때문에 그렇게 진화되었을지도 모르겠다. 어쨌든 이런 피부 상태는 매우 자연스러운 것이다.

하지만 미용상의 목적으로 두 부위의 약점을 최대한 보완하려면 정확하게 구역별로 그에 맞는 관리를 해주는 게 좋다. 예를 들어 티존이 지성이고, 유존은 중성인데 지성에 맞는 클렌징을 얼굴 전체에 하면 유존이 건조해진다. 또 코 옆의 볼은 지성임에도 불구하고 눈 밑이 건조하다고 유분 많은 아이 크림을 지성인 부위에 닿게 발랐다면 뾰루지가 날 확률이 높다. 특정 부위에 맞는 관리를 해준다고 하다가 성격이 다른 부위에 트러블을 유발하는 일은 굉장히 흔하게 일어난다. 자기 얼굴의 구역을 가능한 정확하게 구별하고 그에 맞는 관리를 해주는 것이 필요하다. 그렇게 못할 바엔 차라리 아무 것도 안 바르는 게 나을 수도 있다.

민감성 피부 케어 ◢

민감성 피부는 계절 변화, 화학 물질, 스트레스 등에 보통 피부보다 훨씬 취약한 피부를 말하는데 트러블 때문에 화장을 전혀 하지 못한다는 개그우먼 박지선 씨가 대표적인 예라 하겠다. 요즘 스스로 자신의 피부가 민감하다고 답하는 사람이 많은데 실제로 그렇게 흔하진 않다.

맞지 않는 화장품을 써서 트러블이 생기거나 한두 가지 물질에 알레르기가 있는 건 평범한 피부다. 이런 경우 자기에게 맞지 않는 성분을 찾아내는 것이 가장 중요하다. 그래서 화장품에 '전성분 리스트'가 존재하는 것이다.

이것저것에 모두 트러블이 생기는 민감성 피부라면 조금이라도 자극성이 있거나 알레르기 유발 가능성이 있는 성분을 다 빼고 성분 가짓수도 단순한 화장품을 써야 한다. 보통 피부도 이런 화장품을 쓰면 순하고 좋지만 자신이 원하는 즉각적인 효과를 얻지 못한다는 게 단점이다.

민감성 피부가 주로 체크해야 할 성분은 알코올(변성알코올, 에탄올 등), 향료, 각종 식물성 에센셜 오일, AHA(글리콜릭애씨드), BHA(살리실릭애씨드), 레티놀, 멘톨, 캠퍼, 화학적 자외선 차단 성분(에칠헥실메톡시신나메이트, 부틸메톡시디벤조일메탄, 옥토크릴렌, 드로메트리졸트리실록산 등), 타르 색소(적색 225호, 황색 4호 등), 메칠이소치아졸리논, 이미다졸리디닐우레아 등의 일부 독한 방부제다. '피부 자극 테스트 완료'란 문구가 들어간 화장품은 임상 기관을 통해 인체에 자극이 있는지 시험을 통과했단 얘기다. 법적 구속력은 없고, 꼭 안전하단 얘기는 아니지만 없는 것보다는 낫다.

All about Cosmetics

내 피부에 꼭 필요한 화장품 찾기

화장품, 몇 가지나 발라야 할까? ◢

모든 화장품엔 기본적으로 보습 성분이 들어간다. 심지어 아이섀도나 파우더에도 효과는 없지만 극소량의 보습 성분이 있다. 보습 성분에는 습윤제(휴멕턴트)라는 수분을 끌어당겨 머금고 있는 성분과 유연제(에몰리언트)라는 수분 증발을 막는 성분이 있다. 대체로 습윤제는 글리세린, 부틸렌글라이콜, 프로필렌글라이콜, 히알루로닉애씨드처럼 물과 친한 성질이 있고 유연제는 호호바 오일, 세틸에칠헥사노에이트, 이소헥사데칸, 카프릴릭/카프릭트리글리세라이드처럼 주로 기름이다. 물 종류와 기름 종류를 계면활성제를 이용해 섞고 기타 질감을 유지시키는 성분, 미백 등 유효 성분, 향료 등을 넣은 게 일반적인 보습제인데 피부 타입에 따라 건성은 유분, 지성은 수분 위주의 제품을 쓰면 된다. 겨울에 더 기름진 제품을 쓰는 이유는 습윤제(오일 프리)만으론 공기 중 수분이 부족해 그 수분을 피부에서 끌어오기 때문이다. 하지만 지성 피부의 경우 일부 기름진 제품으로 인해 여드름이 날 수도 있으니 적절한 제품을 찾는 게 중요하다.

이 모든 과정을 한 가지 화장품으로도 끝낼 수 있지만 왠지 섭섭하다 싶으면 수분 위주 제품을 먼저 바르고(스킨이나 묽은 에센스), 그 위에 유분이 더 많은 제품(크림이나 오일)을 덧바르면 이미 바른 수분을 가둘 수 있게 도와준다.

만약 미백, 주름 개선 등을 돕는 성분이 피부에 침투해야 효과를 보는 제품이면 세안 후 맨얼굴에 바로 바르는 게 효과적이다. 하지만 워낙 지성 피부라 피지막 때문에 제품이 침투할 확률이 낮다면 자극이 되지 않는 선에서 계면활성제와 알코올 등이 든 스킨을 화장 솜에 묻혀 한 번 닦아낸 후 기능성 제품을 바르는 게 좋다. 비슷비슷한 제품, 예를 들어 영양 크림, 탄력 크림을 몇 가지 겹쳐 바르는 건 의미도 없을뿐더러 그 안에 든 유효 성분이 충돌해 효과가 없어지거나 오히려 해로울 수도 있다.

내가 쓰는 화장품, 정말 안심해도 될까?

순하고 안전한 화장품을 쓰겠다고 하지 않을 사람이 과연 있을까? 하지만 인간 세상이라는 게 그렇게 이상만큼 완벽하진 않다. 화장품의 안전성 문제에 대해선 수천 년의 화장품 역사를 통해 꾸준히 연구하고 발전시켜 나가는 중이다.

보습제에 많이 들어가는 성분들

□ 글리세린 : 끈끈하며 진득해서 기름으로 오인하기 쉽지만 물과 친한 성분이다. 물을 끌어당기는 성질이 강해서 카엘 수분 크림 등에 많이 들어간다. 글리세린의 끈적임을 줄이기 위해 디메치콘 등 실리콘 성분이나 알코올을 넣기도 한다.

□ 부틸렌글라이콜 : 글리세린보다 덜 끈적여서 미끈거리는 액체. 스킨부터 에센스 시트 마스크 등에 광범위하게 들어간다. 산뜻하고 촉촉한 보습 효과.

□ 세틸에칠헥사노에이트 : 합성 오일인데 끈적임이 적고 순해서 피부를 보들보들하게 해줘 유분이 있는 크림에 많이 들어간다.

□ 카프릴릭/카프릭트리글리세라이드 : 식물성 오일에서 유래한 기름 성분으로 건성 피부에 좋다. 피지오겔 로션 크림에 많이 들어가 있다.

CAUDALÍE

“유럽의 귀족 부인들이 쓰던 화장품이래. 사드리니까 어머니가 너무 좋아하시는 거 있지? 화장대가 빛이 난다고.”, “질감이 쫀쫀한 게 바르자마자 피부가 탱탱해지는 걸 느낄 수 있어요.”, “어머, 이거 향기 너무 좋다. 마치 꽃밭에 온 것 같아!” 등 화장품은 피부에 좋으라고 바르는 건데, 사람들은 무심코 위와 같은 이유로 좋지 않은 성분을 같이 바르고 있다. 화장품 회사들이 그다지 좋지 않거나 나쁜 걸 알면서도 그런 성분을 포기하지 못하는 이유는 화장품이란 ‘상품’을 만드는 데 필요한 물질들일 뿐 아니라, 소비자들이 그 결과물로 나타나는 촉감, 향, 용기, 색상 등을 그만큼 중요시하기 때문이다.

많이 우려먹은 사연인데 모 고가 브랜드의 크림과 에센스 론칭 행사장에서 만난 브랜드 홍보 담당자들 얼굴에 난리가 난 적이 있었다. 울긋불긋, 오톨도톨, 전형적인 화장품 트러블이었다. “얼굴이 왜 그러세요? 지난번엔 이렇지 않으셨잖아요?” 심지어 아르바이트 학생까지 같은 트러블이…….

유난히 향이 강하던 그 제품은 안티에이징 제품이었는데 다량으로 들어간 유분과 피막형성제(막을 만들어 탱탱하게 느껴지는 성분), 다양한 식물 추출물 중 무언가에 의해 트러블이 생긴 것이다. 비싸서였는지 시험을 해야 해서인지 다들 그 제품을 미리 발랐나 보다. 그럼에도 직업적인 이유로 어떻게든 화장으로 얼굴 상태를 감추고 제품이 좋다고 말해야 했으니 참 안타까운 일이 아닐 수 없다.

화장품 성분에는 영화 제목처럼 ‘좋은 놈, 나쁜 놈, 이상한 놈’이 있다. ‘좋은 놈’은 독성이나 알레르기를 일으킬 가능성이 거의 없으면서 내 피부가 필요로 하는 성분이다. 건성 피부에 코코넛 오일에서 합성해 사람의 피지와 비슷한 역할을 하는 ‘카프릴릭/카프릭트리글리세라이드’를 나무랄 사람은 아무도 없다. 순한 데다 건성 피부의 상태가 좋아지도록 하는 성분이기 때문이다. 하지만 이 성분이 썩지 않도록 넣는 방부제나 화장품 색이 좋아 보이도록 넣는 합성 색소(타르 색소)는 피부엔 좋지 않은 성분이다. 나쁜 줄 알면서도 화장품이란 걸 만들어야 되니까 법 규제하에서 넣는 것이다.

반면 건성 피부용인데 시원하게 한다고 알코올을 넣었다면 그 피부 상태에 맞지 않으니까 결과적으로 '나쁜 놈'이다. '이상한 놈'은 피브이피처럼 피부에 직접적 영향은 없지만 막을 만들어 마치 화장품을 바른 후 피부가 탱탱해진 것 같은 '느낌을 주는 성분'이라고 할 수 있다. 하지만 득이 안 되는 만큼 장기적으로 바르면 피지 배출과 각질 탈락을 막아 여드름을 유발할 수도 있다. 그 밖에도 화장품 성분이 하나로 섞이도록 하는 계면활성제, 점성이 생기라고 넣는 점증제 등 실제 작용은 없는 성분들, 소량이지만 화장품 이름에 걸맞은 이미지를 만들기 위해 넣는 희귀 성분들이 참으로 많다. 속되게 말하면 '바람잡이'인 셈.

인기 많은 대부분의 화장품은 이렇게 좋은 성분뿐 아니라 나쁜 성분과 그 화장품의 느낌을 살려주기 위해서 들어가는 성분이 뒤죽박죽 섞여 있다. 엄밀히 말해 좋은 화장품은 피부에 좋은 성분만 들었고 나쁜 성분은 최대한 뺐으며 쓸 데 없는 성분도 생략한 제품이다. 이런 제품들이 분명 있지만 방부제를 순한 걸로 쓰는 만큼 사용기한이 짧아져 보관을 잘못하면 썩을 수 있고(수출도 못 함), 향료를 안 넣어서 냄새가 이상하며, 점도도 떨어져 발라도 바른 것 같지가 않고, 당장 효과가 없다며 무수한 타박을 받을 수 있다. 발라보고 순위를 정하는 TV 뷰티 프로그램에서 상위권에 랭크되지 못함은 물론이다.

나쁜 화장품은 내 피부에 필요한 기능을 하긴커녕 나쁜 영향만 끼치는 제품을 말한다. 쓰면 쓸수록 피부가 나빠진다. 과거 패션 디자이너 브랜드들이 비싸게 팔던 토너 같은 것에 유독 많았다. 물, 알코올, 향료, 방부제, 합성 색소가 성분의 거의 전부다. 피부가 촉촉하고 매끄러워질까 해서 비싼 돈 주고 샀는데 물 말고는 해만 되는 성분인 것이다. 이런 제품은 지금도 있으며 적어도 그런 제품은 알아보고 피하자는 게 이 책의 의도다.

피부의 안전을 위해 알아둬야 할 전성분 표시제

미니 TIP

CGMP 지정업체

한국콜마(주), (주)지본코스메틱, (주)코스비전, 코스맥스(주), (주)엘랑, KB코스메틱, (주)이앤알랩, (주)엘시시, (주)아모레퍼시픽, (주)이미인, 그린코스, (주)아모레퍼시픽, (주)스피어테크, (주)사임당화장품, 스킨큐어(주), (주)에스티씨나라, (주)파이온텍, (주)코나드, (주)제닉, (주)코스메카코리아, (주)코리아나 화장품, 태남홀딩스(주), (주)태평양 제약, (주)한국화장품제조, 유시엘(주), (주)엘지생활건강, (주)서울화장품, (주)한국존슨앤존슨, 리봄화장품, 마린코스메틱 등이 있다(2013년 7월 기준).

'전성분 표시제'란 2008년 10월 18일 식품의약품안전처(구 식품의약품안전청)에서 시행한 법으로 화장품에 들어 있는 모든 성분을 소비자에게 공개하는 것이다. "에이, 그럼 그 전엔 뭘로 만들었는지도 모르고 샀단 말이야?" 할 사람이 있겠지만 사실 그랬다. 정말 그 전엔 '표시지정성분'이라고, 해로워서 소비자가 주의해야 되는 성분만 표기했고, 많이 들어 있는 성분들은 알려주지 않았다. 덕분에 피부 트러블이 생겨도 뭣 때문에 생겼는지, 고가 제품이 정말 좋은 게 들어 있어서 비싼 것인지 확인할 방도가 없었다. 반면 우리나라 제품을 수출할 때엔 외국에서 까다로운 성분 검증에 들어가는데, 업체 스스로도 거기에 대한 면역성이 부족했다. 미국, EU, 일본, 호주, 대만, 말레이시아, 싱가포르, 인도네시아가 일찌감치 전성분제를 시행한 후에야 우리나라는 뒤늦게 따라갔다.

전성분 표시제에 따르면 모든 성분을 많은 것부터 적은 것 순으로 표기해야 하며 1% 이하로 들어간 성분과 향료, 색소는 그것들끼리 순서에 관계없이 표기할 수 있다. 성분들 중 배합 한도가 지정된 성분이 있으면 그 뒤에 있는 성분은 그 한도보다 적게 들었단 뜻이 된다. 또 성분 중 하나를 제품 이름으로 썼으면 그 성분이 얼마나 들었는지도 구체적으로 표기해야 한다. 그래서 전성분 표시를 보면 광고와는 다른, 그 제품의 속살이 드러난다.

초고가인데 전성분 표시제가 시행된 후부터 미네랄 오일과 바셀린이 주성분이란 사실이 알려진 제품도 있고, 모공을 조여주고 시원하게 진정 효과를 준다

❶ 제품의 명칭

만약 특정 원료가 이름에 들어 있으면 전성분표에서 얼마나 들어 있는지 확인한다.

❸ 내용물의 용량

용량이 적으면 가격이 싸도 비싼 것이다. 하지만 '카보머'란 성분으로 용량을 늘릴 수 있다.

❹ 제조번호 및 제조연월일 (일부 사용기한)

최근 제조되었으며 사용기한은 짧은 것이 순한 방부제를 썼을 확률이 높다. 대신 정말 빨리 써야 된다.

❷ 제조업자나 수입자의 상호와 주소

제대로 허가받은 업체여야 한다. 미국 FDA(Food and Drug Administration)가 인정하는 의약품 품질관리 기준으로 제조사가 CGMP 지정업체이면 엄격한 품질 관리를 하는 공장에서 생산된 것임을 알 수 있다.

기타

❽ 한글 기재 여부

위의 모든 내용이 한글로 정해진 양식에 따라 기재되어야 한다. 외국어로만 되어 있는 건 정식 수입 제품이 아니고 보따리장수 등이 가져온 것이거나 해외 직접 구매일 경우다. 우리나라 화장품법의 보호를 받은 제품이 아니다.

❻ 기능성 화장품 여부

주름 개선·미백·자외선 차단 기능성 화장품의 경우 '기능성 화장품'이라고 표기. 효능·효과 및 용법·용량도 확인한다.

❺ 사용상의 주의사항

꼭 읽어야 한다. 밤에 쓰라든가, 잘 씻어내라는 등 화장품 성분과 관련된 주의사항이 적혀 있다.

❼ 해당 화장품 제조에 사용된 모든 성분

전성분 리스트로 포장이나 용기에 없으면 설명서를 보고, 거기에도 없으면 홈페이지를 본다.

기능성 화장품

❶ 안뗄리오스 엑스엘 멜트인 크림 에스피에프 50+

효능·효과 : 자외선으로부터 피부를 보호한다 (SPF50+, PA+++)

용법·용량 : 본 품 적당량을 취해 피부에 골고루 펴 바른다. (매일 아침 또는 외출 전)

❸ 용 량 : 용기표시　　· 제조번호 : 용기표시

제조일자 : 2012/11/01

사용상의 주의사항

1. 화장품을 사용하여 다음과 같이 이상이 있을 경우에는 사용을 중지할 것이며, 계속 사용하면 증상을 악화시키므로 피부과 전문의 등에게 상담할 것 1) 사용중 붉은 반점, 부어오름, 가려움증, 자극 등의 이상이 있을 경우 2) 적용부위가 직사광선에 의해 위와 같은 이상이 있을 경우
2. 상처가 있는 곳 또는 습진 및 피부염 등의 이상이 있는 부위에는 사용을 금할 것
3. 보관 및 취급상의 주의사항 1) 사용후에는 반드시 마개를 닫아둘 것 2) 유·소아의 손에 닿지 않는 곳에 보관할 것 3) 고온 내지 저온의 장소 및 일광이 닿는 곳에는 보관하지 말 것
4. 본 제품의 자외선차단지수는 국제자외선차단지수 측정방법에 따라, 자외선 A차단등급은 일본화장품공업협회 자외선차단지수측정방법에 따라 측정하였음. 5. 제품이 옷에 묻을 경우 얼룩이 생길 수 있으니, 옷에 닿지 않도록 주의하여 바를것

* 본 제품에 이상이 있을 경우 공정거래위원회 고시 품목별 소비자 분쟁해결기준에 의해 보상해 드립니다.

[사용단계안내] 라벨의 숫자는 제품의 사용 단계를 알려드리기 위함 입니다. 각 단계에 맞추어 제품을 사용하여 주십시오.
1. 메이컵리무빙 및 세안　　2. 스킨토너　　3. 에센스
4. 밀키로션　　5. 크림　　6. 자외선 차단제

❷ 제 조 원 : 프랑스 라로슈포제사
Avenue Rene Levayer – 86270
LA ROCH E POSAY FRANCE

· 공식 수입판매원 : 엘오케이 유한회사
서울시 강남구 삼성동 159-1,
무역센타 아셈타워31층 **로레알코리아 라로슈포제**
(고객지원실 : 080-344-0088)　　3337872412721

플라스틱 / HDPE / 캡 : PP

라로슈포제 정품 인증
"본 제품은 국내 화장품법 규정에 따라 제조되어 유통되는 라로슈포제 정품입니다"

제품 사용기한 2015/11/01

737931 36 [전성분] 정제수 C12-15알킬벤조에이트 글리세린 변성알코올 비스-에칠헥실옥시페놀메톡시페닐트리아진 티타늄디옥사이드 펜틸렌글라이콜 부틸메톡시디벤조일메탄 스타이렌/아크릴레이트코폴리머 펜타에리스리틸테트라에칠헥사노에이트 카프릴릭/카프릭트리글리세라이드 에칠헥실트리아존 프로필렌글라이콜 스테아릴알코올 합성왁스 탈크 나일론-12 드로메트리졸트리실록산 테레프틸릴리덴디캠퍼설포닉애씨드 페녹시에탄올 이소프로필라우로일사코시네이트 글리세릴이소스테아레이트 암모늄 아크릴로일디메칠타우레이트 / 스테아레스-8 메타크릴레이트 코폴리머 알루미늄하이드록사이드 스테아릭애씨드 트리에탄올아민 암모늄폴리아크릴로일디메칠타우레이트 피이지-8라우레이트 카프릴릴글라이콜 콩오일 토코페롤 잔탄검 디소듐이디티에이 캔들부쉬잎추출물 말토덱스트린

www.larocheposay.co.kr

| 화장품 살 때 따져야 할 것들 |

고 하는데 사실상 에탄올 같은 알코올이 다량 들어 시원할 뿐 모공엔 별로 도움이 안 되는 화장품도 있다. 제품 이름에 '빙하수'가 들어 있는데 사실은 물을 정수한 정제수가 대부분이고 빙하수는 mg(1000mg=1g, 1g의 빙하수가 피부에 무엇을 할 수 있을까?) 단위로 쥐 오줌만큼도 안 들어 있는 것도 있고, 마치 제조법이 수백 년 전해 내려온 신비로운 천연 화장품인 것 같은 이미지이지만 독한 방부제와 살균제가 떡하니 들어간 것도 있다. 반면 이름이 '올리브 클렌징 오일'인데 정말 올리브 오일이 가장 많이 들어 있는 정직한 제품도 있고, 저가임에도 좋은 유효 성분이 고가 제품보다 훨씬 많은 제품도 있다.

　　　합성 색소나 향료가 들어 있는지, 방부제는 뭘 썼는지도 전성분 리스트를 통해 다 알 수가 있다. 성분에 대한 지식이 없는 사람도 대한화장품협회에서 운영하는 화장품성분사전(www.kcia.or.kr)에서 검색하면 어떤 기능을 하는지 대략이나마 알 수 있다. 모두 식약처에서 사용이 허용된 성분이라 좋다, 나쁘다란 말은 없지만 배합 한도가 지정되어 있거나 사용하면 안 되는 부위가 정해져 있는 것은 그만큼 자극이 될 수 있는 성분이란 얘기다.

　　　물론 전성분 표시제의 맹점도 있다. 바로 용량이 10ml 이하 또는 10g 이하인 화장품, 비매품(샘플), 원료 자체에 든 안정화제, 보존제(방부제), 부수적인 성분은 표기를 생략해도 된다는 것. 많은 색조 제품이 10ml, 혹은 10g이 안 되기 때문에 전성분 표기에서 자유롭다. 원료에 들어 있는 보존제 때문에 파라벤(안 좋다고 소문 난 방부제)을 안 썼다고 주장하는 화장품에서도 원료에 든 파라벤이 검출될 수 있다. 그러므로 아예 없다고 하는 것은 과대광고이고, '무첨가'라고 하는 것이 온당하다. 용량이 10ml 초과 50ml 이하, 또는 중량이 10g 초과 50g 이하 화장품도 공간이 모자란다는 이유로 전성분을 표기할 필요가 없었으나 그나마 최근 개정된 사항으로 타르 색소, 금박, 샴푸와 린스에 들어 있는 인산염의 종류, 과일산(AHA), 기능성화장품의 경우 그 효능 · 효과가 나타나게 하는 원료, 식품의약품안전처장이 배합 한도를 고시한 화장품의 원료는 표기하게 되었다.

그러므로 화장품 케이스나 설명서도 버리지 말고 잘 보관하는 게 좋으며, 만약 전성분 리스트를 찾을 수 없으면 홈페이지를 찾거나 업체 소비자상담실에 문의를 해보는 극성 정도는 떨어야 한다. 그리고 전성분 표시제의 맹점을 이용해 상습적으로 전성분을 표기하지 않거나 친절하게 안내하지 않는 업체는 요주의 대상으로 꼽는 게 좋다.

내 피부에 피해야 할 성분들

일단 화장품에 들어가도록 허가된 모든 성분은 배합 한도와 사용법을 지켰을 때 인체에 안전하다. 즉, 바른다고 암에 걸리거나 죽을만한 성분이 아니란 얘기다. 화장품 성분이 되기 위해선 피부에 접촉했을 때 자극이나 알레르기를 일으킬 확률이 적어야 하며 빛에 반응해서 피부 자극을 일으키지 말아야 하고 눈에 들어갔을 때, 먹었을 때, 피부를 통해 흡수됐을 때 치명적인 독성이 없어야 한다. 하지만 이렇게 까다로운 관리, 감독에도 불구하고 분명 남들은 괜찮은데 나에겐 트러블을 유발하는 화장품이 있고, 현재는 괜찮아도 미래엔 배합 금지 성분이 될 수 있는 성분도 있다.

의심 가는 성분에 대한 연구가 끝나지 않은 상태지만 입소문이 먼저 안 좋게 퍼지면 화장품 회사에서도 굳이 넣을 이유가 없다. 이런 식으로 역사 속에서 사라져가는 성분이 옛날에 자외선 차단제에 많이 쓰였던 PABA, 트리에탄올아민, 파라벤, 소듐라우릴설페이트, 미네랄 오일, 동물성 원료, 탈크 등이다. 화장품에 보

면 '7FREE', '5無' 등으로 표기해 제품이 순한 것처럼 표기하는 성분들 말이다.

하지만 여기서 간과하지 말아야 할 점이 원래 없거나 뺄 필요도 없는 성분을 없다고 표기해 광고하는 경우도 있다는 사실. 탈크는 천연 광물인 활석(어릴 적 '땅따먹기' 할 때 땅에 선을 긋는 용도의 흰 돌) 가루로, 1970년대 제대로 정제되지 않은 상태에서 베이비파우더에 석면이 함유된 탈크가 쓰여 큰 문제가 된 적이 있으나 현재는 잘 정제한 원료를 사용하며 가루를 직접 흡입하지 않으면 괜찮다. 그런데 어떤 화장품은 탈크가 들어갈 리가 없는 액체 제품인데도 탈크를 뺐다고 말한다.

호르몬 종류, 1, 4-다이옥산을 뺐다고 하는 경우도 있는데 원래 배합 금지 성분이다. 남들도 다 안 넣는 걸 굳이 뺐다고 하는 것. 합성 향료는 없는 게 좋으나 천연 향은 듬뿍 들었으면서 합성 향만 없다고 하는 건 문제가 있다(뒤에 다시 설명하겠다). 타르 색소는 대부분 배합 한도가 지정된 유해 성분인데 같은 브랜드 색조 제품엔 발색이 잘 되도록 충분히 넣으면서 다른 제품엔 뺐다고 하는 건 좀 낯간지러운 멘트 아닐까? 또 미네랄 오일도 기초 제품엔 없다고 하면서 같은 브랜드의 클렌징 오일에는 베이스로 들어가 있는 경우가 있다.

화장품을 사는 데 마지막 기준이 되는 향기는 사실 알레르기 유발 가능성이 아주 높은 물질이다. 2012년 EU SCCS(소비자안전과학위원회)에서 강하게 알레르기를 유발하는 향 물질을 화장품뿐 아니라 향수에도 쓰지 못하게 해야 한다고 발표해 오래된 유명 향수 회사들이 일제히 반발한 바 있다. 유럽에선 아밀신남알, 시트로넬롤, 유제놀, 쿠마린, 제라니올, 시트랄 등 26가지 알레르기 유발 향료를 화장품 성분표에 표기하도록 되어 있고, 우리나라 식약처에서도 '향료'란 표기 외에 각각의 성분명을 따로 표기하도록 권고한다. SCCS는 최근 26가지를 포함한 82가지(합성 향료 54가지, 천연 향료 28가지)를 추가로 알레르기 유발물질로 규정했는데 그만큼 향료는 광범위하게 알레르기 유발 가능성이 있다는 얘기다.

**식약처에서 각기 표기하도록
권고하는 향 성분들**

아밀신남알, 벤질알코올, 신나밀알코올, 시트랄, 유제놀, 하이드록시시트로넬알, 이소유제놀, 아밀신나밀알코올, 벤질살리실레이트, 신남알, 쿠마린, 제라니올, 하이드록시이소헥실3-사이클로헥센카복스알데하이드, 아니스에탄올, 벤질신나메이트, 파네솔, 부틸페닐메칠프로피오날, 리날룰, 벤질벤조에이트, 시트로넬롤, 헥실신남알, 리모넨, 메칠2-옥타노에이트, 알파-이소메칠이오논, 참나무이끼 추출물, 나무이끼 추출물 등. 많을수록 주의해야 한다.

설령 전성분 리스트에 향료가 없더라도(향료 무첨가) 향이 강하거나 좋은 제품은 원료 안에 향 성분이 포함된 것이다. '천연', '유기농' 화장품도 마찬가지다. 에센셜 오일, '~추출물'을 분석하면 시트로넬롤, 제라니올, 리모넨, 시트랄 등을 쉽게 찾을 수 있다. 향이 있는 화장품을 써서 피부가 간질간질하거나 붉게 달아오르는 느낌이 있으면 뾰루지가 나지 않아도 알레르기가 일어난 것이라고 할 수 있다. 참고 바른다고 나아지지 않는다. 무향 화장품도 냄새가 안 난다는 것이지 반드시 향료가 없단 뜻은 아니다. 새로 샀는데 별로 좋지 않은 냄새(원료 자체의 냄새)가 미미하게 난다면 오히려 향료가 없는 괜찮은 제품일 확률이 높다. 하지만 향 성분이 극미량이거나 자신에겐 확실히 알레르기가 일어나지 않는다면 향이 있는 제품을 써도 괜찮다. 사실 시중 화장품 대부분이 여기에 속한다.

사람들이 무심코 접촉하게 되는 것이 타르 색소다. 합성 색소라고도 하는데 일부 타르 색소는 발암성이 있는 것으로 밝혀져 각국에서 엄격하게 사용을 규제한다. 우리나라에선 먹을 수 있는 것, 얼굴과 몸에 바를 수 있는 것, 입술과 눈 주위에 사용할 수 있는 것, 바로 씻어내는 제품과 염모제 등으로 나누어 식약처에서 감독하는데 2012년 로즈버드 살브 오리지널 립밤이 회수 조치를 받은 것은 입술용 제품에 사용할 수 없는 적색 225호를 함유했기 때문이다. 몇 년 전까지만 해도 사용할 수 있었던 것이 금지되면서 이미 수입된 제품이 퇴출된 것. 적색 225호는 시중 평이 좋은 기초 제품에도 많이 쓰이는데 입가엔 닿지 않게 해야 한다. 나라마다, 시기마다 사용 가능한 타르 색소가 조금씩 다른데 정식 수입된 제품, 국내에서 생산된 제품이면 그나마 안전성을 어느 정도 보장받을 수 있다.

타르 색소는 시원해 보이는 파란 수분 크림부터 오렌지 빛깔 각질 제거제, 립스틱이나 틴트 등 립 제품, 염색약, 보디용 제품 등에 광범위하게 들어간다. 성분표에 '적색 ○○', '황색 ○○' 등으로 표기되는데 피부용 제품에는 사실 보기 좋은 것 외엔 쓸모가 없고, 색조 제품도 적색산화철, 황색산화철, 카민 등 천연 색소를 쓴 것이 건강엔 더 나은 제품이다.

방부제는 논란의 중심에 있다. 특히 파라벤은 '발암물질이다, 내분비계 장애를 초래한다.'는 말이 많다. 발암물질이라면 당연히 금지되었을 텐데 아직까지 명백한 증거가 없고, 세계적 추세가 그렇진 않기 때문에(EU SCCS에서는 2011년 메틸파라벤과 부틸파라벤이 단독으로 쓰일 시 0.19% 이내면 안전하다는 입장을 보였다) 우리나라 식약처에서도 단독 0.4%, 혼합 시 총 0.8%인 현재 한도를 낮추는 게 좋겠다는 자체 보고서를 만든 적은 있지만 아직 시행하진 않고 있다. 하지만 소비자들 사이에선 부정적인 인식이 널리 퍼져 '파라벤 프리'를 광고하는 제품이 많이 생겼고 페녹시에탄올 등 다른 방부제를 쓰는 추세이며 어스니어 추출물, 초피나무 추출물, 할미꽃 추출물을 합친 천연 방부제를 보조적으로 쓰는 방법도 많이 쓰이고 있다.

화장품에는 대개 기름이 들어가고 요즘은 천연 열풍을 타고 식재료까지 많이 들어가 며칠 안에 썩는 게 정상이다. 하지만 방부력이 우수한 방부제 덕에 3년 이상으로 유통기한 표시를 찍을 수 있는 것이다. 순한 방부제를 소량 사용한 화장품을 쓰려면 시원하고 그늘진 곳에서 깨끗하게 사용하고 빨리 버리는 습관이 널리 퍼져야 할 것이다. 또 대용량보다 소용량, 단지형 용기보다 튜브형이나 펌프형을 선호하는 분위기도 조성돼야 한다.

지성 피부용 제품, 수분감을 강조한 제품에는 알코올(성분표에서 에탄올, 변성알코올 등)이 많이 들어가는데 농도가 높으면 피부를 자극한다. 살짝 시원한 느낌 정도만 나고 한참 써도 괜찮다면야 문제없지만, 바르자마자 살이 찢어질 듯 싸하다면, 그로 인해 벌겋게 달아오르기까지 한다면 자극이 심한 것이다.

그 밖에도 비타민C, 레티놀, AHA, BHA 등 좋은 성분이지만 농도에 따라 피부가 그 작용을 견딜 수 없어서, 우레아 등과 같이 발처럼 두꺼운 부위의 각질을 녹이는 성분을 얇은 피부에 발라서, 자극이 강한 화학적 자외선 차단 성분에 피부 트러블이 생기는 경우, 미네랄 오일이 든 제품에 유난히 좁쌀 여드름이 잘 생기는 경우 등 사람마다 피부 특성에 따라 피부가 '뒤집히는' 경우가 얼마든 있다. 이럴 땐 화장품 개수를 좀 줄이면서 주로 어떤 제품에 반응하는지, 그 제품에 공통적으로 들어간 성분이 무엇인지 오랜 시간에 걸쳐 알아내는 수밖에 없다.

화장품 세계에도 좌파나 우파 같은 것이 존재한다. 종류 관계없이 순하고 안전한 성분을 선호하는 파와 천연 식물 성분과 유기농을 선호하고 동물실험에 반대하는 파가 있는가 하면, 기능이 강력하고 사용감이 좋다면 합성 성분, 부작용 가능성이 있는 성분도 신뢰하는 쪽 등이 있다.

스킨 딥(www.ewg.org/skindeep)은 미국 환경시민단체에서 제공하는 성분 데이터 베이스다. 여기에서 제품명이나 성분을 검색해보면 유해도가 숫자로 나온다. 높을수록 유해한 것이다. 블로그 'www.cosmetic-ingredients.net'은 개인 블로그지만 수많은 브랜드 전성분을 모아놓았으며 스킨 딥 기준에 따라 위험성이 있는 성분은 빨간 색으로 표시했다. 독일의 소비자단체에서 주관하는 외코테스트는 유럽 전역에 영향을 미칠 만큼 막대한 힘을 지니고 있는데, 화장품 분야에선 환경에 대한 영향력에도 기준을 둬서 주로 식물성, 유기농 화장품에 높은 점수를 준다. 미국의 화장품 전문가 폴라 비가운이 운영하는 뷰티피디아(beautypedia.com)는 합성 성분, 천연 성분 관계없이 자극성, 항산화제 함유 유무, 작용 pH, 가격 등으로 평가한다.

하지만 주의해야 할 것이 이런 평가주체들을 맹신할 필요는 없다는 것이다. 어느 기관이나 개인이든 각자의 시각과 입장이 있기 때문이다. 피부에 대한 수많은 물질의 영향은 연구 결과로 나오는데 종종 의견이 바뀌거나 과장되기도 한다. 특히 'ㅇㅇ성분이 발암물질이라더라, 자동차 부동액으로 쓰이는 독한 물질이라더라.'와 같은 소문은 과장일 가능성이 높다. 기존의 화장품 성분을 비판해서 자기 브랜드를 띄우려는 마케팅 수단으로 종종 이용되기 때문이다. 유해 성분에 대해 주의를 기울일 필요는 있지만, 많은 연구와 실험으로 판명이 나야 믿을만한 것이지, 단지 한두 번의 연구로 의심이 된다는 견해가 수십 배나 뻥튀기 되어 타 브랜드 제품을 비판할 구실로 쓰여서는 안 될 것이다.

All about Cosmetics

웜 톤? 쿨 톤? 내 피부 톤 찾기

요즘은 방송에서 '피부가 쿨 톤이다, 웜 톤이다.' 하는 말을 쉽게 들을 수 있다. 어떤 화장품 브랜드는 쿨 톤과 웜 톤에 맞는 색상을 따로 만들기도 한다. 하지만 자기 피부 톤이 정확히 어떤 쪽에 속하는지 모르는 상태에선 무의미한 구분일 뿐이다.

내 어린 시절을 떠올려보면 옷 색깔 때문에 어머니와 무던히 싸웠던 기억이 있다. 단지 어머니는 단정하고 고전적인 스타일을, 난 발랄하고 트렌디한 스타일을 좋아했기 때문이라고 하기엔 색 문제가 컸다. 어머니는 항상 탁한 자주색, 카키색, 크림색 같은 걸 입히려고 하셨다. 하지만 난 그런 색 옷을 입으면 답답한 느낌이 들었고 거울을 봐도 예뻐 보이지가 않았다.

지금에 와서 생각해보면 이런 갈등은 어머니와 내 피부 톤이 아예 달랐기 때문에 일어난 것 같다. 어머니는 웜 톤, 난 쿨 톤이었던 것이다. 물론 내가 쿨 톤이란 걸 알아내기까지는 오랜 시간이 걸렸다. 솔직히 난 대부분의 옷이 안 어울리고, 간혹 어울리는 색을 찾아 입으면 사람들 사이에서 무척 튀어 보인다.

지인 중에 피부가 가무잡잡하단 이유로 낙타색, 카키색 등 가라앉은 색만 입는 사람이 있었다. 옷 가게에서도 화사한 색은 추천해주지 않았다. 마흔이 넘도록 그렇게 살다 보니 자연스럽게 '난 그런 사람인가 보다.' 하는 인식이 생겼다고 한다. 사실 굉장히 발랄하고 화려한 것도 좋아하는 성격이었지만 다른 색 옷을 시도할 용기가 없었다. 나중에 알고 보니 그녀는 쿨 톤 중에서도 굉장히 원색적인, 심지어 네온 컬러도 잘 어울리는 쿨 톤 타입이었다. 어울리는 립스틱을 바르고, 핫 핑크 스웨터를 입었는데 성격부터 태도까지 완전히 달라 보였다. 본인도 스스로 이렇게 생기 있고 섹시한 이미지일 줄은 몰랐다며 경악을 금치 못했다. 자기 톤을 찾는 건 이만큼 중요하다. 그럼 웜 톤과 쿨 톤에 대해 자세히 알아보자.

| 웜 톤과 쿨 톤의 피부색 |

쉽게 말해 웜 톤은 노란 기가 많은 피부, 쿨 톤은 노란 기가 적어 푸른 기

가 도는 피부다. 다 같은 황인종인데 무슨 소리냐고 고개를 갸우뚱할 수도 있겠다. 하지만 황인종은 중간 밝기의 피부인 것이지 노란 게 아니다. 오히려 백인 중에 아주 밝은 노란 피부인 사람이 많다. 또 흑인 중 아주 까만 사람은 노란 기가 거의 없는 쿨 톤인 경우가 많다. 서양인은 피부색과 머리색, 눈동자의 색이 다양하기 때문에 오래 전부터 자신에게 어울리는 색을 찾아 입고 화장을 하는 것을 매우 중요하게 여겼다. 눈동자와 같은 색 보석을 지니거나 드레스를 입으면 아름다워 보인다는 건 기본이다.

1928년 색채학자 로버트 도어(Robert Dorr)는 사람의 피부색을 따뜻한 노란색이 바탕인 웜 톤과 파란색이 바탕인 쿨 톤 타입으로 나누었다. '색채조화론'을 만든 스위스의 화가 요하네스 이텐(Johannes Itten)은 사람의 피부색과 분위기를 사계절로 나눌 수 있다는 것을 발견했다. 그래서 웜 톤에는 봄과 가을 타입이, 쿨 톤에는 여름과 겨울 타입이 생겨났고 점차 발전을 거듭해 만들어진 것이 '퍼스널 컬러' 이론이다. 이미지 컨설턴트들은 이미 정해진 타입별 천을 얼굴 아래에 대어 보면서 각각에 맞는 계절 타입을 찾아준다.

사계절론이 별자리처럼 인위적으로 만들어졌을지는 모르지만, 웜 톤과 쿨 톤에 대해선 생물학적 근거가 있다. 사람의 멜라닌 색소에는 노랑-주황색을 띠는 유멜라닌과 흑갈색을 띠는 페오멜라닌이 있다. 이들 간의 비율에 의해 웜 톤인 사람과 쿨 톤인 사람을 결정할 수 있다. 일례로 아일랜드인의 특징인 빨간 머리와 주근깨 많은 흰 피부에서는 유멜라닌이 유난히 많이 발견되며 이들은 웜 톤 타입에 속한다. 티베트인은 가무잡잡하지만 노랗지 않고 갈색-회색 계열 피부색으로 쿨 톤인 사람이 많이 눈에 띈다. 우리나라 사람들도 단일 민족이란 믿음과는 달리 다양한 피부색이 섞여 있다. 연구에 따르면 아프리카인 같은 어두운 피부만 없을 뿐 백인만큼 흰 피부부터 동남아인만큼 어두운 피부까지 고루 존재하고 톤도 웜 톤, 쿨 톤 다 있다.

웜 톤과 쿨 톤 피부 구분법 ◢

미니 TIP

간단하게 피부 톤을 판단하는 방법은 일단 피부색을 보는 것이다. 노르스름하고 흰 피부, 즉 배우 송혜교나 걸 그룹 에프엑스의 설리 같은 사람은 웜 톤이다.

	WARM	COOL
흰 피부	구혜선, 이종석처럼 희고 노란 피부. 밝고 사랑스러운 느낌이 든다. 남자의 경우 카리스마 있다기보다 '교회 오빠' 같은 느낌.	이영애, 송중기처럼 희고 창백한 피부. 시원하면서 신비로운 느낌이 든다. 간혹 블랙&화이트가 잘 어울리는 타입도 있다.
중간 피부	송혜교, 이선균처럼 중간 노란색 피부. 자연스럽고 친근한 이미지. 여자의 경우 전원적인 꽃무늬 옷, 남자는 '이지 캐주얼'이 잘 어울린다.	김남주, 하정우처럼 회색과 분홍기가 같이 도는 피부. 스포티하고 도시적인 느낌. 네이비와 화이트로 이루어진 마린 룩, 회색 수트, 푸른 셔츠 등이 잘 어울린다.
어두운 피부	이효리, 원빈처럼 황갈색 피부이고 분위기가 있으며 섹시하고 성숙한 느낌이다. 커피, 빈티지 느낌이 잘 어울린다.	박시연, 빅뱅 탑처럼 어둡지만 누렇지 않아 회색이 도는 피부. 카리스마 있는, 혹은 차도남, 차도녀 같은 분위기를 지니고 있다.
공통 사항	은보다 금이 잘 어울린다. 흰색보다 아이보리색이 어울리며 청보라색이 특히 안 어울린다. 두피가 미색, 밝은 주황색을 띠고 흰자위가 미색이며, 손바닥이 노랗다. 입술이 산호색이거나 칙칙하면 갈색이다.	금보다 은이 잘 어울린다. 아이보리보다 눈처럼 흰색이 어울린다. 예전의 육군 군복(카키색)이 안 어울린다. 두피가 붉거나 푸르스름한 빛, 회색을 띠며 손바닥이 붉다. 흰자위가 유독 푸른 기를 띤다. 입술이 핏빛이거나 칙칙하면 회색이다.

반면 소녀시대의 티파니나 배우 이영애 같이 희면서도 노란 기가 없고 진줏빛이나 푸른 기가 도는 피부는 쿨 톤이다. 중간 밝기부턴 굉장히 애매하다. 아주 희지 않기 때문에 거의 다 자기 피부가 노르스름하다고 생각한다. 하지만 잘 보면 웜 톤은 주황색에 가깝고, 쿨 톤은 붉은 색에 가까운 톤을 띠고 있다. 그보다 더 어두운 피부의 경우는 웜 톤은 황갈색을, 쿨 톤은 회갈색을 띤다. 간혹 두피, 눈동자 테두리, 점막 등의 색을 더 세심하게 관찰해야 하는 경우도 있다.

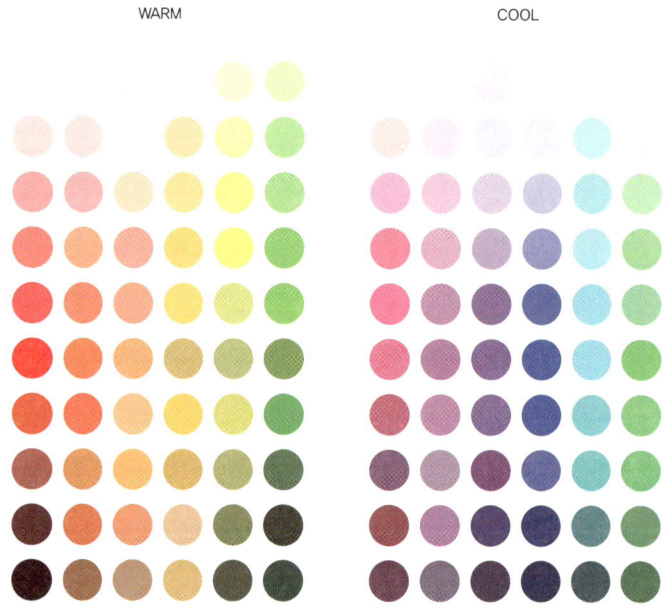

| 웜 톤과 쿨 톤에게 어울리는 색상군 |

웜 톤인 사람은 대체로 주황색 립스틱을 소화할 수 있다. 반면 쿨 톤인 사람은 물에 고추장이나 김치를 푼 것 같은 주황색이 특히 안 어울린다. "피부가 희

서서 잘 어울리세요."란 소리를 들을 수도 있지만 다른 색을 발랐을 때 훨씬 예뻐 보인다. 쿨 톤인 경우 보라에 가까운 핑크 립스틱이 대충은 어울린다. 핑크가 잘 어울린다고 다 쿨 톤은 아니다. 시중에 떠도는 핑크 배경 자체도 웜 톤이거니와 일반적으로 볼 수 있는 핑크 중엔 노란 기가 도는 웜 핑크가 많아서 판단 기준이 안 된다. 하지만 보라빛 도는 진핑크나 라벤더를 웜 톤인 사람이 바르면 순식간에 황달 걸린 사람처럼 얼굴이 누렇게 뜨고 아주 촌스러워 보인다.

이래도 모르겠다면 평소 은과 금 중 어떤 게 어울리는지 정해보자. 은이 어울리는 사람은 쿨 톤인데, 가는 건 몰라도 묵직한 금 액세서리를 걸치면 느끼하거나 천박해 보인다. 또 금이 어울리는 사람(웜 톤)이 은 액세서리를 하면 수갑 찬 것처럼 피부와 따로 노는 느낌이 든다. 번갈아가면서 해보거나 주위 사람에게 봐 달라고 해보자.

하지만 전문가조차도 육안으로만 보고 단번에 웜 톤, 쿨 톤을 진단하기는 어렵다. 그래서 생겨난 것이 미리 색을 군별로 나누어 놓고 가장 잘 어울리는 색군에 따라 타입을 정하는 방법이다. 그래서 사계절 중 한 타입을 정하는데, 유전적으로 절대적인 것이 아니라 편의상 정해놓은 것이라 더 나누면 12가지, 나아가 오직 자기에게만 어울리는 색도 얻을 수 있다. 봄과 가을이 웜 톤이고, 여름과 겨울이 쿨 톤이다. 나만 하더라도 굳이 나누자면 여름 타입에 속하지만 일반적으로 여름 타입에 추천하는 시원한 파스텔 계열은 너무 흐릿하며 그렇다고 검정이 어울리는 겨울 타입은 아니다. 즉, 여름 타입과 겨울 타입 어딘가에 나만의 영역이 있는 것이다. 자기에게 어울리는 색을 걸치면 자연적인 미백 효과, 잡티 제거 효과가 생기고, 인상이 밝고 건강해 보이며, 세련되고 매력적인 이미지가 된다.

봄 타입 WARM

여름 타입 COOL

가을 타입 WARM

겨울 타입 COOL

| 계절별로 어울리는 색상표 |

화장품 브랜드의 색조 계열

자기 피부 톤에 맞는 화장품을 찾는 건 아주 큰일이다. 찾기만 한다면 누가 성형했냐고 물을 정도로 예뻐 보일 수 있지만 결코 쉬운 일이 아니기 때문이다.

일단 파운데이션만 봐도 톤까지 다양하게 내놓는 브랜드가 많지 않다. 화장품 브랜드의 톤은 대륙마다 특성이 있는데 유럽 브랜드는 그나마 쿨 톤 제품을 많이 내놓는 편이고, 미국 브랜드의 경우 파운데이션은 다양한 톤을 내놓지만 색조 제품은 이쪽저쪽 대충 어울리는 중간 계열이나 웜 톤에 치중한 경향을 보인다. 우리나라 브랜드는 웜 톤이 절대 강세이며, 일본 브랜드의 경우 파운데이션은 웜 톤과 쿨 톤 반반, 색조는 쿨 톤 계열이 많다.

+++ 웜 톤 위주 브랜드

바비브라운, 로라메르시에, 베네피트, 케빈어코인, 스틸라, 샹테카이, 라네즈, 바닐라코, 안나수이, 버버리뷰티

+++ 쿨 톤 위주 브랜드

루나솔, RMK, 노에비아엑셀, 캐트리스, 크리스찬디올, 맥스팩터, 입생로랑, 미키모토코스메틱

+++ 둘 다 있는 브랜드

맥, 나스, 에스티로더, 이니스프리, 겔랑, 샤넬, 부르조아, 일라마스쿠아, 미샤, 더페이스샵, 로레알 파리, 메이크업포에버, 랑콤, 조르지오아르마니

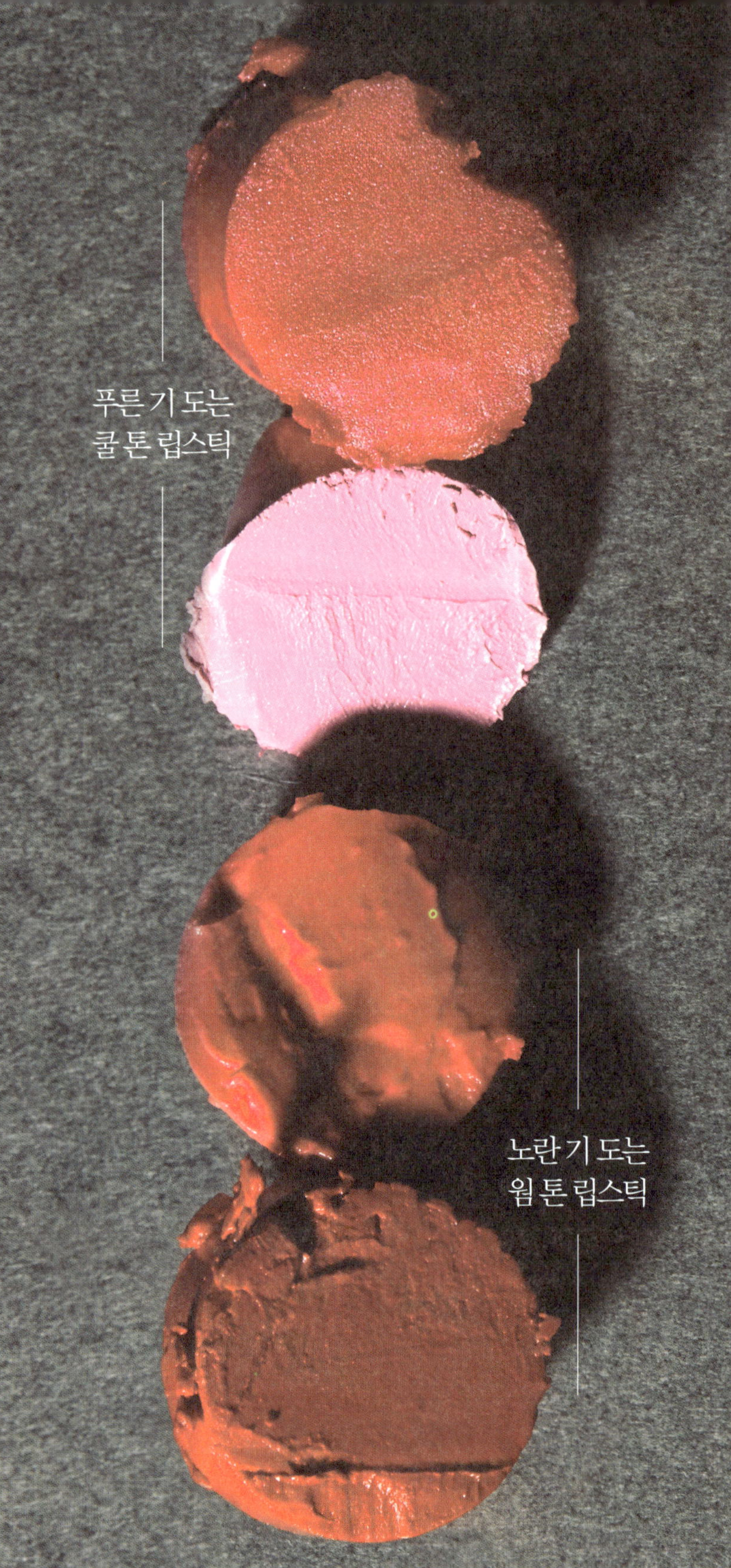
푸른 기 도는
쿨 톤 립스틱
노란 기 도는
웜 톤 립스틱

단, 쿨 톤 위주 브랜드라고 해서 웜 톤보다 쿨 톤 제품이 많다는 뜻은 아니며 다른 브랜드 대비 쿨 톤 제품이 많다는 정도로 이해하면 되겠다. 위의 분류는 참고로 하고, 직접 자신의 피부 톤에 맞는 화장품을 비교해보고 선택하자.

BOBBI BROWN
All about Cosmetics

02

화장품에 대한 진실 혹은 거짓

All about Cosmetics
자연주의, 유기농 화장품 정말 피부에 좋을까?

▶　　　　　　　　　유기농, 천연, 자연, 식물 등
의 단어를 들으면 왠지 편안하고 안전한 느낌이 들고 합성, 화학, 동물 같은 단어는
불편하고 위험할 것 같은, 심지어 죄를 짓는 것 같은 느낌이 드는 사람이 많을 것이
다. 먼 과거, 화장품은 모두 유기농, 자연에서 얻은 원료로 만들었다. 하지만 그때 역
시도 납이 든 미백 화장품 때문에 피부가 시커멓게 괴사되거나 제모제로 비소가 든
화장품을 써 생명이 위험했다는 기록들을 볼 수 있다.

　　　　　　산업혁명 이후 많은 합성 물질이 개발됐고 제2차 세계대전을 거치며 값
싸고 세정력이 좋은 합성 계면활성제가 개발되어 여러 용도로 쓰이게 되었다. 하지
만 당시 합성 계면활성제는 자연적으로 분해가 되지 않아 공해의 원인이 되고 피부

를 거칠게 하는 데다 남아 있으면 탈모가 될 정도로 독했다.

유기농과 자연주의 화장품은 그에 대한 반발로 개념이 정립되었고, 고대의 제조법이 현대의 고부가 산업으로 다시 발전한 셈이라고 할 수 있다. 자연주의자이자 히피였던 아니타 로딕은 천연 원료를 사용한 순한 화장품을 만들고자 1976년 더바디샵을 만들었다고 한다. 여러 사람의 그런 시도가 큰 호응을 얻으며 유럽과 미국을 중심으로 자연주의 바람이 거세게 불기 시작했다.

요즘 시중에서 볼 수 있는 화장품들은 그게 무엇이든 천연·식물 원료를 넣었다고 광고를 하며, 전 세계적으로 유기농 화장품 브랜드라고 주장하는 것도 셀 수 없을 만큼 많아졌다. 미국의 유명한 유기농 제품 전문 매장인 홀 푸드 마켓. 런던 하이스트리트 켄싱턴점만 보고도 유기농 화장품 브랜드가 이렇게 많을 수 있구나 하는 생각에 놀랐더랬다. 자연주의 제품을 전 세계로 배송하는 미국 아이허브닷컴은 그 창고 규모만 해도 웬만한 동네 하나만 하다. 우리나라도 지금은 없어졌지만 온뜨레 압구정점과 명동점이 꽤 컸다. 평소엔 효과 좋다는 화장품을 잘만 쓰던 사람도 임신을 하면 당장 자연주의, 유기농 브랜드로 바꾸는 시늉이라도 한다. 하지만 정말 자연주의, 유기농 화장품이 안전하고 피부에 좋은 것일까?

자연주의, 천연, 유기농 뭐가 다른가?

'자연주의'라는 말에는 특별한 정의나 법적 제한이 없다. 그저 자연을 좋아하는 마음만 있으면 자연주의다. 식물성 원료를 조금이라도 썼거나 용기가 자연을 연상시키기만 해도 '자연주의 화장품'이란 말을 쓸 수 있다. 그런 면에서 요즘 화장품 절대다수는 자연주의 제품이라고 할

COSMETIQUE
BIO
CHARTE COSMEBIO
ÉQUITABLE
FAIR TRADE
ECOCERT
Certifié par Ecocert Approved by Ecocert

수 있다. '천연'이라는 단어 역시 굉장히 애매한 말인데, 원래는 자연에서 얻은 그대로를 건드리지 않은 원료를 뜻하며 '천연 유래'는 천연 원료를 가지고 만든 원료도 포함한다는 뜻이다. 그런 식으로 따지면 천연 유래 성분의 범위는 굉장히 넓어진다.

그런데 만약 천연 원료를 일부 넣고, 나머지 대부분을 합성 원료로 채웠다면 천연이란 말에 큰 의미가 있을까? 그래서 우리나라 화장품법에는 제품 이름에 천연 원료명이 들어가면 전성분표에 얼마나 들어갔는지 밝히도록 되어 있다. 예를 들어, 제품 이름에 카렌둘라가 들어간 어떤 제품은 성분표에 '카렌둘라꽃 추출물(100ppm)'이라고 표기되어 있다. ppm은 '파트 퍼 밀리언(Part Per Million)'의 약자로 '백만 분의 일'이란 뜻이다. 100ppm은 제품에 물이 100ml라면 '100/1000000× 100=1/100(=0.01)ml'가 들어 있다는 뜻이다. 하지만 소비자들은 카렌둘라가 잔뜩 들어간 천연 화장품으로 착각할 수 있다.

유기농은 원래 합성 농약과 비료를 전혀 쓰지 않고 최대한 야생과 비슷한 환경에서 키운 농작물을 말한다. 일단은 농약 등 인체에 해로운 성분을 피하고자 하는 게 유기농 화장품이라 할 수 있을 것이다. 하지만 유기농 화장품도 범람하다 보니 유럽을 중심으로 인증기관의 인증마크로 제품을 차별화하는 브랜드들이 생겨났다.

에코서트 EU 규약에 의해 유기농 제품을 관리하는 인증. 95% 이상의 에코서트가 인정한 천연 원료, 10% 이상의 유기농 원료(6000여 화장품 원료 중 약 260가지 인정)를 쓰며 실리콘유, 미네랄 오일, PEG 등을 쓰지 않는 제품이 받을 수 있다. 매년 재심사를 한다.

BDIH(베데이하) 독일의 건강, 의약, 화장품 업체가 모여 결성한 연합체로 모든 원료가 식물성이어야 하며 유기

농으로 재배한 것 또는 야생에서 채취한 것이어야 한다. 동물실험을 하지 않으며 석유화학 원료를 쓰지 않아야 한다.

USDA 미국 농무부에서 농산물과 가공제품에 부여하는 유기농 인증마크. 검은색은 물과 소금을 제외한 원료의 100%, 초록색은 95% 이상 유기농 원료를 사용한 제품에 붙일 수 있으며 방부제도 천연 성분을 사용해야 한다. 또한 라벨에 성분에 대한 정보를 명확히 표기해야 한다.

BIO 유럽 유기농화장품협회가 인증하는 마크로 전체 성분 중 95% 이상이 자연 성분이고, 식물성 원료의 95% 이상이 유기농 원료여야 하며 나머지 성분도 유전자 조작을 하지 않은 것이어야 한다.

외코테스트 독일 소비재 검증 시스템으로 유기농 관련 기관은 아니나 화장품뿐 아니라 모든 소비재의 안전성과 품질에 대해 엄격한 기준을 적용해 유기농·자연주의 제품이 대체로 높은 평가를 받는다.

COSMOS-standard 유기농 인증의 표준화를 위해 제정된 연합 인증제이며 전체 성분 중 95% 이상이 천연 원료 혹은 물리적 처리만 한 천연 원료로 구성되어야 하며 파라벤, 프탈레이트, 유전자 조작 성분, 석유 화학 성분 등 유해물질 사용을 금지한다. 내추럴(천연)과 오가닉(유기농)으로 분류하며 기존 인증마크 아래 코스모스 인증을 표기한다.

우리나라는 유기농 화장품에 대한 가이드라인은 있되, 인증기관과 제도가 없어서 유기농 화장품이나 브랜드를 만들려고 해도 외국 인증기관에 비싼 비용을 지불하고 의뢰해야 한다는 지적이 있다. 2010년 식약처가 만든 유기농 화장품 가이드라인에 따르면 크림, 로션 제형은 전체 구성 성분 중 95% 이상이 천연 유래 원료이고, 10% 이상이 유기농 원료, 합성 원료는 5% 이하로 구성되어야 한다. 또, 순수 오일 제형은 물과 소금을 제외한 전체 구성 성분의 70% 이상이 유기농 원료여야 하며, 합성 원료는 5% 이하여야 유기농 화장품이란 표시 및 광고를 할 수 있다.

하지만 10% 이상만 유기농 원료를 써도 유기농 화장품으로 광고할 수 있을 뿐 아니라 허위·과장 광고가 판을 치고 있는 게 현실이다. 특히 에코서트 인증은 성분으로 혹은 완제품으로 받을 수 있는데, 에코서트 인증을 받은 성분을 일부만 넣고도 인증마크를 붙여 유기농 화장품인 것처럼 오인하게 해 판매하는 경우가 허다하다.

유기농 화장품은 모두 안전할까?

제대로 된 유기농 화장품을 찾아 바르기만 해도 피부가 좋아질 것 같지만 외국의 깐깐한 인증 시스템을 통과한 유기농 화장품을 바르고도 피부 트러블이 생기는 경우가 있다. 아무리 좋다는 화장품이라도 자기 피부가 필요로 하지 않는 성분이 들어가 있다는 얘기다. 가장 빈번한 문제는 향 성분이다. 꽃을 증류해 얻는 아로마 오일, 나무의 진액, 동물의 페로몬 등에서 얻는 천연 향은 합성 향료보다 훨씬 고가이고 기분도 좋아지게 만들지만 피부에 바를 경우 대부분이 알레르기 요인이란 것이 여러 연구를 통해 증명되었다. 천연

이든 합성이든 향은 마찬가지다.

유기농 화장품이라도 향 성분이 다량 들어갔다면 민감한 사람의 경우 바로 트러블이 생길 수 있다. 특히 감귤류에서 추출한 오일은 감광성이란 것이 있어 햇빛을 받으면 피부를 자극하는데, 잘 처리한 아로마 오일은 그렇지 않다고 주장하는 사람도 있으나 안 넣으면 될 걸 굳이 넣고 다르다고 할 필요가 있을까?

또 유기농 화장품 중엔 디메치콘, 사이클로메치콘, 사이클로펜타실록산 등 실리콘 성분을 안 쓰는 게 많은데 어떤 브랜드는 이 성분들이 피부가 숨을 쉬지 못하게 해 서서히 죽인다, 혹은 불임을 유발한다고 엄포를 놓기도 하고, 어떤 브랜드는 해는 없지만 자연 분해가 안 되어서 환경을 위해 안 쓴다고 말한다. 화장품에 쓰는 실리콘 성분은 욕실 방수용 실리콘과는 분자 구조가 다르며 피부는 폐처럼 숨을 쉬는 것이 아니다. 실리콘 중 사이클로펜타실록산 같은 것은 바른 후 휘발된다. 불임 유발도 명확하게 검증된 바가 없다. 만약 검증이 되었다면 오래 전에 FDA 등에서 사용이 금지되었을 것이다.

수많은 프라이머, 파운데이션, 자외선 차단제가 끈적이지 않고 보송보송하면서 매끈하게 모공을 커버해주는 것은 다 실리콘 성분 덕분이다. 실리콘을 안 쓴 유기농 브랜드 자외선 차단제는 기름이나 알코올에 징크옥사이드, 티타늄디옥사이드 가루를 띄운 것인데 피부가 그 성분과 맞지 않으면 트러블이 생긴다(여드름 피부에 특히 유분과 가루가 부담이 된다). 또, 광범위한 자외선 영역을 차단하려면 여러 화학적 차단 성분이 들어가야 되는데, 유기농 브랜드는 그럴 수가 없다.

일반 샴푸나 컨디셔너, 헤어 에센스에는 실리콘이 거의 다 들어간다. 손상된 모발을 당장 부들부들하게 코팅을 하고 드라이어의 열기를 막아주기 때문인데 유기농 브랜드는 그걸 식물성 기름이나 왁스로 대신하는 수밖에 없다. 그래서 유기농 브랜드 컨디셔너나 세럼을 쓰면 당장 부드러워지지는 않으면서 기름에 떡이지는 것 같은 느낌이 든다.

또 유기농 브랜드 토너 중에 엄청난 양의 알코올이 들어가 있는 것이 있다. 곡물을 발효시켜 얻은 천연 알코올이라고 주장하지만 얼굴이 뜯어질 만큼 싸하다면 분명히 자극이 된다. 원료가 옥수수든, 쌀이든, 합성이든 다량의 알코올은 피부를 건조하고 붉어지게 하는 것이다.

방부 시스템에도 약간 문제가 있는 것이 좋은 천연 방부제가 많이 개발돼 피부에도 순하고 방부력도 괜찮다지만, 생산된 지 얼마 안 된 걸 빨리 써버리지 않는 한 강력한 합성 방부제는 매우 중요하다. 세균이 번식한 유기농 크림은 신선한 일반 크림보다 당연히 해롭기 때문이다. 한방 브랜드 등 식물성 원료가 다양하게 들어가는 제품은 베이스까지 천연 계면활성제로 하면 원료끼리 반응해서 기능을 잃어버리는 경우도 있다. 그래서 특히 수출할 화장품은 식약처 권고로 합성 성분을 더해 안정성 있게 만드는 경우가 많다.

어찌됐든 자연주의, 유기농 화장품은 독한 합성 방부제, 합성 색소, 지나치게 강력한 합성 계면활성제, 살충제 잔여물, 화학적 자외선 차단 성분 등을 피하는 만큼 더 순할 확률이 높다. 하지만 브랜드 자체를 맹신하는 건 금물이고 그 안에서도 자극이 적은 제품, 자기 피부에 맞는 제품을 찾는 것이 중요하다.

All about Cosmetics

'저렴이'는 정말 비싼 제품과 똑같을까?

친구가 어머니 드릴 거라며 수
십만 원짜리 크림을 골랐다. 만약 친구에게 대학생들이 주로 쓰는 저가 브랜드의 크
림을 추천하면 친구를 불효녀로 만드는 동시에, 친구 어머니의 피부를 생각하지 않
는 처사가 될 것이다. 한 달에 60만 원 정도를 한 브랜드에서 꾸준히 구입한다는 사
람을 인터뷰한 적도 있다. 브랜드 입장에서 보면 그만한 VIP가 없을 것이다. 그래서
무료 피부관리권도 주고 숍마스터가 마치 비서처럼 그녀의 피부 스케줄을 전담 관
리했다. 하지만 안타깝게도 그녀의 피부는 그리 좋지 못했다.

반면 저가 브랜드들이 대거 등장하면서 '저렴이 마니아'들도 생겨났다.
저가 브랜드 제품이 아니면 거들떠보지도 않고 한 제품이 5만 원을 넘으면 안 산다.

백화점에선 둘러보고 샘플만 얻을 뿐, 실제 구입은 안 한다. 대신 저렴이를 '많이' 산다. 세일 때마다, 문자나 쿠폰이 날아올 때마다, 뭔가를 사야 유행을 앞서가는 것 같은, 스스로에게 뭔가 해주는 것 같은 기분이 드는 것이다. 그런데 많이 사는 저렴이 값을 모으면 비싼 화장품 하나 값이 넘는다.

이렇게 고가 제품 혹은 저가 제품에 대한 '신념'은 쉽게 바뀌지 않는다. "○○○이 몰래 이탈리아에서 공수해서 쓰는 브랜드래. 값은 좀 비싸도 효과가 그렇게 좋대."처럼 연예인이 긴 입소문이 돌면 일반인들의 꿈도 뭉게뭉게 커진다. 결론부터 말해볼까? 화장품은 비싼 것이 절대 좋다거나, 싼 거나 비싼 게 똑같다는 속설이 맞지 않는다. 화장품은 멋을 내기 위한 것이기도 하지만, 그보다 먼저 살아 있는 피부에 작용하는 물질이기 때문이다.

비슷한 경우가 식품인데, 귤을 예로 들자면 겉보기엔 초라하고 단맛도 덜한 노지 감귤이 때깔 좋고 단 하우스 감귤보다 비타민C가 더 많을 수 있다. 하지만 또 절대 그렇진 않은 것이, 비싼 수입 유기농 설탕이 일반 백설탕보다 무기질이 많고 당도가 낮아 건강에 좋기도 하다. 식품과 마찬가지로 화장품도 제품마다 품질이 다 다르고, 또 그것이 내 피부에 맞느냐 안 맞느냐에 따라 가치가 달라진다.

고가 화장품이 고가인 이유

대체로 어느 정도 값이 나가는 게 좋은 화장품은 스킨 케어 제품 중 미백, 주름 개선 제품이다. 새로운 유효 성분, 제조 기술은 전문 연구소나 대규모 연구소를 끼고 있는 업체에서 개발해 임상 실험을 하고 특허를 내거나 다른 브랜드에 판매한다. 여러 브랜드를 거느린 대기업이면 대체로 에스테틱용 브랜드, 코스메수티컬, 혹은 더모 코스메틱이라 부르는 진보적 브랜드에 먼저 사용하고, 그 다음 백화점 브랜드, 마트용 브랜드 순으로 적용한다. 주름 개선 기능성 성분인 레티놀은 ROC란 프랑스 회사가 상품화했고, 미백 기능성 성분인 알부틴은 시세이도가 개발해 특허를 냈다. 이렇게 한 분야에 획을 긋는 성분을 개발하고 상품화하기까지 들어간 비용과 노력은 제품 가격으로 어느 정도 회수하는 수밖에 없다. 개발된 후 대량 생산을 하게 되고 '구상'이 되면 저가 브랜드에도 등장한다.

하지만 우리나라 화장품법의 특성상, 새로운 성분을 기능성 성분으로 인증받으려면 많은 비용과 시간이 필요하기 때문에 저가 브랜드 제품은 그냥 이미 고시된 조성대로(쉽게 말해 매뉴얼대로) 만들어 판매하는 경우가 많다. 이 경우 효과가 없는 건 아니지만 탁월하거나 새로운 효과는 기대하기 어렵다.

기능성 화장품인 자외선 차단제도 마찬가지긴 하지만, 워낙 충분히 바르는 것이 중요하다 보니 비싼 걸 아껴가며 바르는 것보단 싼 걸 듬뿍 바르는 게 바람직하다. 가장 나쁜 건 양이 적고, 비싸고, 자외선 차단 기능은 떨어지는 제품이다. 알다시피 자외선 차단제는 종류를 막론하고 충분히 발라야만 제 기능을 발휘한다. 그런데 마치 신비한 기능이 있는 것처럼 광고를 해 조금만 바르게 하고, 값도 비싸서 하나 사면 오래 쓰게 만드는 제품은 소비자가 자외선으로부터 보호받을 기회조차 박탈하는 것이다. 실제로 제품설명서에 '단 몇 방울만 바르면 하루 종일 유해환경으로부터 보호해준다.'고 되어 있는 경우가 있다. 제대로 효과를 보려면 단 며칠 만에 다 써야 할 양이고, 자외선A는 거의 차단이 안 되는 구멍 난 우산 같은 제품인데도 말이다.

성분 자체가 너무나 고가라서 어쩔 수 없이 고가가 되는 경우도 있다. EGF(Epidermal Growth Factor, 상피세포증식인자)는 원래 사람 몸에 있는 성분인데 나이를 먹으면서 점점 줄어들어 새로운 세포가 생기는 주기가 느려진다고 한다. 이 성분은 원료 생산업체가 한정돼 있고 순수 성분일 경우 1g에 억 단위가 넘는 고가이다. 다행히 작용이 강해서 화장품에는 휴먼올리고펩타이드-1이란 성분명으로 10ppm까지만 넣을 수 있다. EGF가 들었다는 저가 제품은 별로 없는 대신 양을 불분명하게 표기하고 초고가를 매긴 제품은 있다. 이 경우 정확히 어느 회사의 어떤 원료를 얼마나 넣었는지 표기하고 납득할만한 고가를 매긴 제품이 가장 믿을만할 것이다. 하지만 이런 경우에도 긍정적인 작용과 부작용이 동시에 있을 수 있는 유효 성분을 고농도로 화장품에 넣을 순 없다. 따라서 백만 원짜리 크림을 바르는 것보다는 피부과에서 저렴한 치료를 받는 게 훨씬 효과적이다.

특정 성분이나 제조기술의 우수성을 강조하는 제품이 있으면 특허검색 포털(portal.kipris.or.kr)에 제조사명이나 미백, 주름 개선 등의 키워드를 넣어보라. 조성물, 기술에 대한 특허출원자와 내용까지 찾아볼 수 있다. 특허 자체가 피부에 절대적인 도움을 주는 건 아니나, 적어도 어떤 것을 연구개발해 고가를 요구하는지는 알 수 있다. 만약 특허 받은 원료를 사다 쓴 것이라면 원료사를 검색해야 한다.

고가 제품이 좋은 경우 VS 저가 제품이 좋은 경우

색조 화장품은 발라보면 눈으로 쉽게 결과가 판명되기 때문에 금방 알 수 있다. 물론 용기나 광고 탓에 거품은 끼지만 세계적 디자이너 브랜드의 색조 제품은 그 시즌의 주제와 색조 역시 맞추어 전개하며 아이섀도 팔레트의 경우 전체 색상이 모여 하나의 룩을 만들도록 정밀한 계산이 들어가 있다. 젖은 듯한 색, 반투명하게 뉘앙스만 주는 색, 매트하고 진해서

순한 살결

2대4 아틀렌과 200분의 1의 비율로 동결 건조
알로에베라입즙가루를 사용한 수분토너입니다.

2SOL
COSMETIC
Made in Korea

ジュジュ アクアモイスト
AQUAMOiST
ライト タイプ
24 時間のうるおい
ベタつかずスベスベ肌
ヒアルロン酸の
保湿化粧水
弱酸性
無香料・無着色・無鉱油
Moisture Lotion
JUJU COSMETICS

KAKAD
AMII
CLEANS

THIS CLEANSER IS USED FOR M
KAKADU AMINO CLEANSER includes kakadu plum
acid surfactant. Kakadu plum is called king of vitamin C
CLEANSER provides mild bubbles. It helps sensib
transparent and shiny. That is especially good to main

500ml

SIDMOOL

innisfree
eco safety aqua sun gel
with organic sunflower oil and green tea
6-free | water base
SPF 30
PA++
WATER
BASE
60 mL

Cheap

화장품은 비싼 것이 절대 좋다거나,
싼 거나 비싼 게 똑같다는 속설이
모두 맞지 않는다.

SPF 50/PA+++
PROTECTIVE
FACE BASE
BASE DE
MAQUILLAGE
PROTECTRICE
SPF 50/PA+++
KIEHL'S
DERMATOLOGIST
SOLUTIONS
Clearly Corrective
Dark Spot Solution
1.0 fl oz. - 30 ml
HD
HIGH DEFINITION
POWDER
Poudre Microfinition
Microfinish Powder
LE TEINT TOUCHE ÉCLAT UV

Expensive

아이라인으로 사용할 색 등이 정해져 있고 그것이 모여 그 시즌의 룩을 만든다. 또 딸기우유 핑크, 오렌지색 같이 단순한 색이 아니라 회색이 감도는 보라, 그린이 도는 브라운처럼 깊이 있는 혼색으로 갈수록 확실히 고가 브랜드가 색감을 잘 표현하고 우아해 보인다. 그래서 나이가 들수록(피부 투명도가 떨어진다) 똑같은 핑크도 저가보다 고가 브랜드 제품을 썼을 때 자연스럽다. 겔랑, 바비브라운, 조르지오아르마니, 나스 등이 깊이 있는 색감으로 유명하다. 반면 일부 저가 제품은 막무가내로 이 색 저 색 모았단 의심을 버릴 수 없을 만큼 예술성이 떨어지는 팔레트가 많다.

품질 자체도 다르다. 색조 화장품의 핵심 성분은 색소와 펄인데 좋은 원료는 결코 싸지 않다. 보석 가루, 곤충이나 동물의 일부 등과 같이 희귀하기도 하고 그만의 색과 반사광이 있다. 고가 제품의 '촤르륵' 펼쳐지는 오색찬란한 펄은 현미경으로 보면 모양과 색상이 다 다르다. 또 그런 펄들을 각 반사광의 느낌까지 생각해서 만드는 게 기술이자 예술이며 이에는 비용이 많이 들어간다. 반면 저가 브랜드 제품에 들어간 펄은 문방구 반짝이처럼 깊이가 없고 종류도 얼마 안 되는 경우가 많다. '키라키라(우리말로 '반짝반짝')'를 좋아하는 일본 여성들 때문에 루나솔, RMK, 슈에무라, 시세이도 마키아쥬 등 주로 일본 브랜드들이 펄감에 특히 신경을 많이 쓴다.

건강 문제도 고려해야 한다. 발색력이 좋을수록 좋은 제품이라고 착각하는 사람이 많은데 발색력은 저가 제품도 얼마든 좋게 할 수 있다. 무허가 화장품이나 유성펜이라면 발색력이 최고일 것이다. 발색력의 최고봉이라 할 수 있는 립틴트와 매직 립스틱(바르면 색이 바뀌는 립스틱)은 저가 브랜드에서도 많이 나오고 있다. 그런데 절대 다수의 '저렴이' 브랜드 색소가 타르 색소다. 타르 색소는 석유에서 합성한 것들로 성분표에 보통 '적색 ○호', '황색 ○호' 등으로 표기된다. 싸고 발색이 잘 되며 오래 가서 식품, 화장품, 약에도 쓰이지만 먹었을 때 독성이 있고 일부 발암성이 우려돼 식약처에서 종류별로 사용 목적과 양을 규제하고 있다. 또 피부 트러블

미니 TIP

가끔씩 고가 화장품의 수입원가를 국회에서 공개해 뉴스에 나오는데, 여러 나라에서 직영하는 브랜드의 경우 관세 등을 피하기 위해 일부러 수입원가를 낮춰놓기도 한다. 그리고 사실 모든 고가 제품이 수입원가, 제조원가는 그리 높지 않다.

을 일으킬 염려가 있고, 오래 쓸 경우 입술 색이 칙칙해질 만큼 착색되기도 한다.

물론 고가 브랜드 제품에도 타르 색소는 들어간다. 그래도 점막에 직접 바르거나 핵심 성분일 경우 천연 색소로 대체하는 경우가 많다. 베네피트 베네틴트는 연지벌레에서 추출한 카민 색소를 쓴다. 카민 색소에도 알레르기가 일어나는 사람은 있지만 유해성이 공인된 타르 색소보다는 낫다. 반면 저가 브랜드 틴트를 보면 적색 104호, 황색 4호처럼 달랑 타르 색소만으로 색을 낸 것이 대부분이고 '천연 색소 함유'란 말로 안전할 거란 느낌만 준 것도 있다. 타르 색소가 꼭 피해야 할 존재는 아니지만 빨아먹고, 매일 쓴다면 문제가 될 수도 있다. 피부가 민감한 사람은 이런 제품 사용 후 바로 입술이 트기도 한다.

베이스 메이크업 제품은 파우더가 핵심인데 땀과 유분에 강하면서도 아기 피부처럼 매끈하게, 파운데이션 하나만 발라도 입체감이 살아나도록 하는 것이 첨단 분체공학이다. 좋은 파우더는 마치 공기의 일부처럼 미세하고 피부 결을 곱게 감싸준다. 저가 제품일수록 모래처럼 서걱거리고 바른 후에도 피부가 거칠고 두꺼워 보인다.

유행이 바뀜에 따라 다른 파우더를 개발해야 하고, 어떤 피부 톤에나 맞출 수 있게 여러 가지 색을 출시하는 것에도 비용이 많이 든다. 저가 브랜드를 보면 파운데이션, 비비 크림 등이 6가지 색을 못 넘는 경우가 많다. 그래서 저가만 쓰는 사람은 자기 피부에 딱 맞는 톤과 밝기를 찾지 못해 어딘가 모르게 화장이 뜬 것 같은 느낌을 준다.

반대로 저가 제품이 더 좋은 경우도 있다. 단순한 스킨 케어 제품, 특히 세안 잔여물을 닦아내는 토너는 고가 제품이나 저가 제품이나 조성이 비슷하다. 물, 알코올, 유화제, 부틸렌글라이콜 등 보습 성분, 각종 식물 추출물, 방부제와 향료로 구성되는데 콘셉트에 따라 발효 추출물이나 AHA 등이 추가된다. 물 대신 대나무 수

액(대나무 줄기에서 올라오는 물을 모은 것) 등 식물 수액이나 플로럴 워터(꽃을 증류할 때 나온 물)를 쓰면 더 고급이지만 이미 저가 브랜드에도 많이 쓰여서 그것만 가지고 고가 요인이라고 할 순 없다. 모든 고가 스킨 케어 제품이 그런 건 아니지만 피부에 별로 도움 안 되는 희귀 성분과 광고비, 향료만 잔뜩 들어간 것은 저가보다 도리어 해롭다. 돈은 돈대로 쓰고 우아한 이미지를 만들기 위해 많이 넣은 향료와 색소가 트러블을 일으키기 때문이다.

'엄마 화장품은 독하다.'는 선입견이 생긴 것도 그 이유다. 최근엔 고가 브랜드들도 순하게, 광고하는 기능을 최대한 살려서 만드는 쪽으로 변화하는 중이다. 피부 정돈과 보습 정도만 생각한다면 성분이 단순하고 독한 방부제, 향료 등을 적게 넣은 저가 제품이 훨씬 득이 된다. 홈쇼핑이나 방문판매에서 주는 덤까지 생각하면 굉장히 싼 것 같을 수 있다. 하지만 홈쇼핑과 백화점 수수료는 비슷하며 덤 가격까지 소비자가에 다 포함되어 있다. 단가로 따지면 박리다매로 파는 저가 브랜드에서 하나를 사는 것과 비슷하다.

화장품 가격에서 큰 비중을 차지하는 건 광고비, 매장 수수료, 유통사 마진이지 제조원가가 아니다. 포장마저 제외한(제품 보존을 위한 용기 말고) 순수한 화장품이 얼마나 고급인가를 따져봐야 할 것이다. 스킨 케어 제품은 실제로 피부에 도움이 되는 성분인지(향이나 색소처럼 기분만 좋게 하고 도움은 전혀 안 되는 성분도 많다), 첨단 혹은 독보적 기술을 썼는지를 살피고, 메이크업 제품은 직접 발라보고 얼마나 고급스럽게 표현되는가, 나에게 어울리는 색과 톤인가, 유해성분은 없는가를 따지면 된다.

All about Cosmetics

여자 화장품? 남자 화장품? 엄마 화장품?

▶ 남자의 욕실을 훔쳐보는 건 재미있는 일이다. 남편이 총각일 때 그의 욕실에서 티트리 보디 스크럽과 멀리서 물 건너온 애프터셰이브를 보고 '감각적인 멋진 남자'란 환상을 키운 적이 있다(알고 보니 시어머니의 선물이었다). 하지만 막상 "남자 화장품 괜찮은 거 뭐 있어?"와 같은 질문을 받으면 순간 곤란해진다. 수차례의 경험을 통해 알아낸 사실은, 그 사람이 지불할 수 있을 만한 금액에 이미지가 괜찮은 브랜드를 말해주면 대부분이 만족한다는 것이다. 반면 이때 여자 화장품 중 괜찮은 걸 추천하면 대번에 "그거 여자 거잖아." 하는 반응이 나온다.

남자도 여자와 똑같은 인간이다. 남자 피부에도 인구만큼 다양한 개성이 있다. '남자 화장품'이란 카테고리로 남자 피부가 뭉뚱그려지지 않는다. 엄마 화장품도 마찬가지다. "그건 네가 아직 쓸 때가 안 됐어. 엄마 드려! 지금부터 그렇게 고기능성을 쓰면 내성이 생겨서 나중엔 효과를 못 본다고!" 이런 말들은 누구나 흔히 듣는 얘기다. 또 쓰다가 피부 트러블이 생기거나 마음에 안 들면 "에이, 그냥 엄마 드리려고…….." 하는 딸들이 많다. 하지만 엄마 피부는 무적이 아니다!

남성용 화장품은 따로 있다?

미니 TIP

남자 화장품은 유분이 적고 시원한 향이 날 뿐 여자 화장품과 아예 다른 성분이 들어가는 건 아니다. 피부 문제가 있는 사람은 훨씬 종류가 다양한 여자 화장품에서 향이 없는 것을 쓰면 된다.

아기 때는 여자나 남자나 똑같이 피부가 보들보들하다. 하지만 사춘기를 거치면서 양상이 달라진다. 남자는 솜털이 두꺼워지며 수염이 나고, 모공이 커지며 피부가 두꺼워진다. 여자에 비해 무려 30%나 두껍다고 한다. 그만큼 피부 속이 잘 보호되지만 겉은 거칠고 번들거리며 촉촉하지 않다. 여자 피부가 도화지라면 남자 피부는 마분지라고 할 수 있다. 덕분에 웬만한 잔주름은 잘 안 생기고 외부 자극에 강하지만, 피부 깊이 주름이 생기면 어느 날 갑자기 늙어 보인다. 또 모공이 크지만 그만큼 피지 분비와 각질 생산도 활발해서 조금만 씻기를 게을리 하거나 관리를 잘못하면 엄청난 여드름 피부나 각질로 뒤덮인 지저분한 인상이 되기 쉽다.

남자 화장품은 그런 대다수의 남자에게 기준을 맞춰 유분보다는 수분 위주 보습 성분에 알코올과 시트러스, 민트 계열의 향으로 시원한 느낌을 준다. 이 중에서 알코올과 향료는 피부에 자극이 되지만 남자 피부가 두껍고 둔감해서 그 정도는 견디는 경우가 많으며 사실 그 이상 복잡하게 좋은 성분이 들어가봤자 각질과 피지를 뚫고 피부 깊이 스며들기도 어렵다. 그래서 값비싼 디자이너 브랜드의 남성

애프터셰이브 중엔 성분이 정말 단출한 것이 있다. 비용의 대부분이 브랜드 로열티, 용기, 향료 같은 데 들어간다. 정체는 각질층 표면만 적실 정도의 가벼운 보습제지만, 그래도 겨울 같은 때 로션을 바른 것과 안 바른 것의 차이는 크다. 피부가 매끈해 보이고 여자들이 좋은 냄새가 난다고 말하기도 한다. 또 슈퍼마켓 비누로만 매일 세수를 하는 남자는 비누 때가 쌓여 피부가 뻣뻣해 보이는 와중에 번들거린다. 반면 비누계가 아닌 폼 클렌저를 쓰는 사람은 약간 매끈해 보이는 경향이 있다. 남자 화장품은 기능이 많지 않지만 약간 도움이 된다고 생각하면 된다.

그럼에도 간혹 여자만큼 피부가 섬세하며 피지 분비가 적어 건조함을 느끼는 남자도 있다. 세 계절은 얼굴이 튼 것처럼 각질이 일어나 있고, 입술은 항상 건조하며 나이가 어린데도 눈가와 입가에 잔주름이 자리 잡은 피부다. 건성 피부인 이런 남자들은 여자 화장품 중에서 보습 기능이 좋은 기초 제품을 찾는 게 좋다.

피부가 희고 잘 타지도 않아 자외선의 공격을 '직방'으로 받는 남자는 조그마한 남성용 자외선 차단제를 어디 가는 날만 바르지 말고, 남녀공용 혹은 용량이 많고 매트한 것을 찾아 매일같이 써야 한다. 뭐만 바르면 알레르기가 일어나는 남자는 아예 화장품을 안 써서 괜찮으면 좋은데, 건조나 여드름 등 문제가 있으면 순하면서도 그 문제를 해결해줄 수 있는 화장품을 찾아야 한다. 그런 남자들 모두 다음 장에서 소개하는 종류별 화장품에 익숙해질 필요가 있다. 왜냐하면 화장품의 좋은 성분은 남녀를 가리지 않기 때문이다. 성경을 보면 '왕이 기름을 바르고~'란 구절이 종종 등장하는데 당시 올리브유 등 고급 식물성 기름을 남자도 화장품으로 썼다. 여자 역시 마찬가지였고 지금도 올리브유는 화장품에 들어간다.

Girl's

남자와 여자 화장품은
근본적으론 큰 차이점이 없다.
자기 피부 타입에
맞는 걸 쓰면 된다.

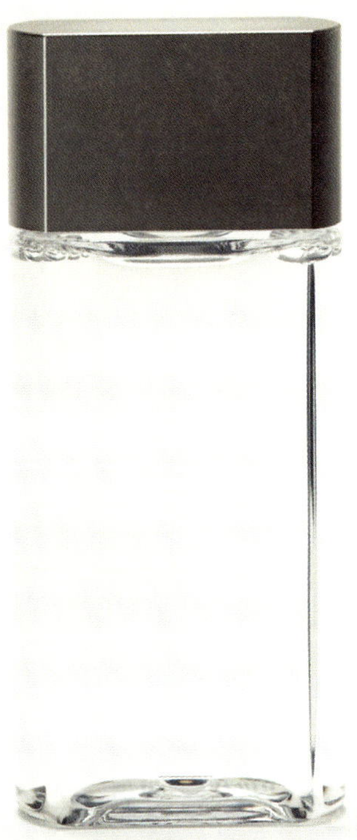

Guy's

남자, 이 정도는 바르는 게 좋다

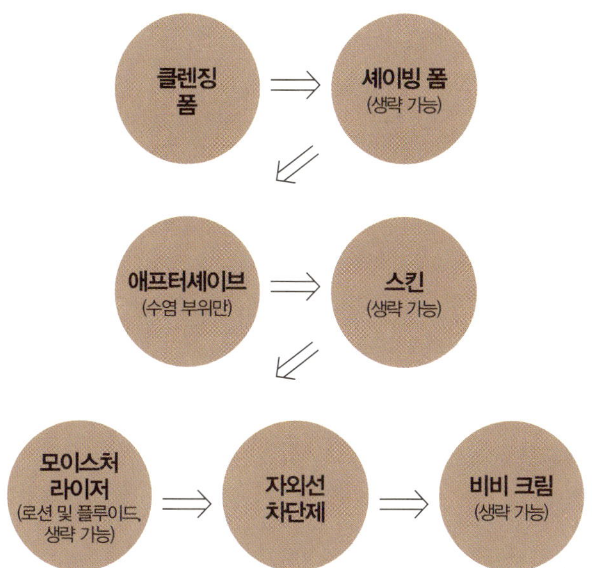

우선 폼 클렌저는 피부 타입에 맞게 쓰는 게 좋다. 비누를 쓰면 세면기에 남는 하얀 비누 때가 얼굴에도 남는데, 특별히 'soap free'라고 표기된 폼 클렌저는 비누 때로부터도 자유롭다. 면도는 먼저 세안을 깨끗이 한 다음에 하는 게 좋다. 세안하는 동안 피부가 물에 충분히 젖을 수 있도록 시간을 벌 수 있으며, 얼굴이 지저분한 상태에서 면도를 하면 상처에 세균이 더 많이 들어갈 수도 있기 때문이다. 셰이빙 폼은 특별히 미끄럽도록 만들어진 거품이다. 예전엔 셰이빙 폼이 고형 비누였는데, 요즘은 폼 클렌저와 셰이빙 폼이 하나로 합쳐진 제품들도 많다.

면도를 마친 다음 수염 부위에만 바르는 애프터셰이브는 사실 피부에는 무척 독한 제품이다. 그 정체가 다량의 알코올과 향료이며, 약간의 보습 성분과 진정 성분도 들었다. 만약 여자나 어린이가 애프터셰이브를 얼굴에 바른다면 그 화끈거림 때문에 비명을 지를 수도 있다(《나홀로 집에》에서 매컬리 컬킨을 보라). 그럼에도 불구하고 바르는 이유는 알코올 성분이 순간적으로나마 상처를 소독해주기 때문이다. 실도 크지만 득도 있기 때문에 쓰는 아이템이라고 할 수 있다. 게다가 애프터셰이브를 향수 대신 쓰는 사람이라면 이미지 관리 면에서도 유용하다. 면도할 때 상처가 자주 심하게 나는 사람은 면도 습관을 바꾸어보고, 일반의약품인 항생제 연고 하나를 사서 덧나기 전에 발라주면 효과적이다.

그 다음 얼굴이 전혀 땅기지 않거나 하얗게 각질이 일어나지 않으면 바로 자외선 차단제를 발라도 된다. 번들거리는 경우에는 그 전에 화장 솜에 스킨을 묻혀서 얼굴을 한 번 닦아주면 폼 클렌저의 잔여물을 닦아주고 약간의 보습막을 남겨 더 매끈한 피부가 된다. 지성 피부는 기초를 여기에서 마쳐도 된다. 건조함을 느끼는 피부는 애프터셰이브 다음에 로션을 발라주는 게 좋다. 다음은 자외선 차단제! 자외선 차단제를 따로 바르는 이유는 그 양이 중요하기 때문이다(자외선 차단제 관련 내용 참조). 비비 크림도 바르는 사람이 있는데 팥알 크기 이하로 가능한 얇게, 스펀지 같은 걸 이용해서 바르는 게 좋다.

엄마 화장품의 정체는 무엇인가?

중년 이상의 여성을 대상으로 하는 화장품은 대체로 고가이며 용기도 중후하고 우아한 향기가 난다. 이름만 대면 알아주는 '사모님'이 쓰는 브랜드일수록 더 그렇다. 그렇다면 피부에 대한 작용은 어떻게 다를까? 슬프게도 남자 화장품과 마찬가지로 절대다수의 성분이 젊은 여자들도 쓸 수 있는 것들이다.

엄마 화장품의 가장 큰 차이점은 대체로 유분이 많다는 것이다. 나이가 들면 피부 표면이 아니라 속부터 건조해진다. 콜라겐, 엘라스틴 등 피부를 구성하는 단백질이 유연하지 않고 딱딱해지며 히알루론산, 세라마이드 등 피부 속을 보습하는 성분이 줄어들어 깊은 건조감을 느낀다. 그래서 표면이라도 당장 촉촉하게 만드는 것이 유분이 많은 화장품이다. 물론 피부 속 수분을 잃지 않도록 기름막을 쳐주는 역할도 한다. 두 번째, 아주머니들은 '빤빤하고 탱탱한' 느낌을 좋아한다. 질감을 얼마나 잘 만들었느냐에 따라 '그 제품이 좋다, 나쁘다.'로 입소문이 갈리기도 한다. 젊은 층은 기피하는 미네랄 오일(크림이 '착 달라붙는' 것 같은 느낌이 든다)이 든 제품도 많고, PVP(폴리비닐피롤리돈) 같은 피막 형성제가 바르자마자 탱탱한 느낌을 주기도 한다.

세 번째로 주름 개선, 미백 성분이 들어간 제품이 많다. 바르면 바를수록 변화가 좀 있어야 하기도 하고, 그것 자체가 제품의 우수성을 홍보할 근거가 되기도 한다. 그래서 유수의 대기업이 좀 더 강력하고 특색 있는 성분을 만들어 넣기 위해 경쟁을 하곤 한다. 하지만 젊은 사람이 쓰는 화장품에도 그 성분이 들어간 제품이 있고, 단지 젊다고 해서 트러블이나 내성이 생기진 않는다. 만약 트러블이 생긴다면 대개 지나친 유분과 피막 형성제, 향료 때문이다. 만약 중년 이후의 여성인데 그런 제품을 쓰고 트러블을 겪는다면 유아용, 청소년용 뭐라도 좋으니 자기 피부 타입에 맞는 순한 화장품을 쓰는 게 좋다. 중년 이후 여성이라고 다 건성 피부인 것도 아니고 지성 피부, 민감성 피부 다 있다.

엄마 화장품은 대개 '단지'에 들어 있다. 보통 튜브나 펌프에 든 것은 쓰기 귀찮아하기 때문인가 보다. 하지만 손가락이 들락날락하는 단지에 잘 썩는 기름, 식물 추출물 등이 담겨 있으면 그만큼 보존을 잘 하기 위해 살균제 등을 넣어야 한다. 자외선 차단제인 설화수 소선보 크림은 겉은 단지형인데 뚜껑을 열면 펌프형이다. 고객층의 선호도를 반영한 용기라고 할 수 있다.

엄마들은 최소 다섯 가지에서 열 가지는 바르는 것 같다. 아침용, 저녁용 나눠서. 맨얼굴로 잠자리에 드는 경우는 거의 없다. 어쩌면 건조한 것보다도, 맨 피부가 드러났을 때 눈에 띄는 잡티, 잔주름 같은 데에 대한 내성이 없기 때문일 수도 있다. 하지만 그게 진짜 피부다. 그 피부가 원하는 것은 충분한 유분일 수도, 미처 떨어져나가지 못한 묵은 각질을 벗겨내는 것일 수도 있다. 또 좀 더 기능이 우수한 자외선 차단제일수도, 향이 없는 순한 로션일 수도 있다. 엄마들도 무작정 비싼 화장품이 아닌, 자신의 맨 피부에 관심을 갖고 정말 써야 할 것이 무엇인지 찾아볼 필요가 있다. 그렇게 되면 열 가지 바를 걸 서너 가지로 줄일 수 있고, 피부 상태는 훨씬 나아지며 노화도 늦출 수 있다. 엄마 화장품 설명서에 끝도 없이 이어진 화장품 사이의 화살표, 이제 그걸 맹목적으로 따르는 건 그만둬야 할 때다.

All about Cosmetics

서양 화장품? 동양 화장품?

▶ 요즘 여자들은 특별한 날이 아니면 한 듯 안 한 듯 청순하게 예뻐 보이는 화장을 한다. 외국인들이 '한국 여자' 하면 떠올리는 게 바로 잡티 하나 없이 빛나는 피부, 다듬지 않은 듯 일자에 가까운 눈썹이다. 하지만 내가 대학생일 때만 해도 손톱으로 긁힐 듯한 두꺼운 피부 화장에 자줏빛 혹은 보랏빛 입술, 숯검정 눈썹이 기본이었다. 내 이모 세대도 별다르지 않았고, 화장을 안 하면 안 했지 했다 하면 진하고 화려하게 했다. 당시에는 동양적 아름다움이란 게 뭔지 개념이 덜 정립되어, 얼굴은 동양인인데 화장은 서양식으로 했기 때문이다. 화장품 역시 그저 서양 것을 따른 것이 대부분이었다.

동양과 서양은 사고방식만큼이나 미의식에도 차이가 있다. 여러 나라 사람이 모이는 결혼식이나 파티에 가면 극명하게 드러나는데 서양 사람은 가슴골이든 팔, 다리든 노출을 하며 얼굴을 원래보다 가무잡잡하게 칠하고, 컨실러와 블러셔를 잔뜩 바르고 나타난다. 반면 한국 여자는 단정한 정장풍 옷을 입고, 얼굴을 목보다 하얗게 칠하며 입술을 또렷하게 칠하거나 위 아이라인만 정성껏 그리고 등장한다. 그래서 멀리서 봐도 그 사람의 문화권을 구별할 수 있다.

난 결혼식을 홍콩에서 했는데 유명하다는 호주계 메이크업 아티스트에게 얼굴을 맡겼다. 그녀가 선탠을 가무잡잡하게 한 걸 봤을 때부터 알아봤어야 했다. 잠시 눈을 감고 있다가 뜨니 난 흑인이 되어 있었다. 속눈썹은 전혀 길어지지 않았고, 아니 오히려 축 처지게 하는 마스카라를 두세 번 대충 발랐으며, 진한 갈색 블러셔와 비닐처럼 번쩍이는 립글로스가 발라져 있었다. 예쁘다고 박수 치는 그녀에게 한국식 신부화장을 설명하기란 불가능해 보였다. 상황이 이러니 아름다워지기 위한 도구인 화장품도 다를 수밖에…….

동양과 서양, 화장품 종류마저 다르다

홍콩에 있는 서양인 친구들은 내가 화장품 종류에 대해 얘기하면 무슨 소리인지 잘 알아듣지도 못한다. "뭐? 화이트닝 에센스? 그게 뭐야?", "그런데 대체 비비 크림이 뭐야? 틴티드 모이스처라이저하고는 다른 건가?" 1950년대 이후 일본을 위시해 아시아 경제가 발전하면서 동양 여성에게 어울리는 화장품이 대거 생겨났다. 미백 제품, 밀크 로션, 에센스, 트윈 케이크, 메이크업 베이스, 아이 크림, 비비 크림, 롱 래쉬 마스카라 등 수없이 많다.

'서양에도 그런 건 있을 텐데…….' 하고 생각할 수 있지만, 있긴 있되 동양에서 아이디어를 따왔거나 비슷하되 목적이 다른 것들이다. 미백 제품만 해도 백인은 하얘지고 싶어 하지 않으며 오히려 브론저 등으로 가무잡잡하게 만드는 걸 좋아한다. 스킨 라이트너란 종류가 있는데 약과 비슷해서, 심한 잡티가 있는 부위를 탈색시키기 위한 용도다. 그래서 미국에선 우리나라에서 금지된 하이드로퀴논이란 성분을 허가하고 있다. 유명 메이크업 아티스트이자 화장품 브랜드 크리에이티브 디렉터인 한 사람은 동양에서 판매할 '화이트닝' 제품을 만들자는 제안에 심히 갈등을 했다는 후문이 있다. 피부색을 희게 만드는 게 굉장히 부자연스러우며 아름답게 느껴지지 않았기 때문이다. 서양에서 미백 제품을 아무리 찾아봐야 매우 발견하기 어려우며 찾는다 하더라도 독한 잡티 제거용이거나 가볍게 각질만 제거해주는 정도다.

밀크 로션 타입은 서양에선 얼굴과 몸에 동시에 바르는 보디 로션에 많다. 그것도 이름이 모이스처라이저인 게 대부분이고 로션이라고 부르지 않는다. 서양에서 로션은 물보다 조금 걸쭉한 액체 제품을 말한다. 벌레 물린 데 바르는 칼라민 로션이 대표적이다. 밀크 로션 제형이 프랑스 등 유럽에서는 '레 데마끼앙'이라고 해서 클렌징 밀크가 많다. 그것도 아침, 저녁 할 것 없이 레 데마끼앙을 얼굴에 문지르고 미네랄워터나 토너를 묻힌 화장 솜, 해면 등으로 얼굴을 닦아낸다. 서양 브랜드의 클렌징 밀크는 우리나라 사람이 쓰려면 건성 피부에나 맞다. 서양 사람들이 그 다음 단계로 쓰는 토너가 우리의 스킨보다 훨씬 세정력이 강하기 때문이다. 우리나라나 일본 등의 아시아에선 두드려 흡수시키는 화장수가 주라면 서양에선 세안 대신 얼굴을 닦아내는 토너 용도라 알코올이나 계면활성제가 대체로 많이 들었다. 이런 제품을 우리나라 식으로 얼굴에 두드려 바르면 건조하고 자극적일 수 있다.

서양인은 보습제로 로션보다 크림이나 밤 타입을 선호하며 대체로 유분감이 많다. 우리나라처럼 젊은 사람들도 단계별로 바르는 게 아니라 주로 중년층 이상 여성이 건조함을 느낄 때 하나만 바르기 때문이다. 에센스는 서양엔 아예 없는 말로, 에센스 하면 보통은 향수 재료로 들어가는 에센셜 오일을 연상한다. 우리나라와 일본 기준 에센스는 서양에선 세럼이며 그나마 없는 브랜드가 대다수다.

아이 크림은 지금은 서양 브랜드에도 많이 퍼졌지만 원래 프랑스에서 중년층 이상을 대상으로 하는 에스테틱 살롱 브랜드에 많았다. 젊은이들이 대중적으로 쓰는 브랜드에는 별로 없고, 보통은 얼굴에 바르는 보습제를 눈가에도 바르지, 눈가에 따로 신경 쓰지 않는다. 대신 눈가의 깊은 주름을 완화시키기 위한 제품은 꽤 있는데 그것도 중년층 이상에서 정말 필요한 경우에 선택적으로 사용하는 편이다.

메이크업 베이스는 유럽 메이크업 전문 브랜드에서 얼굴의 울긋불긋함을 보정하기 위해 만든 제품인데, 우리나라로 건너오면서 필수품이 되다시피 했다. 서양인은 특별히 붉은 기가 있지 않은 한 메이크업 베이스를 잘 바르지 않는다. 피부색을 다른 색으로 바꾸는 걸 어색하게 생각하기 때문이다. 프라이머는 서양에서도 근래에 생긴 아이템으로 원래 일부 메이크업 전문 브랜드에만 있었다. 모공과 잔주름을 메운다는 건 동양인이 중시하는 개념이다. 서양인은 파운데이션 다음에(혹은 파운데이션도 생략하고) 브러시에 파우더를 묻혀서 마구 돌리듯 칠한다. 피부 결보다도 건강한 피부색과 윤곽을 드러내는 것이 베이스 메이크업이라고 생각하기 때문. 하지만 최근 동양에서 히트한 프라이머 종류를 서양의 큰 브랜드에서도 많이 내놓고 있다.

마스카라 역시도 다르다. 서양인의 속눈썹은 대개 길고 위로 올라가 있어서 묽으면서 자연스럽고 진하게만 만들어주면 좋은 마스카라라고 생각한다. 반면 동양인은 마스카라 질감이 딱딱해 속눈썹이 바짝 올라가면서 섬유질 등이 들어 있어 길이와 볼륨까지 연장시켜주기를 원한다. 이러한 이유 탓에 서양의 유명한 화장

미니 TIP

- 미백 제품은 일본과 우리나라에서 찾는다.
- 서양 브랜드의 토너엔 알코올, 계면활성제가 많이 들어 있을 수 있다.
- 서양 브랜드에서 건성 피부용 크림을 찾으면 정말 유분이 가득한 제품을 받는다.
- 에센스는 다기능 제품이 아니며 목적이 뭔지를 생각하고 찾아야 한다.
- 서양 브랜드의 파우더는 보통 브러시를 굴려 쓰지, 곱게 밀착시키는 용도가 아니다.

품 대기업들은 대부분 동양인을 위한 화장품을 따로 기획하거나 동양에 있는 공장에서 생산한다.

서양 브랜드에서 찾아야 할 화장품들

언뜻 들으면 서양식 피부관리나 화장이 더 단순한 듯하지만, 현재도 서양 브랜드들이 화장품 산업의 근간을 이루고 있는 게 사실이다. 지금도 유럽, 미국 등지에서 고가의 첨단 원료가 많이 생산되고 있다. 때문에 뉴욕 세포라나 파리 몽쥬약국 등에서 찾아야 할 화장품들은 여전히 많다. 우선 미국은 각질 제거, 레티놀 등 노화된 피부를 적극적으로 개선하는 '코스메수티컬' 브랜드가 많다. 필링제가 유명한 엑스비앙스, 펩타이드 등 노화 완화 성분이 유명한 스트라이벡틴, 비타민C가 유명한 렉솔 등이 목적이 분명한 고기능성 제품을 전문적으로 생산한다.

여드름 피부용 제품도 우리나라에선 화장품으로 금지하고 있는 농도를 허가한 것이 많아 약과 화장품의 중간 개념으로 드럭스토어에서 많이 팔린다. 자연주의 제품도 넘쳐나는데 유분기 많고 뻑뻑한 사용감에도 100% 무기 차단 성분인 뱃저 자외선 차단제 등 아이 엄마들이 선호할만한 것이 많다.

유럽 브랜드의 경우는 가장 좋은 점이 대부분 피부 타입을 분명히 명시한다는 것이다. 우리나라에선 '더모 코스메틱'으로 분류를 하는데, 사실 거기선 일반적인 화장품이지 특별히 민감하거나 피부과와 관련되어 판매하는 브랜드들이 아니다. 우리나라처럼 두루뭉술하게, 최대한 많은 소비자가 써보도록 유도하는 게 아니라 처음부터 어떤 특징이 있는 피부에 쓰는 제품이라고 제품에 명시가 되어 있다.

더모 코스메틱 브랜드의 라인들

☐ 민감성 라인 : 자극이 적은 최소 성분을 사용한 라인 유분이 적다는 뜻은 아니라서 지성 피부는 주의.

☐ 지성·여드름 라인 : 각질 제거 성분. 살균 기능이 있는 제품이 포함돼 있음. 작용이 강한 에센스는 반드시 주의사항을 지켜야 함.

☐ 수분 라인 : 우리나라 기준으로 수분이라기보다 건성 피부용 라인. 유분도 함유된 제품이 많음.

☐ 건성 라인 : 정말 유분 분비가 부족한 건조 피부용으로 지성 피부엔 맞지 않음.

☐ 자외선 차단 라인 : 상황별로 제품이 세분화되어 있으므로 맞는 걸 쓰는 게 좋음. 야외용으로 강력한 것은 대체로 유분도 많고 워터프루프 막이 있음.

그래서 드럭스토어에선 '이 브랜드의 이 라인, 이 제품'을 쓰라고 안내받기가 쉽다.

유럽은 유기농 화장품들이 굉장히 잘 발달되어 있다. 직접 농장을 운영하고 허브를 키워서 화장품을 만드는 브랜드도 많다. 무조건 피부에 좋다기보다 적어도 미국과 동양권보다는 훨씬 고급스러운 제품을 만들어낸다. 라벤더 워터, 로즈 워터 등 아주 기본적인 유기농 화장품은 한 번쯤 기분 전환용으로 써볼만하다. 해초, 진흙, 스크럽 등 에스테틱 살롱에서 받는 테라피를 집에서 직접 할 수 있는 제품도 많다. 해초팩은 피부에 산뜻한 보습 작용을 하고, 진흙팩은 반대로 피지를 싹 빨아들인다. 우리나라가 목욕탕에서 때를 민다면, 유럽 에스테틱 살롱에선 진흙팩이나 스크럽으로 각질과 피지를 제거한다. 전신용이기 때문에 이런 제품은 진흙가루 3kg, 5kg처럼 대용량이며 당연히 가격도 싸다.

시어버터, 아르간 오일 등 천연 오일도 서양의 전문 브랜드에서 구하는 게 좋다. 서양인은 대체로 산뜻한 질감보다 오일처럼 진득하고 미끄러운 질감을 좋아해서 오일이나 버터 자체를 파는 브랜드가 많으며(록시땅, 눅스와 같은) 원료는 유럽뿐 아니라 아프리카, 호주, 태국 등 여러 곳에서 구하니 순도와 원산지를 따져보는 게 좋다.

얼굴 윤곽 교정을 위한 브론징 파우더는 서양 브랜드, 특히 미국 브랜드에 집중적으로 포진해 있다. 어두운 갈색 콤팩트 파우더인데 큰 브러시에 묻혀서 얼굴 전체를 가무잡잡하게 표현하기도 하고 윤곽선에 발라 셰이딩을 주기도 한다. 지금은 좀 주춤하지만 광물 안료가루만 가지고 파운데이션 대신 화장을 하는 '미네랄 메이크업' 역시 미국에서 대유행했고, 매우 흔한 아이템이다.

Part 2.
It Cosmetic

나에게 꼭 맞는
화장품 찾기

01

스킨 케어 제품

It Cosmetic

스킨 케어의 기본, 클렌저

▶ 나이를 드러내는 지표가 되겠지만, 생각해보면 내가 어렸을 때는 클렌저가 참 단순했다. 다이알 비누 아니면 아이보리 비누. 된장 기(?)가 흐르는 집안 분위기 탓인지 여자들은 아이보리 비누를 '미제 장수'에게 구해 썼고, 여드름 나는 청소년이나 남자들은 다이알 비누를 썼다. 여기서 일단 클렌저는 '비누와 같이 얼굴과 몸을 씻어내는 거품 나는 물질' 정도로 해두자. 아이보리 비누가 다이알보다는 촉촉하고 거품이 부드럽다곤 하지만, 겨울철 한 번 쓰고 나면 얼굴이 틀 정도로 건조했던 기억이 있다. 그래서 당시에 사람들은 맹물 세수도 많이 했다. 그래도 피부가 안 좋은 사람은 별로 없었다. 왜일까?

피부는 원래 천연 로션인 크림이 보호막을 형성하고 있다. 천연 보습인자(Natural Moisturising Factor; 몸속에서 만들어진 아미노산, 세라마이드, 히알루론산, 콜레스테롤, 소듐PCA 등 온갖 보습성분이 섞인 물질)와 피지가 섞인 것인데 사람 피부에 이보다 좋은 화장품은 없으며 아무리 좋다는 화장품도 다 이들 성분을 흉내 낸 것이랄 수 있다. 문제는 이 물질도 피부에 오래 머물면 씻겨 나가야 한다는 것. 특히 피지가 과도하게 분비되는 지성 피부는 피지가 산화되고 오래된 각질을 못 떨어지게 해서 여드름을 유발시킬 우려가 있으므로 없애줘야 한다. 반면 피지가 잘 분비되지 않는 건성 피부는 최대한 분비된 보습막을 보존하도록 노력해야 하는데, 클렌저가 바로 그 첫번째 조절 역할을 한다. 또 요즘은 자외선 차단제, 각종 기초 화장품, 색조 화장품을 겹겹이 바르는데 그것들을 지워 맨 피부 상태로 되돌려주는 역할도 한다.

그래서 피부관리엔 클렌저가 제일 중요하다. 비싼 걸 쓰라는 게 아니다. 자기 피부에 맞게 필요한 만큼만 씻어주는 클렌저를 찾아 적당한 횟수로 씻는 게 굉장히 중요하다는 얘기다. 이것만 제대로 해도 다른 화장품이 따로 필요 없을 정도다.

피부 타입에 맞는 세정력이 중요하다

피부가 붉어져 있고, 건드리면 아플 만큼 피부가 안 좋은 사람을 병원에 데려가서 피부 측정을 해본 적이 있다. 수분이 극히 적고, 피부 결이 거칠며 손상돼 있었다. 피부를 보호하고 보습하는 막이 사라져서, 피지만 겨우 분비되는 상태였다. 각질도 엄청나게 일어나 있었는데, 건조하고 손상된 피부가 켜켜이 일어난 것이었다. 평소 그 사람은 지성 피부용 스크럽이든 폼 클렌저로 박박 문질러 씻는데, 피지와 각질이 많으니 더 세게 문질러야겠다고 말하며 돌아갔다.

남자인 그가 쓰는 폼 클렌저의 세정력을 측정해보니 슈퍼마켓 비누보다도 강했다. 건조하고 손상된 피부를 그런 폼 클렌저로 계속 씻는다는 건 이미 너덜거리는 행주를 가루세제로 박박 문질러 빠는 것과 같다. '나는 아니겠지….' 하는 사람이 많겠지만 여자 중에도 이런 사람이 굉장히 많다. 여기에는 우리나라 화장품업계 탓도 있다. 흔히 '프랑스 약국 화장품'이라고 하는 브랜드들은 거의 다 건성, 민감성, 지성 등 피부 타입별로 같은 종류 제품이 있고, 자기에게 안 맞는 제품을 사려고 하면 약사가 '그거 말고 다른 라인 사라.'고 지적까지 해준다. 하지만 우리나라는 대부분 '어떤 피부에나 다 좋다.'는 식으로 두루뭉술하게 설명해놓은 경우가 많고, 화장을 지우는 용도와 맨얼굴 세안용이 구별돼 있지 않다(일본은 대부분 되어 있다). 또 사용량도 지성이나 건성이나, 화장을 했거나 안 했거나, '2cm 정도'로 획일화되어 있다. 하지만 '맨얼굴과 건성 피부는 세정력이 약한 것으로 조금, 화장한 얼굴이나 지성 피부는 세정력이 강한 것으로 많이'와 같이 선택이 달라야 한다.

소비자들도 뽀드득한 마무리를 선호하는 사람, 무조건 거품이 많아야 좋다고 생각하는 사람이 있다. '뽀드득'은 피지와 보습막을 거의 다 제거했을 때, 피부가 알칼리성으로 바뀌었을 때, 클렌저 성분과 물속의 광물질이 만나 비누 때가 생겼을 때 나는 느낌이다. 피지가 넘쳐나고 건조 문제가 없는 피부가 아니면 별로 좋은 상황이 아니다. 또 세정력이 약하고 순한 클렌저는 거품이 잘 안 나는 경우가 많은데, 소비자 불만 때문에 중간에 거품이 잘 나는 성분을 넣어 '리뉴얼'을 하기도 한다. 하지만 건조하고 연약한 피부에는 안 좋은 리뉴얼이다.

반면 '왕 지성' 피부가 세안을 게을리 하거나 너무 세정력이 약한 클렌저, 기름기가 든 클렌저를 쓰면 화장 막과 피지 및 각질이 다 안 씻겨 여드름이 나기도 한다. 세정력이 적당한 것을 선택하면 세안 후 바로 보들보들하지 않더라도 곧

미니 TIP

현재 쓰는 클렌저 간단 테스트

☐ 세안 후 쫙 땅기며 그로 인해 하얗게 각질이 일어나고 20분 정도가 지나도 계속 땅긴다. → 건성 피부용 제품으로 바꾼다.

☐ 당장은 잘 씻긴 듯해도 세안 후 20분 정도가 지나니 온 얼굴에 기름이 넘쳐나고 없던 뾰루지가 생겼다. → 지성 피부용 제품으로 바꾼다.

☐ 여드름, 상처, 점막에 클렌저가 닿으면 쓰라리다. → 약산성 제품으로 바꾼다.

☐ 세안 후에도 답답하고 가끔 때처럼 뭐가 밀려나온다. → 비누 성분이 없는 폼 클렌저로 바꾼다.

☐ 세안 직후 얼굴에 빨갛게 뭐가 돋는다. → 향 성분, 합성 방부제, 각질 제거 성분이 없는 민감성 피부용 제품으로 바꾼다.

① 에뛰드
② 꼬달리
③ 더바디샵
④ 이니스프리
⑤ 스킨푸드
I'M BLOOMING
100% TESTED
NATURAL FLOWERS
ETUDE HOUSE
CAUDALIE
THE BODY SHOP
ALOE GENTLE FACIAL WASH
SENSITIVE SKIN
ALOÈS NETTOYANT DOUX VISAGE
PEAUX SENSIBLES
125 ml (4.2 US FL OZ)
innisfree
The minimum facial cleanser
for sensitive skin
minimum
SKINFOOD
since 1957
90%
어린잎
Broccoli Cleansing Foam

촉촉한 상태가 된다. 자기에게 딱 맞는 세정력을 찾는 것이 피부관리의 출발이다.

미니 TIP

알레포 비누
클레오파트라가 썼다고 하며 당시 제조법은 전해지지 않지만 유럽으로 전해진 비누의 조상 격. 올리브유에 월계수유 약간을 섞어 6개월에서 3년 가량 숙성을 거쳐 시리아에서 비누 장인에 의해 생산된다.

마르세이유 비누
프랑스 마르세이유 지방에서 생산되어 이름 붙었고 17세기에 루이 14세가 조제법에 대한 칙령을 정해 더욱 수준 높게 발전했다. 기름은 오직 올리브유만을 써서 초록색을 띤다.

아프리카 블랙 솝
시어버터와 나무를 태운 잿물을 반응시켜 만든다는 나이지리아 유래 비누. 시어버터 자체가 훌륭한 보습제인데. 제대로 제품화가 된 제품이라면 모르지만 현지에서 정확한 계량 없이 만들어진 제품은 알칼리 성분이 남아 있을 수 있다.

비누 VS 폼 클렌저

비누는 수천 년 전부터 사용되어온 클렌저인데 아마도 고기를 구워먹은 후 그 기름이 잿물(알칼리수)과 섞여 자연적으로 생겨났을 것이다. 지금도 제조 방법이 크게 다르지 않다. 동식물의 기름에 소듐하이드록사이드(수산화나트륨), 포타슘하이드록사이드(수산화칼륨) 같은 알칼리를 섞어 반응한 덩어리, 혹은 액체가 비누다. 세안용 비누는 코코넛유, 올리브유 등 주로 식물성 기름으로 만드는데 올리브유가 베이스인 것을 특별히 카스틸 솝(castile soap)이라고 부른다. 요즘은 범위를 넓혀 식물성 기름만 쓴 것도 그렇게 부른다.

자연적으로 비누를 만들면 pH9 이상의 알칼리성이 된다. 수제 천연비누에는 글리세린과 남는 유분이 있어서 보습 기능이 있다지만 알칼리성인 건 마찬가지다. 물론 일부 중성이나 약알칼리, 약산성 비누도 있지만 비누 대부분이 그렇다. 정상 피부는 이런 알칼리성 클렌저로 씻어도 곧 약산성으로 돌아오지만, 손상된 피부는 오랫동안 알칼리성으로 있으면서 세균에 취약해지고 건조해진다. 폼 클렌저 중에도 전성분표에 스테아릭애씨드, 미리스틱애씨드, 라우릭애씨드 등 지방산이 먼저 보이고 그 다음 포타슘하이드록사이드 등 알칼리가 나오면 비누가 위주인 죽이나 물 상태의 제품이라고 볼 수 있다. 또 물속의 금속 이온과 만나 생기는 비누 때는 세면기에만 남는 게 아니라 피부에도 쌓인다. 그래서 매일 비누를 쓰는 사람은 피부와 모발이 푸석하고 뻣뻣하다. 이런 단점 때문에 유럽 등 석회수가 나는 나라의 폼 클렌저는 'Soap Free(비누 성분 없음)'라는 걸 강조하기도 한다. 또 현재 국내법상 고형 비누는 공산품이라 화장품법의 관리 밖에 있다.

그럼에도 불구하고 비누의 장점은 그 알칼리성 때문에 쉽게 썩지 않고 방부제, 인공 색소, 향료 등을 넣지 않은 천연비누일 경우 독성이 없다는 것. 즉, 몸 안에 들어가도 해롭진 않다. 극지성이라 제대로 세안이 안 되어 여드름이 나는 사람(남자 중 많음)은 비누 세안을 하면 피지가 쫙 빠지면서 상태가 나아지기도 한다. 건강한 지성 피부이면서 화학물질에 민감하고, 물이 연수이고, 비누가 약알칼리 정도라면 좋은 클렌저다.

폼 클렌저는 무조건 비누보다 세정력이 약한 것이 아니라 강한 것도 있고 약한 것도 있다. 비누보다도 세정력이 강한 합성 계면활성제(소듐라우릴설페이트, 소듐라우레스설페이트)가 주성분인 것(주로 거품 잘 나고 '뽀드득'한 느낌)도 있지만 데실글루코사이드, 포타슘코코일글리시네이트처럼 세정력이 약하고 생분해가 잘 되는 천연 계면활성제를 쓴 것도 있고, 비누 성분과 섞어 만든 것도 많다. 무엇을, 얼마나 넣느냐에 따라 거품, 세정력, pH 등 성격이 다 달라진다. 합성 계면활성제를 쓴 제품이라고 무조건 피할 필요는 없고, 자기 피부에 맞으면서 가능한 순한 제품을 찾는 게 가장 중요하다.

성분	정제수 · 미리스틱애씨드 · 스테아릭애씨드 · 포타슘하이드록사이드 · 글리세린 · 라우라마이드디이에이 · 피이지-8 · 세테스-20 · 글라이콜디스테아레이트 · 피이지-40 스테아레이트 · 부틸렌글라이콜 · 녹두추출물(1%) · 두송열매추출물 · 레몬밤잎추출물 · 루이보스추출물 · 마돈나백합꽃추출물 · 마로니에껍질추출물 · 보리지추출물 · 비누풀잎/뿌리추출물 · 선백리향꽃/잎추출물 · 성모초추출물 · 세이지잎추출물 · 수레국화꽃추출물 · 자주천인국추출물 · 캐모마일꽃추출물 · 자몽추출물 · 블랙윌로우껍질추출물 · 파파야열매추출물 · 디포타슘글리시리제이트 · 프로필렌글라이콜 · 디소슘이디티에이 · 메칠파라벤 · 프로필파라벤 · 향료 · 카라멜 · 황색4호 · 청색1호

| 폼 클렌저의 전성분표에서 확인할 수 있는 비누 베이스 |

건조한 피부용
Dry skin

설화수 순행 클렌징 폼

코코넛에서 추출한 식물성 아미노산계 계면
활성제를 주로 써서 피지를 많이 빼앗지 않고
순하다. 대상 연령층이 높은 만큼, 세안 후 바
로 피부를 탱탱하게 느껴지게 하는 성분도 들
어 있다. 단, 다양한 식물 추출물이 들어 있어
간혹 맞지 않는 사람이 있을 수 있다.

Best Choice　라로슈포제 리피카 신데뜨

세정 성분 자체도 순하지만 그보다도 보습제
인 글리세린이 많이 들어 있어 세안 후에도 로
션을 바른 듯 촉촉한
느낌이 남는다. 향, 콘
셉트를 위한 식물 추
출물이 있지 않아 민
감한 피부에도 쓸 수
있다. 매우 건조한 피
부에 적합하고 양이
많아 얼굴, 몸 겸용.

에뛰드 소녀피부
촉촉 세안 폼

식물성 보습 성분이 물 다음으로 많이 들어
있어 세안 후 촉촉한 느낌이 남는다. 세정 성
분은 식물성 비누와 같지만 금속이온 봉쇄제
가 들어 있어 비누 때가 생기지 않고, 향료 무
첨가지만 다양한 식물 추출물이 들어 있다.

꼬달리 인스턴트 포밍 클렌저

식물성 순한 세정 성분을 사용했고 글리세린
등 보습 성분을 많이 넣어서 세안 후 바로 로
션을 바른 듯 촉촉하다. 여름이나 지성 피부
의 경우 끈끈하단 느낌이 들 정도. 액이 묽고
펌프 타입이라 헤픈 경향이 있다. 향료는 소
량 들어 있다.

미국판 비오레 콤비네이션 스킨
밸런싱 클렌저

이름은 복합성 피부용이지만 글리세린 같은
보습 성분이 충분히 들어 있고 설페이트계 합
성 계면활성제를 썼지만 양이 많지 않아 촉촉
하다. 거품도 웬만큼 나고 화장도 잘 지워진
다. 향료가 약간 들었지만 거슬릴 정도는 아
니다.

번들거리는 피부용
Oily skin

Best Choice **듀크레이 케라크닐 젤 무쌍**

지성·여드름 피부용으로 나온 제품이지만 마무리가 매끈하고 촉촉하다. 소듐라우레스설페이트 등 합성 계면활성제를 적당량 사용. 세정력이 좋으며 각질을 녹이는 성분이 들어 모공이 잘 막히고 각질이 많이 생기는 지성 피부에 적당하다. 아주 예민하지 않은 여드름 피부에도 잘 맞는다.

아베다 쿨리낭스 젤

원래는 지성·여드름 피부용으로 나온 것이라 세정력은 중간 이상 되지만 세정 성분은 아기용 클렌저에도 종종 쓰이는 데실글루코사이드라는 순한 성분 위주. 화농성 여드름이 나서 예민해진 피부에도 잘 맞는다. 거품은 많이 나지 않는다.

키엘 울트라 훼이셜 클렌저

젤 타입으로 거품이 적고 촉촉하지만 세정력은 꽤 강해서 피지를 쫙 빼주는 느낌. 소듐라우레스설페이트라는 세정력 강한 합성 계면활성제과 데실글루코사이드 같은 순하고 세정력 약한 천연 계면활성제, 각종 보습 성분을 적절히 섞어 각 성분의 장점을 취한 제품이다.

꽃을 든 남자 스킨샤워

550ml라는 어마어마한 용량에 인터넷에선

몇천 원으로 최강의 경제성을 보이나 의외로 디소듐코코암포아세테이트라는 순한 세정 성분을 썼고 그 다음은 식물성 비누 성분으로 자극이 될만한 성분이 없다. 향료와 색소가 약간 들어 있긴 하지만 물에 씻기는 걸 감안하면 괜찮다. 색조 화장까지 지우는 게 목적으로 나온 제품이라 거품, 세정력 등이 강한 편으로 건성 피부용으로 나온 로즈를 지성 피부가 써도 된다. pH는 비누와 비슷한 8.8로 알칼리성으로 손상된 피부가 아닌 한 견딜 수 있는 수준.

민감한 피부용
Sensitive skin

Best Choice 비오레 세안 폼

전체 성분이 매우 순한 건 아니지만 가장 좋은 점은 피부 본래의 pH와 비슷한 약산성이란 점. 또 식품 감미료로도 이용되는 천연보습 성분이 들어 있어 마무리가 촉촉하면서도 크림 같은 거품이 충분히 나며 세정력이 떨어지지 않는다.

이니스프리 더미니멈 클렌저

매우 순한 식물 유래 세정 성분을 썼고 무향료이며 최소한의 성분으로 구성돼 알레르기 발생 확률이 매우 낮다. 액체 타입으로 거품 나는 펌프 용기에 들어 있다. 하지만 세정력이 약하고 많이 쓰지 않으면 거품이 잘 나지 않아 매우 민감하면서 건조한 피부에 적합하다.

스킨푸드 어린잎 퓨어 브로콜리 세안 폼

이니스프리 더미니멈보다는 성분이 많으나 보습 성분으로 글리세린이 들어 있어 더 촉촉

하다. 단단한 거품이 나는 비누계 세정 성분을 써 세정력도 중간 이상이지만 금속이온 봉쇄제를 함유해 비누 때는 생기지 않는다. 무향료에 순한 방부제를 썼다.

미샤 니어스킨 폼 클렌저

pH 5.5로 피부와 같은 약산성. 순한 식물성 아미노산계 계면활성제를 주로 썼고 거품은 중간 정도, 마무리도 촉촉과 뽀드득의 중간 정도. 선크림, 비비 크림 등 가벼운 화장은 잘 지워진다. 향료가 약간 들어 있다.

더바디샵 알로에 젠틀 페이셜 워시

물 다음으로 알로에베라잎 즙이 많이 들어 있어 산뜻한 보습 기능과 진정 기능이 있으며 로션이나 에센스에 들어가는 보습 성분도 들었다. 세정 성분은 순한 식물성을 주로 쓰고 거품을 위해 설페이트계 합성 계면활성제를 약간 더했다. 거품 용기 타입.

시드물 카카두 아미노 클렌저

포타슘코코일글리시네이트라는 순한 세정 성분을 단독으로 사용하고 글리세린과 콜라겐 같은 고급 보습 성분에 방부제마저 순한 걸로 쓴 아주 단순하고 순한 제품. 물을 최소한만 넣은 원액에 가까워서 경제적이며 많이 쓰면 세정력도 강해진다.

폼 클렌저
Foam cleanser

일명 '솜털 세안', 효과가 있을까요?

마찰 없이 부드럽게 세안하는 것은 피부에 자극이 적어서 좋다. 하지만 거품으로 지나치게 오래 마사지하는 것은 피부를 오래 세정 성분에 노출시켜 건조하게 할 수 있고 특별히 좋을 게 없다.

'탄산 클렌저'는 무엇인가요?

거품이 쉽게 나오게 만든 것으로 거품이 단단하게 만들어지는 성분을 써야 탄산 클렌저로 만들 수 있다. 그 밖의 세정 성분을 봐야지, 탄산(이산화탄소)이나 그 안에 든 물이 피부에 큰 작용을 하는 건 아니다.

폼 클렌저나 비누만으로 화장이 지워질까요?

약산성, 세정력 약한 천연 세정 성분을 주로 쓴 민감성 피부용 제품은 세정력이 떨어진다. 하지만 그 외 클렌저 대부분은 워터프루프가 아닌 선크림이나 비비 크림까지는 잘 지운다. 워터프루프 선크림, 마스카라, 아이라이너, 진한 립스틱 등은 전용 클렌저를 쓴 후 이차 세안을 하거나 강력한 클렌저로 지워야 한다.

거품이 많아야 잘 씻어질까요?

거품이 잘 일어나는 성분이 안 일어나는 것보다 대체로 세정력이 좋기 때문에 생긴 오해. 거품이 아니라 세정 성분 자체가 기름을 녹이는 것이다. 거품이 잘 안 나지만 농도가 진해 세정력은 강한 제품도 있다. 하지만 거품이 잘고 풍부하면 좁은 부분까지 클렌저가 잘 닿긴 한다.

클렌저가 정말 모공 속까지 씻어주나요?

모공 입구 바로 안쪽까지 씻는 것이지 모공이 생각보다 좁고 깊어서 그 안까지 다 씻어주지는 못한다. 그런 클렌저가 있다면 피부도 손상시킨다.

It Cosmetic

화장을 지우는 메이크업 리무버

▶ 화장품은 우리를 아름답게 만
들어주지만 동시에 피부에는 얄미운 존재다. 특별히 색조 화장품만 나쁜 성분으로
이루어진 게 아니라, 그걸 바르고 씻어내는 과정이 모두 피부에는 부담이 된다. '메
이크업'이란 말은 러시아 왕립 발레단과 할리우드 영화계에서 분장사로 이름을 날
린 맥스 팩터가 만들었다고 한다. 당시 화장품은 기름 그 자체였고 두꺼워서 기름
으로 지우는 수밖에 없었다. 많은 양을 발라 문질러 닦아내는 '추출'의 원리다. 사실
그 원리로 만들어진 제품들이 근 백년간 살아남았다. 나 역시 할머니 젊으셨던 시절
엔 많이 봤으니까……

그 다음으로 생긴 게 기름에 물을 섞은 크림이다. 기름 자체인 크림보다

는 피부에 부담이 덜했다. 1967년 할리우드 분장사였던 슈 우에무라가 '언마스크'라는 클렌징 오일을 만들었다. 클렌징 오일은 기름 안에 물 없이 계면활성제가 들어 있는 것이다. 계면활성제는 물과 기름이 섞이게 하는 성질이 있어서(폼 클렌저는 계면활성제 그 자체다) 먼저 기름으로 화장을 녹이고 물로 마사지하면 '화장+기름'이 물과 섞여 헹궈지는 원리다. 클렌징 크림은 그것대로 또 발전해서 기름에 물이 든 게 아닌, 물에 기름이 든 구조로 된 워터 베이스 제품과 물에 계면활성제를 섞어놓아 화장솜에 묻혀 문지르면 순간적으로 기름인 화장이 묻어나오는 클렌징 워터를 탄생시켰다. 또 클렌징 워터가 미리 티슈에 묻어 있는 클렌징 티슈, 워터가 아닌 기름이 묻어 있는 티슈, 가장 최근에는 색소 화장 베이스가 실리콘 오일인 것에 착안해 실리콘 오일로 만든 메이크업 리무버(차앤박 클렌징 퍼펙타)까지 나와 있다.

하지만 이들 중 어떤 것도 누구에게나 좋다고 말할 수는 없다. 화장의 두께, 성분, 자기 피부의 유분 분비량에 따라 화장은 지우면서도 피부 자체의 보습막은 해치지 않는 제품이 다 다르기 때문이다.

지성은 워터, 건성은 오일이 기본

클렌징 오일은 유분 함량이 가장 많은 메이크업 리무버다. 물론 물로 잘 헹궈지지만 그 기름이 다 씻기는 것은 아니다. 어떤 클렌징 오일이든 베이스가 되는 오일이 어느 정도는 피부에 남는다. 이것이 클렌징 오일의 보습 효과이고, 베이스 오일이 좋은 것이어야 하는 이유이기도 하다.

지성 피부는 굳이 클렌징 오일을 쓸 필요가 없다. 피부 속에서 기름이 퐁

BOBBI
BROWN

Soothing Cleansing Oil
Huile Démaquillante Apaisante

Kukui Nut and Sunflower Oils,
Jasmine Flower
Huiles de Kukui et de Fleur de
Tournesol, Jasmin

DEEP
CLEANSING
OIL

DHC

innisfree

Carrot
Cleansing Oil
170 ml

SKIN
FOOD
since 1957

雪花秀

Sulwhasoo

GENTLE CLEANSING OIL
순행클렌징오일

퐁 숫아나오고 있는데 유분을 남기는 제품을 사용하면 트러블 발생 확률만 높일 뿐이다. 클렌징 오일을 오랫동안 쓰면서 여드름에서 헤어나오지 못하는 수많은 지성(脂性)인을 보게 된다. 모든 클렌징 오일이 여드름을 유발하는 건 아니지만 클렌징 오일을 쓴다는 것만으로도 그런 성분이 들어갈 확률이 높아지는 것이다. 특히 이소프로필팔미테이트, 이소프로필미리스테이트, 미네랄 오일이 베이스인 제품이 그렇다. 이소프로필미리스테이트는 모공을 막는 정도가 0~5 중 5로 최고 등급(1989, James E. Fulton. JR), 이소프로필팔미테이트는 4로 높으며 클렌징 오일 베이스로 많이 쓰인다.

미네랄 오일은 연구 결과에서는 0~2로 낮은 편이지만 실제로는 좁쌀 여드름이 심해지는 사례가 많다. 입자가 매우 작아 쉽게 피부에 스며들고 화장을 잘 지우며 끈적이지 않고 가벼워서 지성 피부용 클렌징 오일에 잘 쓰인다. 하지만 그만큼 모공과 각질층에 남기 쉽기 때문인 듯하다. 또 다른 문제는 클렌징 오일을 쓴 후 미끈거리는 느낌이 싫다고 세정력이 강한 폼 클렌저로 박박 씻는다는 것이다. 방금 바른 클렌징 오일이 씻겨나가 뽀드득하게 느껴질 정도면 피부 보습막도 거의 다 씻겨나갔다고 보면 된다. 덕분에 모공에 오일은 남은 채 각질층은 건조해질 수 있다. 클렌징 티슈 중 기름에 적셔 있는 것(예 : 맥 와이프스)도 클렌징 오일과 마찬가지다.

클렌징 크림은 오일 다음으로 유분이 많지만 요즘 워터 베이스인 것도 많아서 제품을 잘 읽어보면 그런 문구를 찾을 수 있다. 클렌징 밀크는 클렌징 크림보다는 유분이 적다. 이것들 역시 중성이나 건성 피부엔 괜찮지만 굳이 지성이 쓸 필요는 없다.

수분이 훨씬 많은 제형은 클렌징 워터, 클렌징 젤(리퀴드), 또는 클렌징 티슈 중 클렌징 워터가 적셔져 있는 것이다. 폼 클렌저는 앞장에서 설명했으므로 제외한다. 같은 클렌징 워터나 티슈라도 계면활성제로 무엇을, 얼마나 넣었는지, 어떤

미니 TIP

클렌저의 유분 함유 정도
클렌징 오일=오일 젤=클렌징 티슈(오일에 적신 것)＞클렌징 크림(유중수 타입)＞클렌징 밀크≒클렌징 크림(수중유 타입)＞클렌징 워터=클렌징 젤=폼 클렌저

입자를 이루고 있는지에 따라 세정력은 다 다르다. 유럽 브랜드 중 그냥 닦아내기만 하면 되고 따로 물 세안을 할 필요가 없다는 것들이 있는데, 피부에 남아도 되는 순한 유화제를 썼다는 뜻이지만 물 세안을 한 번 하는 게 낫고 지성 피부의 경우 세정력 약한 폼 클렌저를 조금 써서 한 번 더 세안을 하는 게 모공에 남은 노폐물을 씻어내는 데 도움이 된다. 지성 피부인데 클렌징 워터만 쓰고 며칠 지난 후 트러블을 경험하는 사례도 종종 있다. 하지만 클렌징 워터를 쓰고 또 강력한 폼 클렌저를 쓰면 지나친 세안이 될 수 있으므로 주의해야 한다. '클렌징 워터+폼 클렌저'의 이중 세안이 꼭 필요한 건 아니다. 하지만 클렌징 워터를 먼저 쓰면 화장이 두꺼운 부위를 순간적으로 닦아낼 수 있어서 편리하다.

　　클렌징 젤은 대부분 수성이지만 간혹 오일 성분인 것이 있다. 젤처럼 느껴지지만 사실상 클렌징 오일인 제품이다. 이런 제품은 대개 '오일 젤'이라고 표기가 되어 있는데 잘 안 보이는 것도 있어 지성 피부는 주의해야 한다. 또 일명 '프랑스 약국 화장품', '더모 코스메틱' 브랜드에선 '젤 무쌍'이 눈으로 보기엔 젤이지만 물을 섞어 거품을 내 쓰는 폼 클렌저다. 이런 제품을 국내로 들여올 때 '클렌징 젤'이란 이름을 붙여(예 : 비쉬 클렌징 젤) 소비자가 그냥 얼굴에 문질러 쓰기도 한다. 그러면 세정력이 너무 강해 헹굴 때 거품이 많이 나고 피부도 건조해질 수 있다.

립 앤 아이 리무버 고르는 요령

　　우리 몸에서 이물질이 입으로 들어갈 수 있는 입가나 안구 점막에 닿을 수 있는 눈가는 특히나 예민하다. 그래서 눈가와 입가에 쓸 수 없는 화장품 성분이 지정되어 있으며, 립 앤 아이 리무버는 그

계면활성제의 종류

물과 기름이 섞이게 하는 물질을 말하며 종류가 다양하지만 크게 녹지 않는 물질을 녹게 하는 가용화제, 두 상이 섞이게 하는 유화제, 기름 성분인 더러움을 씻어내는 세정제로 나뉘고 각기 용도에 맞게 쓰인다. 자동차를 씻는 세정제도 계면활성제지만 똑같은 물질과 농도가 화장품에 들어가는 것이 아니므로 오해는 금물. 특히 아이 메이크업 리무버에는 순한 계면활성제가 들어간다.

규정을 준수하면서 순간적인 세정력이 좋아야 한다. 두 개의 층으로 나뉘는 립 앤 아이 리무버는 순한 계면활성제를 적게 써서, 흔들면 순간적으로 물과 기름 성분이 섞였다 놔두면 다시 분리된다. 간혹 밀크 로션이나 젤 타입, 티슈 타입도 있지만 어쨌든 첫째 조건은 순해야 한다. 그런 의미에서 향이 강하거나 색이 예쁘거나 잠깐 눈에 들어갔는데 따갑고 눈물이 나는 건 피하는 게 좋다.

무조건 세정력이 강한 걸 좋다고 할 수 없는 게, 순한 성분을 골라 적당히 넣으면 당연히 세정력이 좋기가 어렵기 때문이다. 입술 같은 경우 피지 분비가 전혀 없어 세정력이 강한 제품을 쓰면 쉽게 거칠어지기도 한다. 립 앤 아이 리무버를 쓴 후 유분감이 남았다고 세정력 강한 폼 클렌저로 씻으면 일부러 순한 립 앤 아이 리무버를 쓴 의미가 없어져버린다.

오일 베이스
Oil base

Best Choice **DHC 클렌징 오일**

이름처럼 정말 올리브 오일이 주성분이고 피지처럼 작용하는 카프릴릭/카프릭트리글리세라이드가 두 번째로 많아 건성 피부에 크림처럼 유분 보호막을 만들어주는 제품이다. 방부제를 제외하면 향료 및 색소 무첨가일뿐만 아니라, 매우 순한 성분만으로 단순하게 이루어져 있다. 올리브 오일 질감 그대로 묵직하고 원료 자체의 냄새도 약간 나서 호불호가 갈린다.

라로슈포제 피지올로지컬 클렌징 밀크

자극적인 성분이 없고 여러 가지 합성 오일이 조합된 로션이라 민감하면서 매우 건조한 피부에 맞고 화장도 잘 지워진다. 단, 미네랄 오일에 모공이 잘 막히는 사람은 피해야 한다. 향료가 들어 있다고 표기되어 있지만 거의 향이 나지 않는다.

바비브라운 수딩 클렌징 오일

여러 가지 합성 오일과 계면활성제, 쿠쿠이나무씨 오일, 호호바 오일, 해바라기씨 오일 등 고급 식물성 오일이 조화를 이루고 있어 무겁지도 가볍지도 않은 적절한 질감과 세정력, 보습력이 있다. 모두 건성 피부에 좋은 순한 성분이지만 이소프로필팔미테이트가 가장 많아 여드름 피부에는 피하는 게 좋다.

설화수 순행 클렌징 오일

역시 이소프로필팔미테이트가 가장 많으며 여러 가지 합성 오일로 개운한 느낌을 주고 맥문동, 감초, 의이인 등 한방 추출물을 많이 넣었다. 이 추출물들이 피부에 잘 맞는다면 피부 진정, 항염 등의 효과를 볼 수 있다. 원료들이 섞인 향을 가리기 위해서인지 향료가 들어 있다.

이니스프리 애플 쥬이시 클렌징 오일

화장품의 베이스로 들어가는 합성 오일이 많이 들어 있어 끈적이지 않으면서 세정력이 좋다. 천연 오일이나 식물 추출물의 양은 많지 않은 편이어서 고급스러운 느낌은 없지만 잘 지워지고 순한, 실용적 콘셉트의 제품이라 할 수 있다. 미네랄 오일은 없고 향료는 들어 있다.

에코케어 퓨어씨드 클렌징 밀크

대나무수, 콩 오일, 동백 오일, 마카다미아씨 오일 등의 식물성 오일이 대부분을 차지한다.

로션이나 크림이라고 할 정도로 유화제도 순한 것으로 소량 사용했기 때문에 건성 피부의 경우 지우고 남은 유분을 그냥 남겨두면 보습 효과를 볼 수 있다. 식물성 방부제를 사용했기 때문에 빨리 써야 한다.

스킨푸드 당근 클렌징 오일

순한 로션, 크림에 많이 들어가는 카프릭/카프릴릭트리글리세라이드가 가장 많아 세안을 마치고도 보습 기능이 탁월한 제품. 주성분들은 몇 가지 되지 않아 아주 단순하고 실용적인 제품이다. 향을 내는 여러 가지 에센셜 오일이 들어갔지만 양은 극히 미미하다.

워터 베이스
Water base

Best Choice 비페스타 클렌징 워터

화장수, 폼 클렌저, 보습제, 파운데이션 등에 들어가는 유화제가 주성분으로 다양하게 함유되어 화장을 쉽게 녹여준다. 무알코올, 무향료, 무착색이라 자극이 적고 용량도 300ml로 넉넉해서 아끼지 않고 쓸 수 있다. 유분은 전혀 없으며 수성 보습 성분이 약간 들어 있어 얼굴이 당기지 않는다.

오르비스 클렌징 리퀴드

비페스타 클렌징 워터와 마찬가지로 유화제

인 PEG를 다양하게 써서 화장을 녹이는 방식인데 수성 보습 성분인 프로필렌글라이콜을 다량 함유해 물이 아니라 젤처럼 느껴진다. 얼굴에 바르고 가볍게 마사지한 후 물로 씻어내면 된다. 보습 성분이 남아 클렌징 워터보다 조금 더 촉촉하게 느껴진다.

Best Choice 바이오더마 센시비오 클렌징 워터

클렌징 워터 중에서 타 브랜드에 비해 세정력이 강하다. 화장품 유화제로 많이 쓰이는 저분자 PEG를 써서 피부에 남아도 크게 부담이 없다. 만니톨, 람노스 등 가볍게 보습을 하면서 자극을 줄여주는 성분도 들어 있고 향이 없어 민감한 피부에도 부담이 적다.

이니스프리 비자 안티 트러블 클렌징 젤

오르비스 클렌징 리퀴드와 세정 성분, 질감은 비슷하면서 비자 오일, BHA 함유 성분 등이 들어가 여드름 피부에 가벼운 항염 효과를 주고 각질을 제거하는 기능이 있다. 세정력은 충분한 양을 써야 베이스 메이크업이 지워지는 정도. 색조 화장은 한 번에 지워지지 않는다.

유리아쥬 로 데마끼앙 미셀라 블루

바이오더마 센시비오 클렌징 워터에 비해 세정력이 약해 몇 번에 걸쳐 닦아내야 하지만 그만큼 덜 건조하다. 매우 순한 계면활성제를 써서 마무리가 스킨을 바른 것과 비슷하다. 향료가 들어 있지만 느껴질 정도는 아니다.

이솔 퀵 원스텝 클렌저

다른 제품들처럼 화장품에 쓰는 유화제 성분이 아니라 순한 폼 클렌저에 쓰는 아미노산계 계면활성제가 들어간 젤 타입이라 물을 더하면 거품도 난다. 젤 상태로 얼굴에 바르고 문지른 후 물로 헹궈내는 방식. pH가 약산성이라 약해진 피부에도 자극이 적고 보습 성분이 남는다는 게 장점.

오휘 이지 워시업 클렌징 워터

여러모로 유럽 더모 코스메틱 브랜드들의 클렌징 워터와 비슷한 제품. 기초 화장품에 들어가는 유화제를 써 순하며 수성 및 유성 보습 성분도 들어 있어 화장을 닦아낸 후 스킨 로션을 바른 것처럼 보습 효과도 볼 수 있다. 화장 솜을 댄 채로 누르면 내용물이 묻어나는 펌프식이다.

코겐도 클렌징 스파워터

무향료, 무색소로 자극을 줄이고 자작나무 수액, 라벤더 추출물 등 식물 추출물을 상당량 함유했다. 클렌징 워터 중 촉촉한 편이며 특정 식물 추출물에 알레르기가 없는 한 매우 순하다.

메이크업 리무버
Makeup remover

이중 세안이 꼭 필요한가요?

폼 클렌저, 클렌징 워터 등 수성 클렌저는 하나로만 화장을 지우고 세안까지 마치는 게 좋다. 하지만 클렌징 오일, 클렌징 밤 등 유성 클렌저는 피부에 남으면 부담이 되기 때문에 수성 클렌저로 마저 씻어내는 것이다. 하지만 남는 기름에 트러블이 생기기 쉬운 피부라면 애초부터 유성 클렌저를 안 쓰면 된다.

클렌징 오일은 왜 젖은 손으로 사용하면 안 되나요?

물기 없는 기름이 물과 잘 섞이는 계면활성제와 섞여 있는 게 클렌징 오일인데 세안을 할 때 물과 기름 때가 섞여 씻겨나가는 원리다. 손이 물에 젖어 있으면 클렌징 오일이 미리 유화되어 화장을 녹일 수가 없다.

립 앤 아이 리무버를 안 쓰면 안 되나요?

클렌저 중 순해서 눈과 입술에도 쓸 수 있는 것이 있다. 하지만 그런 경우가 아니라면 눈가와 입가에 쓰기엔 유분을 너무 많이 빼앗는다. 당장 문제가 생기는 건 아니지만 날이 갈수록 입술과 눈가가 건조해질 것이다. 또 먹거나 눈에 들어가면 안 되는 성분이 들어 있을 수도 있다.

틴트 종류는 잘 안 지워지는데 어떻게 해야 할까요?

틴트는 물에 색소(주로 타르 색소)를 푼 것으로 피부에 착색이 된다. 피부 표면을 코팅하는 것이 아닌 각질층을 물들인 상태라 웬만한 메이크업 리무버로도 잘 안 지워진다. 그걸 지우려고 하다가 자칫 피부가 손상되고 건조해질 수도 있다. 베이스 메이크업이 깨끗이 지워졌는데도 틴트가 남았다면 차라리 놔두는 게 나을 수도 있다.

It Cosmetic

피부의 바탕을 만드는 스킨 & 토너

스킨의 이름은 왜 '스킨'일까?
원래는 스킨 로션이었는데 줄여서 '스킨'으로 통칭하게 된 것이다. 어머니 세대에는
스킨에 '스킨 소프너'와 '아스트린젠트'란 두 가지 종류가 있었는데 각각 무슨 작용
을 하는지도 모르고 그냥 다 바르셨던 것 같다. 당시의 스킨 소프너는 알코올이 없
거나 적고 보습 성분이 든 것이었으며, 아스트린젠트는 알코올이 들었고 보습 성분
이 상대적으로 적은 것이었다. 즉, 건성용과 지성용인데 둘 다 발라야 되는 줄 알았
던 것. 그것도 화장 솜이란 게 없어서 그냥 손에 덜어 두드려 발랐다.

사실 화장품 중에서 스킨처럼 애매모호한 아이템도 없다. 우리나라에서
만 스킨이라고 부르고, 미국에선 토너(toner), 일본에선 로션(lotion), 유럽엔 없는 브랜

드도 많고(대신 미네랄 워터나 플로럴 워터를 뿌린다) 로션 토닉(lotion tonique), 심지어 클렌징 로션(cleansing lotion)이란 애매한 이름이 붙어 있기도 하다. 우리나라처럼 스킨을 필수 과정으로 바르는 나라는 없다. 스킨은 어떻게 보면 필요가 없기도 하고, 피부 타입이나 스킨 케어 방식에 따라 필요하기도 하다. 겉보기엔 비슷하지만 종류도 상당히 다양하게 나눌 수 있다.

스킨의 다양한 형태

스킨은 사실 화장에서 필수 과정은 아니다. 연수에 순한 클렌저로 깨끗이 세안했다면 그 자체로도 피부는 깨끗한 상태다. 하지만 화장 찌꺼기와 각질 조각, 클렌저의 잔여물이 남았다면 닦아내는 게 좋다. 그것이 순한 계면활성제가 약간 든 토너, 토닝 로션 등의 역할인데 화장솜에 묻혀 닦아내지 않으면 제 기능을 다 하지 못한다. 미국의 토너는 지성이나 여드름 피부용이 많아서 알코올이 든 경우가 많다. 화장솜에 묻혀 닦아내면 가득한 피지를 한 번 걷어내는 역할을 하는데 우리나라 사람 피부엔 자극이 너무 심한 것도 있다. 유럽의 클렌징 로션은 대체로 클렌징 밀크로 얼굴을 닦은 후 그 유분을 닦아내는 데 쓴다. 따라서 미국의 토너나 유럽의 클렌징 로션을 그냥 얼굴에 두드려 발랐는데 싸한 느낌이 든다면 닦아내는 제품을 바른 것이라 제 기능을 한 게 아니고 오히려 자극이 될 수도 있다.

반면 대부분 물 세안을 하는 우리나라와 일본은 알코올이 적거나 없고, 보습제를 넣은 제품이 많다. 그래서 '닦아내라'는 설명이 없으면 로션보다 가벼운 보습제로 생각하고 그냥 두드려 발라도 된다. 스킨에도 에센스에 들어가는 특별

SK-II
FACIAL
TREATMENT
CLEAR LOTION

CLINIQUE
clarifying moisture
lotion
hydratante clarifiante
1
6.7 FL.OZ./200 ml

LANEIGE
Light
Power Essential
Skin Refiner
Refreshing skin refiner with purifying
and softening effect for clear skin
for combination to oily skin types
200 ML

PAULA'S CHOICE
EARTH
SOURCED
PURELY NATURAL
REFRESHING TONER
All Skin Types
98% NATURAL
What it does:
· Hydrates with plant-based ingredients
· Fortifies skin with antioxidants
· Soothes sensitive skin
"Only use natural
ingredients with proven
benefits for your skin."
Paula Begoun
toner
5 fl. oz. / 148 ml

한 보습 성분이나 각질 용해 성분, 미백 성분을 넣으면 그냥 스킨이라기보다 에센스에 가까워진다. 미백이나 주름 개선 성분을 인증받으면 스킨도 기능성 화장품이 될 수 있다.

스킨, 얼마나 순할까?

겉으론 비슷해보여도 알코올이 든 싸한 게 있는가 하면 무알코올인 것도 있다. 알코올은 대부분 피부를 건조하게 하는데 얼굴이 기름 범벅인 사람은 일단 그 기름을 닦아내야 다음 단계를 바르는 것도 의미가 있기 때문에 필요할 수도 있다. 알코올은 전성분표에 변성알코올이나 에탄올로 표기된다. 그것을 확인할 수 없다면 냄새를 맡아보거나(냄새가 날 정도면 매우 많이 든 제품이다), 발랐을 때 순간적으로 시원한 느낌이 드는지를 보면 된다. 보통 피부에는 알코올이 적게 들었거나 없는 게 좋다.

계면활성제는 스킨이 얼마나 세정 용도로 만들어졌는지의 기준이 된다. 또 현탁액(뿌연 액체) 타입의 유분이 꽤 들어간 스킨을 만들기 위해서도 들어간다. 계면활성제는 세안 잔여물을 닦아내는 효과가 있지만 피부 보습막도 녹이기 때문에 건조한 피부에는 적게 들어 있거나 안 들어 있는 게 낫다. 정확한 방법은 아니지만 스킨을 흔들어보면 거품이 생기는데, 거품이 많을수록 계면활성제가 많이 들었다고 가늠하면 된다.

알코올과 계면활성제가 안 들어 있고 그냥 투명한 물 타입인 것은 물에 약간의 보습 성분만 넣은 것이다. 각질 제거 성분이나 미백 성분 등 어떤 기능을 하는 성분이 추가로 안 들어 있다면 로션보다 가벼운 그냥 보습제다. 다른 보습제를 바를 거면 생략해도 되며 지성 피부는 여름에 이런 것 하나로 보습을 마쳐도 되고, 스프레이 통에 넣으면 미스트가 된다. 지성 피부는 좋은 보습 성분이 든 걸쭉한 스킨만으로 보습이 충분히 되는 경우도 많다.

요즘은 대나무수, 꽃수, 발효물 등을 물 대신 쓰는 경우도 많은데 그 성분들 자체에 든 영양 물질이 기능을 한다. 잘 맞으면 그냥 물보다 좋지만 간혹 특정 성분에 알레르기를 일으키는 사람도 있다.

청정 기능
Clear

Best Choice 숨 화이트 어워드 클리어 토너

생체 친화적인 보습 성분과 강력한 항산화력이 있는 아사이베리 추출물을 합친 자체 개발 성분 냅스(NAPS), 각질 용해 성분인 AHA를 함유한 각질 정돈 토너. 무색, 무향료로 자극을 줄였다. 화장 솜에 듬뿍 묻혀 닦아내는 게 좋다.

크리니크 클래리파잉 모이스처 로션

가벼운 보습 효과를 주면서 피지와 각질의 잔여물을 살짝 닦아내는 무난한 토너. 무알코올, 무색소, 무향료로 자극을 줄였고 캐모마일 추출물 등 진정 성분도 들어 있다. 페퍼민트 추출물 등 '화~'한 성분은 소량 들어 있다. 건성 피부용 제품이지만 다른 피부 타입이 써도 된다.

닥터자르트 컨트롤 에이 클래리파잉 토너

여드름 피부용 라인으로 유분이 많은 지성이면서 모공이 잘 막히는 피부에 적합하다. 알코올이 상당량 들어 있어 다른 피부 타입에는 따갑고 건조할 수 있다. 화장 솜에 묻혀 닦아내면 알코올이 먼저 피지를 닦아내고 AHA와 BHA가 각질을 녹인다. 향료와 색소는 안 들어 있다.

버츠비 데이지 화이트 페이셜 토너

알로에베라잎 즙이 물 다음으로 들어 있어 열이 오른 피부를 촉촉하게 진정시키며 블랙윌로우껍질 추출물(버드나무 껍질)에 들어 있는 BHA의 원료가 되는 성분과 천연 AHA가 아주 가볍게 각질을 정돈한다. 약산성이고 무색소. 모든 피부 타입이 써도 되지만 지성 피부에 더 적합하다.

유리아쥬 이제악 클렌징 로션

원래 복합성 피부의 지성인 부위와 지성 피부를 닦아내는 용도이며 자극 없는 클렌징 워터와 스킨의 중간 선상에 있는 제품. 가벼운 화장과 클렌징 밀크의 잔여물을 지울 수 있으며, 그냥 지성 피부의 스킨으로 사용해도 된다. 따로 물 세안을 하지 않아도 된다. 무알코올, 무색소.

SK-II 페이셜 트리트먼트 클리어 로션

고유의 성분인 피테라(갈락토미세스란 균주의 발효물)에 젖산 등 AHA가 소량 함유되어 보습력이 좋으면서 각질을 아주 약하게 제거한다. 각질 제거 효과는 당장 나타나지 않고 서서히 나타나는 정도라 건성 피부도 쓸 수 있을 만큼 자극이 적다. 무색소, 무향료, 무알코올이라 순하다.

보습 기능
Moisturizing

뷰티 크레딧 에코퓨어 화이트닝 에센셜 토너

사실상 스킨이 아니라 에센스로 이름 붙여야 할 정도로 온갖 식물 추출물과 오일, 미백 기능성 성분까지 들어 있는 제품. 항염 효과가 있는 구주소나무잎수가 물 대신 베이스를 차지하고 미백 기능성 성분인 나이아신아마이드도 상당량 들었다. 유화제를 적게 넣어 아르간

오일이 위에 뜬 것을 눈으로 확인할 수 있다. 무알코올, 무색소, 무인공향. 흔들어 사용한다.

쥬쥬코스메틱 아쿠아모이스트 모이스처라이징 로션

글리세린, 부틸렌글라이콜, 프로필렌글라이콜 등 무난한 수성 보습 성분이 많이 들어 있는 보습 스킨. 거기에 피부 속 보습 인자로 존재하는 히알루론산이 들어 있어 특유의 젤 같은 질감이다. 알코올은 소량 들어 있어 자극적이지 않고 무향, 무알코올, 무색소, 약산성이고 식물 추출물도 안 들어 있어 알레르기가 일어날 확률이 매우 적다.

Best Choice 이솔 순한 살결수

온라인에서만 판매하며 성분에만 집중한 브랜드로 알로에베라잎 즙, 아줄렌, 알란토인 등 진정 성분과 함께 히알루론산 등 수성 보습 성분, 최근 유행하는 식물 추출물도 다양하게 들었다. 무알코올, 무향, 무색소, 무계면활성제로 특정 식물 추출물에 대한 알레르기만 없다면 아주 순한 제품이다.

폴라초이스 얼스소스드 퓨얼리 내추럴 리프레싱 토너

물 다음으로 수성 보습 성분인 글리세린과 히알루론산이 많이 들어 있어 콧물 같은 질감에 보습력이 좋다. 히알루론산은 위의 쥬쥬코스메틱 아쿠아모이스트보다도 많이 들어 있다. 식물 추출물은 항산화력이 있는 것 위주이고 유화제도 순한 것으로 썼으며 약산성이다. 무알코올, 무색소, 무향료.

라네즈 파워 에센셜 스킨 센서티브

글리세린, 부틸렌 글라이콜 등 무난한 수성 보습 성분에 유분도 약간 들었다. 최신 성분인 발효물도 약간 들었고 해조류, 육상 식물, 광물로부터 유래한 다양한 최신 성분과 젤리 같이 가벼운 막을 만드는 성분까지 함유해 사용감을 비롯 매우 다각도로 설계한 제품. 센서티브 타입은 무향, 무색소, 무알코올.

에뛰드 소녀피부 촉촉수

가격 대비 성분이 매우 좋다. 물 대신 꿀 추출물, 수성 보습 성분이 들었고 방부제를 제외한 나머지가 병풀 추출물 등 진정 성분을 위시한 식물 추출물이다. 무향료, 무색소, 무알코올로 자극 성분이 없어서 10대용, 건성용이라지만 모든 연령, 모든 피부 타입이 스킨으로, 미스트로 써도 좋다. 특히 지성 피부는 이것 하나로 기초를 끝내도 된다.

DHC Q10 로션

이름은 로션이지만 스킨이다. 강력한 항산화제인 코엔자임Q10을 위시해 비타민E 등이 방부제 역할까지 하고 있고 피부 친화적인 유분과 비타민C 유도체, 플레센타 단백질, 알란토인 등 좋은 성분이 다양하게 들어 에센스로 생각해도 된다. 무향료, 무색소.

It Cosmetic

피부의 묘약, 에센스 & 세럼 & 부스터

내가 에센스(essence)란 말을 처음 들은 건 1994년 쥬리아에서 출시된 '고세(KOSE) 모이스처 에센스' 광고를 통해서다. 주황색 플라스틱 병에 담긴 물인데 그냥 발라도 되고, 머리 헹구는 물에 떨어뜨리기도 하고, 크림에 섞어 발라도 된다는 '만병통치약' 콘셉트로 광고를 했다. 아니나다를까 일본 고세가 1975년 세계 최초로 'R. C 에센스 리퀴드 프리셔스'란 에센스를 만들었다고 한다. 그 기술력을 발전시켜 고세는 지금도 코스메데코르테 모이스처 리포좀, 아스탈루션 등 에센스가 주력 상품이다. 결국 요즘은 반드시 발라야 할 필수 코스로 자리매김한 에센스가 그 전엔 없었단 얘기다. 서양에서는 에센스가 다른 걸 의미하고 비슷한 단어를 찾자면 세럼(serum, 혈청이란 뜻)인데, 필수적인 제품으로 여겨지지 않는다. 아예 없는 브랜드도 허다하다.

　　그런데 왜 다들 에센스를 안 바르면 큰일이라도 날 것처럼 생각하고, 다른 덴 아껴도 에센스엔 돈을 아끼지 않아야 된다는 생각이 널리 퍼져 있는 걸까? 일단 에센스는 제형상 스킨보다 진하고 로션, 크림보다는 유분이 적은 보습제다(스킨케어 제품 중에 보습제가 아닌 제품을 찾기가 더 힘들지만). 그러니까 로션이나 크림을 바르기엔 부담스러운 중지성 피부는 에센스 하나만 발라도 되는 것이다.

　　하지만 에센스엔 미백, 주름 개선 등 또다른 기능이 있는 것이 많다. 즉 가벼운 보습제이되 유효 성분이 많이 든 제품이라고 생각하면 되겠다. 따라서 보습 기능은 기본으로 생각하고 자기 피부에 필요한 기능이 있는 것을 고르는 게 좋다. 하지만 요즘 기능성 고시성분(식약처에서 고시한 성분을 일정 함량 넣으면 심사 없이 기능성 인증을 받을 수 있다)이 흔해져 사실 기능성이 아닌 에센스를 찾기가 어렵다.

내 피부엔 어떤 에센스가 맞을까?

　　에센스는 대부분 수분을 끌어당기는 수성 보습 성분이 주를 이루지만, 건성 피부에 맞는 유분이 많은 타입도 간혹 있다(클라란스 더블 세럼, 엘리자베스 아덴 리스토어링 캡슐 등). 그래서 일단은 다른 기초 제품과 마찬가지로 베이스가 수분이냐 유분이냐를 따져야 한다. 정제수, 글리세린, 부틸렌글라이콜…… 이런 걸로 시작하는 에센스는 수성이고, 하이드로제네이티드폴리데센, 이소헥사데칸, 세틸에칠헥사노에이트, 세테아릴이소노나에이트 등이 등장하면 유성이다. 성분명을 다 외울 순 없기 때문에 테스터를 써보는 게 좋다. 그 다음은 기능성 유무를 확인한다. 요즘 우리나라 제품에는 주름 개선, 미백 기능성 혹은 둘 다 해당되는 제품이 많다.

　　주름 개선 기능성 제품은 6개월 정도 사용하면 잔주름이 옅어지는 정도의 효과를 지닌다. 미백 기능성 제품은 효과가 천차만별인데, 미백 에센스를 쓰더라도 계속 햇빛을 쬐기 때문에 눈에 띄게 잡티가 흐려지는 것도 있지만, 아무도 모를 만큼 밝아지는 걸로 끝날 수도 있고, 효과를 못 볼 수도 있다.

　　다행히 우리나라엔 '기능성 화장품 심사 규정'이 있어 우리나라에서 생산된 것이든, 외국에서 수입한 것이든 미백, 자외선 차단, 주름 개선에 대해선 효능, 안전성을 임상을 통해 증명하거나, 이미 인증된 원료(기능성 고시 성분)를 일정 함량 넣어야만 '기능성 화장품'이란 문구와 함께 그 효과를 주장할 수 있다. 아무리 화려한 미사여구를 쓰더라도 미백, 주름 개선, 자외선 차단에 대해선 '기능성 화장품' 문구가 있는지 없는지를 확인하면 된다. 이 제도 덕에 우리는 실제로 효과가 있는 제품을 골라 쓸 수 있는 것.

　　아무 기능성 인증이 없는 에센스는 로션보다 유분이 적은 보습제라고 생각하면 된다. 보습과 피부가 필요로 하는 영양물질의 공급이 잘 되면 피부결도 보들보들해진다. 하지만 주름 개선 기능성 제품이 아닌 한 주름을 완화시키는 효과까지는 없다. 지성 피부의 경우 겨울을 제외하면 이런 에센스 하나만 발라도 충분히 보습이 될 때가 많다. 각질 제거 에센스도 많은데, 그건 뒷장에 따로 언급하겠다.

미백 에센스 똑똑하게 고르기

　　타고난 피부색은 바꿀 수 없지만 그 피부색이 최대한 밝아지게 하는 것은 가능하다. 피부색이 밝아지고 어두워

지는 것은 모두 자외선 때문인데 멜라닌 색소는 피부 속을 보호하기 위한 자체 양산이라고 할 수 있다. 무조건 미백을 하고 싶다고 생각하기 전에 자외선 차단은 제대로 하고 있는지부터 확인하자. 자외선을 받으면 그 신호를 통해 몇 단계를 거쳐서 피부 세포 속에 멜라닌 색소가 생기고 색이 진해진 피부 세포는 한참 머물다가 새 세포에 밀려 피부 표면까지 밀려나와 각질이 되어 떨어져나간다. 미백 화장품은 멜라닌이 생기고 진해지는 각 단계를 차단해주고, 각질이 빨리 떨어져나가게 해준다. 탈색 기능을 하는 물질도 있지만 대부분 자극과 독성이 있기 때문에 국내 화장품엔 쓰지 못하게 되어 있다.

+++ 미백 기능성 고시원료

나이아신아마이드 비타민 B_3로 이미 생긴 멜라닌의 이동을 차단한다. 농도에 따라 항염 효과도 있어 여드름에 효과를 볼 수도 있으며 피부 속 세라마이드 합성을 촉진시켜 보습이 잘 되게 한다. 최근 고가부터 저가 제품에까지 광범위하게 쓰이는데 농도는 알 수 없다.

닥나무 추출물 1991년 현 아모레퍼시픽의 특허 출원 성분. 멜라닌 색소가 생기는 과정을 차단한다. 다른 성분과 혼용했을 때 시너지 효과가 강해지는 점이 발견되어 최근 단독으로는 잘 사용하지 않는다.

아스코빌글루코사이드·아스코빌테트라이소팔미테이트·에칠아스코빌에텔 비타민C 유도체. 이미 생긴 멜라닌(어두워진)을 투명하게 하기도 하고 피부 내 콜라겐, 엘라스틴 등 단백질 합성을 촉진해 탱탱해지게 한다. 순수 비타민C는 효과가 좋으나 잘 파괴되어 안정화시킨 유도체만 고시 성분으로 인정. 함량보다 얼마나 안정시키느냐, 얼마나 피부에 흡수되느냐가 기술.

알부틴 멜라닌 색소를 만드는 효소의 활성을 억제. 시세이도 개발 성분으로 미백 효

KIEHL'S
DERMATOLOGIST
SOLUTIONS
Clearly Corrective
Dark Spot Solution
1.0 fl. oz. - 30 ml
SHISEIDO
WHITE LUCENT
Intensive
Spot Targeting Serum+
Concentré Intensif
Anti-Tache+
Sulwhasoo
SNOWISE EX
WHITENING SERUM
자정미백에센스
SK-II
CELLUMINATION
ESSENCE
EX

과가 좋으며 잘 파괴되지 않으나 최근 다른 성분이 많이 나와 단독으론 잘 쓰이지 않는 추세. 열에 약하다.

알파-비사보롤 브라질 칸데이아 나무에서 추출한 에센셜 오일로 멜라닌 색소가 생기게 하는 유전자 활동을 차단. 아직 널리 쓰이진 않는, 비교적 신성분.

유용성 감초 추출물 1992년 현 LG생활건강 특허 출원 성분. 소량으로도 미백 효과가 강력하며 항염 효과도 있으나 이름처럼 기름에 녹기 때문에 제품에 유분이 있어야 한다.

미백 에센스에도 장과 단이 있다. 무조건 효과가 좋은 것만 찾다간 부작용이 생길 수도 있고 미백 성분의 농도가 낮고 무난한 제품은 표도 안 날 수 있다. 매일 얼굴 전체가 더 어두워지지 않도록 하는 기초 겸 미백 제품을 쓸 것인가, 강해서 자극이 좀 있어도 잡티 전용으로 나온 스팟 제품을 쓸 것인가를 결정할 것. 단기간 내 집중 미백 효과를 보려면 앰플, 세트로 된 프로그램 제품을 매일 밤 쓰는 것이 좋은데, 쉽게 파괴되는 고농도 성분이라 소용량으로 포장된 경우가 많다. 시트 마스크 역시 에센스가 묻어 있는 것이 있다. 한 번 혹은 며칠 안에 피부가 하얘진다면 수은 등 불법 성분을 의심해 볼 것. 미백 에센스는 자외선 차단이 먼저이고, 꾸준히 써야 효과가 나타난다.

주름 개선 에센스 효과 보기

미리 말해두지만 피부 노화란 온 몸 노화의 일부이며 만약 얼굴, 팔다리 등의 노화가 다른 부위보다 빠르다면 자외선에 의한 광노화다. 그래서 평소 충분한 영양 섭취와 수면, 운동, 스트레스 조절 등을 해야 하고 과도한 자외선 노출을 피해야 한다. 그래도 잔주름이 생기는 것이 피부인데 그것을 완화시키는 것이 주름 개선 기능성 제품이다. 어머니들의 깊이 팬 팔자 주름, 눈가의 굵은 주름은 성형수술로도 쉽게 없애지 못한다. 그래서 임시방편으로 보톡스 주사를 맞는 사람이 많은 것이다.

주름 개선 화장품은 우리나라뿐 아니라 미국 등에서도 엄청나게 큰 시장이기에 전 세계 굴지의 제약사 및 화장품 회사가 노력을 기울이고 있으며 신성분도 많고 과대광고도 넘쳐나는 분야다. 그래서 더욱 똑똑하고 깐깐한 선택이 필요하다.

시트 마스크란?

시트 마스크는 에센스를 마스크 시트에 묻혀놓은 형태로, 에센스라고 봐야 된다. 한 번에 피부에 접촉시키는 양이 많기 때문에 특히 순해야 하며, 잠깐은 촉촉하게 느낄지 몰라도 마스크 에센스에 포함된 자극 성분 때문에 피부가 도리어 나빠지는 경우도 있다. 미백, 주름 개선 등 기능성 마스크 시트도 많으나 에센스와 마찬가지로 장기간 써야 효과를 본다.

+++ 주름 개선 기능성 고시원료

레티놀 주름 개선 기능이 우수할 뿐 아니라 색소 침착과 여드름 완화에 도움이 되나 안정화가 어렵고(실제 제품에 남은 양을 검사하면 파괴된 제품이 많다) 낮에 사용할 경우 광독성을 일으키는 단점이 있어 특별한 조치를 취해야 한다. 다국적 기업 ROC가 개발, 국내에선 아모레퍼시픽이 선구자다.

레티닐팔미테이트 안정성이 떨어지는 레티놀의 유도체이나 레티놀보다 효과가 떨어진다.

아데노신 매사추세츠 대학이 특허를 낸 인체 내에 있는 성분으로, 새 살이 빨리 차오르게 한다. 낮밤 없이 쓸 수 있어 광범위한 제품에 쓰인다.

폴리에톡실레이티드레틴아마이드 현 LG생활건강 개발 성분으로 '메디민A'라고도 불리며 레티놀과 비슷한 효과를 보이면서 안정성과 흡수율이 좋아 피부도 맑게 해준다. 단, 레티놀과 레티닐팔미테이트, 폴리에톡실레이티드레틴아마이드는 임산부가 써서는 안 된다.

주름 개선 기능

Wrinkle care

Best Choice 미국 ROC 레티놀 코렉션
딥 링클 나이트 크림

국내 레티놀 화장품의 모델이 됐다 할 정도로 레티놀에 있어선 선구자인 브랜드. 수많은 레티놀 함유 제품 중에서도 함량이 높은 제품으로 이름처럼 깊은 주름에, 밤에 쓴다. 처음엔 적응기간을 두고 서서히 늘려가야 한다. 크림 상으로 보습 효과도 상당하다.

이니스프리 자연발효 에센스

콩 발효물과 주름 개선 고시성분 아데노신, 미백 고시성분 알부틴을 적용한 주름 개선, 미백 이중 기능성 제품. 보습과 함께 가벼운

각질 제거 기능이 있어 피부 결이 매끈해진다. 스킨처럼 많이 쓰는 제품이라 알레르기 가능성도 많이 줄였다. 무향료, 무색소.

Best Choice 엘리자베스 아덴 세라마이드
골드 울트라 페이스 캡슐

각질층의 접착제로 건조한 피부의 보습에 좋은 세라마이드와 레티놀 유도체를 함유하고 하나하나 캡슐에 담음으로써 성분의 파괴를 최소화한 제품. 유분감이 있어 건성 피부의 보습제로도 훌륭하다. 무방부제, 무색소, 무향료.

시드물 민중기 EGF 앰플

최신, 최고가 성분인 EGF(휴먼올리고펩타이드-1)를 국내법상 최대량(10PPM) 배합한 에센스이면서 가격이 저렴하다. EGF는 사람의 피부 속에 존재하는 세포 성장인자로 나이 들수록 줄어든다. 아데노신도 함유했으며 무향료, 무색소, 무합성방부제.

미백 기능
Whitening

 키엘 쿨리얼리 코렉티브 다크스팟 솔루션

캡슐로 안정화시킨 비타민C 유도체, 에칠아스코빌에텔이 미백 기능성 성분. 베이스는 수성 보습 성분이고 지성 피부의 각질을 잘 제거하는 BHA도 함유해, 각질을 제거하면서 미백 성분이 침투한다. 피부가 얇고 예민한 사람을 제외한 모든 피부 타입에 쓸 수 있다.

SK-II 셀루미네이션 에센스

SKII의 상징과도 같은 성분인 갈락토미세스(효모) 발효여과물과 미백 성분 나이아신아마이드, 비타민C 유도체가 동시에 작용해 보습 및 피부 결 개선 효과가 있다. 미세한 펄이 들어 있어 사용 즉시 화사해 보인다.

 시세이도 화이트 루센스 스팟 타게팅 세럼

독자 개발한 4MSK, M-트라넥사믹애씨드, 비타

민C 유도체를 결합한 미백 성분이 멜라닌 생성의 각 단계를 차단하고 이미 생성된 멜라닌은 환원시키며 화학적 자외선 차단 성분이 자외선에 의한 멜라닌 생성 신호를 차단하는 '미백 종합선물' 같은 제품. 트라넥사믹애씨드는 기미 치료제로 먹는 약에도 들어 있다.

후 공진향 설 미백 빛

자체 개발한 특허 성분 감국 추출물과 정향, 백단향, 감송향, 침향, 귤홍, 회향, 곽향, 백복령, 백급, 백작약, 백과, 백삼, 백질려, 백렴이 포함된 한방 성분 복합물인 칠향 팔백산을 함유해 미백과 항산화 효과를 지녔다. 자외선을 받은 후 멜라닌 생성 신호를 차단하는 방식. 미백 에센스로선 건조하지 않아 보습제 기능에도 충실하다는 것이 또 다른 장점.

설화수 자정 미백 에센스

미백 성분인 효소 처리 백삼사포닌과 나이아신아마이드, 닥나무뿌리 추출물, 감초 추출물 등 다양한 유효 성분을 복합한 칵테일 같은 제품으로 그 외에 항산화 효과, 진정 효과가 있는 성분도 다양하게 들어 있다. 베이스는 부틸렌글라이콜, 글리세린, 스쿠알렌 같은 수성이라 끈기 있는 젤 같은 질감이다.

이니스프리 에코 사이언스 화이트 C 파우더 앰플

파괴되기 쉬운 순수 비타민C를 가루화해서 로션 등에 섞어 쓰는 제품. 수분 없는 진공 포장으로 최대한 산화를 막도록 했다. 천연 비타민C를 함유한 제주 감귤피와 녹차 추출물로 시너지 효과를 준다.

보습 기능
Moisturizing

더페이스샵 아르쌩뜨
익스트림 모이스처 세럼 위드 에센셜

물부터 가시대나무 추출물이고 약간의 합성 오일을 제외하면 소듐피씨에이, 히알루론산 등 인체 내에도 있는 보습 성분과 각종 식물성 보습 성분, 방부제까지 가격 대비 고급 성분이 많이 들었으며 유화를 시키지 않아 기름층이 뜨는 이층상이라 더욱 순하다. 유분감이 약간 있으며 건성 피부를 촉촉하게 해준다. 향료 함유.

Best Choice 코스메데코르테
모이스처 리포좀

성분 자체는 요즘 제품과 비교하면 평범하나 무려 20년 전에 보습 성분을 전달하는 리포솜 시스템을 개발한 제품. 보습 성분을 리포솜이라는 극히 미세한 입자에 담아 각질 세포 사이로 깊숙이 스며들게 하며 질감도 끈적이지 않는다. 건조한 피부에 일차적 수분막을 만드는 데 탁월하다.

이니스프리 더 미니멈 앰플 에센스

색소, 향료, 알코올 등 피부에 도움되지 않는 성분은 전혀 넣지 않고 팜과 코코넛 오일에서 유래한 보습 성분과 진정 성분인 마데카소사이드를 더한 제품. 또한 산소가 닿지 않는 소량 펌프 용기로 방부제도 쓰지 않아 아주 민감한 피부에도 안전하다.

꼬달리 비노 퍼펙트 래디언스 세럼

포도나무 싹의 항산화 성분을 담아 피부 장벽의 방어력을 높여주는 제품. 부틸렌글라이콜, 글리세린 등 가벼운 수성 보습제가 대부분이고 인체 친화력이 좋은 스쿠알란이 들어 있어 균형이 좋다. 순한 방부제를 썼으며 지성 피부는 이것 하나만 로션처럼 써도 된다. 미백 기능성 제품이지만 보습 기능 위주.

에센스 바르는 순서가 궁금해요!

모든 에센스는 처음에 발라야 유효 성분이 피부에 가장 잘 닿는다. 하지만 클렌저 잔여물 등이 걱정된다면 화장 솜에 스킨을 묻혀 피부를 닦아낸 후 발라도 된다. 에센스를 먼저 발랐다면 굳이 스킨을 그 다음에 바를 필요가 없다. 먼저 바른 에센스를 희석시킬 뿐이다. 에센스만 발라도 충분히 촉촉한 지성 피부라면 그 다음 바로 자외선 차단제(낮의 경우)로 넘어가도 되고, 그것으로는 부족한 건성 피부라면 로션 혹은 크림 등 보습제를 더 발라준다.

밤에 바르라는 에센스는 낮에 바르면 안 되나요?

레티놀 유도체, 비타민C, BHA, AHA처럼 빛이 닿으면 파괴되거나 피부 자극을 일으키는 유효 성분이 다량 들어간 것은 밤에 발라야 한다. 혹은 설명서에 낮에 바르더라도 반드시 자외선 차단제를 바르라고 명시돼 있다.

에센스 바르고 트러블이 일어났다면 명현현상일까요?

약은 명현현상이 있지만 화장품은 대개 안 맞는 성분이 있거나 강도가 너무 세서 일어나는 자극 반응이다. 이럴 땐 양과 횟수를 줄여봐서 피부가 적응을 하면 계속 써도 되고, 바를 때마다 따갑고 트러블이 생기면 중단해야 한다. 성분이 수십 가지가 넘는 제품은 무엇이 문제인지 알아내기 어렵지만 대체로 각질 제거 성분, 혹은 주름 개선 성분(아데노신, 레티닐팔미테이트)처럼 가닥을 잡아나가면 좋다.

비싼 브랜드의 에센스와 저가 에센스는 효과에 차이가 얼마나 있나요?

비싼 브랜드는 핵심 성분을 스스로 개발해서 기능을 인정받고, 각 성분 간의 균형을 세심하게 연구하는 경우가 많다. 그 제품이 성공을 한 후 자사의 다른 저가 브랜드에 조금씩 혜택(?)을 나눠주기도 한다. 시중의 '저렴이' 기능성 에센스는 식약처에서 고시한대로 넣으면 바로 기능성 인증이 되는 아데노신(주름 개선 고시성분), 나이아신아마이드(미백 고시성분) 등을 주로 쓴다. 또한 고가 브랜드에서 히트한 상품의 주요 성분을 따라하기도 한다. 하지만 무엇이든 자기 피부에 잘 맞는다면 문제없다.

두드려 흡수시키는 것과 닦아내듯 바르는 게 다른가요?

에센스가 잘 밀착되도록 펴 발랐다면 굳이 두드릴 필요는 없고 마사지는 더더욱 할 필요 없다. 많이 두드리면 성분이 손바닥에 묻어난다. 화장 솜으로 닦아내듯 바르는 것은 물 타입 에센스이고 각질 제거 성분이 들어갔을 때 효과적이다. 특히 여드름, 지성 피부용으로 알코올이 많이 들어간 것은 화장 솜으로 닦아내듯 발라야 피지가 묻어 나온다.

It Cosmetic

건조한 피부의 보디가드, 로션과 크림

▶ 밀크 로션 다음에 수분 크림, 밤에는 영양 크림, 혹은 재생 크림, 탄력 크림, 미백 크림……. 요즘엔 로션과 여러 가지 크림을 안 바르면 여자도 아닌 것처럼 여겨진다. 우리나라에서 크림이 대중화된 건 일제시대에 '동동 구리무'가 유행하면서부터라고 한다. 어디서 무엇으로 만들었는지 알 수 없는 크림이지만 그것을 바르면 피부가 촉촉해지고 매끈해 보였기 때문에 '동동!' 하고 북 치는 소리가 동네 어귀에서 들리면 너나 할 것 없이 모여들어 구경을 했다고. 없는 형편에 한 통 전체를 살 수 없어 베스킨라빈스 아이스크림처럼 가진 돈 만큼만 덜어서 샀다니, 셀 수도 없을 만큼 많은 화장품을 사는 요즘 사람들을 보면 조상님들은 무슨 말씀을 하실까?

이후 1945년 태평양화학공업사(아모레퍼시픽)가, 1947년 락희화학공업사(현 LG생활건강)가 설립되어 본격적으로 국산 크림 대량 생산의 시대가 열렸고 1949년 미국 레브론에서 '아쿠아마린 로션'이라는 크림보다 물에 훨씬 가까운 제품을 내놓으면서 로션 역시 필수품이 되었다. 그리고 크림과 로션은 수많은 수식어를 만들어내며 종류를 늘려갔다. 수분 크림만 해도 내가 어릴 땐 없었고 학생 때가 되어서야 프랑스 화장품의 '쑤엥 이드라땅(Soin Hydratant)'을 만날 수 있었는데, 그걸 라이선스 브랜드가 '수분 크림'으로 번역해서 이름 붙였던 것 같다.

여기서 잠깐, 뭐 하나 눈치 챈 사람 없을까? 그렇다. 로션이나 크림의 이름은 붙이는 사람 마음이다.

로션과 크림은 선택이다!

로션과 크림은 원래 오드트왈렛과 퍼퓸처럼 유분이 얼마나 들었느냐의 차이만 있을 뿐이다. 로션은 크림보다 훨씬 유분이 적고 수분이 많은 것인데 요즘은 수분 크림 등 로션과 비슷하거나 유분만 조금 더 많은 것, 이름이 밤(balm)이라 원래 거의 유분이어야 하지만 알고 보면 제형만 단단할 뿐 수분과 실리콘 성분으로 이루어진 것, 스킨보다 조금 걸쭉한 플루이드 등 외관만 보고선 성질을 알 수 없는 종류가 수없이 많다. 수분 크림만 해도 굳이 정하자면 '유분은 적고 수분은 많은, 질감이 가벼운 크림'인데 사실 얼마나 수분을 함유해야 그렇게 불릴 수 있는지에 대한 기준은 없기 때문에 질감과 성분이 다른 수많은 크림이 수분 크림이란 이름으로 탄생한다. 하지만 사람의 피부는 모두가, 심지어 부위마다도 성질이 다 달라서 맞지 않는 제품을 바르면 트러블이 생기거나 여전히 건조할 수 있다. 우리나라에선 밀크 로션이 그냥 로션을 의미하지만 서양, 일본 등에선 대부분 스킨을 말한다.

기본적으로 모두 보습제이나 거기에 뭘 넣어서 특색을 살렸느냐에 따라 이름이 달라진다. 미백 성분을 넣으면 미백 크림(미백이란 말은 인증받은 기능성 화장품만 쓸 수 있음), 탱탱하게 느껴지는 건 탄력 크림이라고 하는 식이다. 정말 그런 기능이 있는지는 '기능성 화장품' 표시를 확인해야 알 수 있다.

워낙 종류가 많아서 여러 가지 덧바르는 건 각각의 성분이 충돌할 우려마저 있다. 결론적으로 이름이 무엇이든 간에 자기 피부가 원하는 보습력을 갖춘, 필요한 만큼 유분이 든 제품을 한두 가지 바르면 된다.

보습력 대결! 72시간? 96시간?

화장품 비교에서 이보다 더 허무할 수 없는 게 바로 보습력 대결이다. 집에 있는 식용유를 얼굴에 발라보라. 충분히 바르면 보습력이 엄청나며 지속시간도 수십 시간이 나올 것이다. 물론 성분마다 수분을 품을 수 있는, 수분 증발을 막을 수 있는 능력이 다르긴 하다. 유분이 많거나 두껍게 발리는 제품은 당연히 보습력과 지속력이 좋지만, 그게 내 피부가 원하는 만큼이 아니면 오히려 트러블의 원인이 될 수 있다. 또 공기 중에 습기가 많을 땐 충분히 수분을 끌어와 피부에 머물게 하지만 극단적으로 건조할 땐 오히려 피부에서 수분을 끌어오는 성분도 있다. 상황에 따라 변수가 있는 것이다.

뺨에는 아주 잘 맞는 크림을 턱에 발랐더니 여드름이 나는 경우도 있다. 미간, 코 주위, 턱 밑 등에 특히 피지선이 발달해 있는데 이런 곳에 바르기엔 제품에

Stiefel
PHYSIOGEL®
HYPOALLERGENIC
Cream
With natural lipids similar to the skin's
physiological lipids to protect
and restore healthy skin
Non-comedogenic
Contains no colourants, no perfume
and no preservatives
BURT'S BEES
BABY BEE
NOURISHING LOTION
Fragrance Free
EGYPTIAN
MAGIC®
The Ancient Egyptians' Secret
Magical Cream
ALL PURPOSE SKIN CREAM
URIAGE
EAU THERMALE
XÉMOSE
CRÈME ÉMOLLIENTE
UNIVERSELLE
Peaux très sèches
Peaux à tendance atopique
Hydrate intensément
Restaure la barrière cutanée
Apaise les irritations
Universal Emollient Cream
Very dry skin and
skin prone to atopy
SANS PARFUM
HYPOALLERGÉNIQUE
6.8 fl.oz.
Alfa Aesar
A Johnson Matthey Company

유분이나 모공을 막는 성분이 과도하게 많은 것이다. 가장 좋은 건 로션이든, 크림이든 이름에 관계없이 얼굴의 각 부위에 맞는 제품을 따로 바르는 것이다.

100% 수분으로만 된 것은 별로 없고, 젤 타입이라도 탱탱한 질감이 나게 하는 성분이 들어간다. 그래도 최대한 유분은 적고 수분 위주인 것을 쓰는 게 좋다. 지성인데 일시적으로 건조하거나 묵은 각질이 두껍게 쌓여서 표면이 건조해 보이는 것을 건성이라고 착각해 유분, 모공을 막는 성분이 많은 제품을 바르면 트러블이 생길 수 있다. 중년 이후가 타깃인 제품은 건성용이 많은데 나이 먹으면 피부 자체의 보습력이 떨어지긴 하나 무조건 건성은 아니다. 수분 크림을 바르고 좁쌀 여드름이 생기거나 순식간에 번들거린다면 유분이 지나친 제품을 고른 탓이다.

피부 타입별 로션, 크림 고르기 ◢

피지 자체가 잘 분비되지 않는 건성 피부는 수분 크림이라고 이름 붙었어도 사실은 유분이 충분한 제품이 좋다. 각질층의 수분이 증발하기 쉬워서 적당한 유분으로 막을 만들어주는 것이 중요하다. 전성분표 앞부분에 '~오일, ~왁스, ~버터, 카프릴릭/카프릭트리글리세라이드, 세테아릴알코올(알코올과는 다름)'이라고 표기된 제품이 좋다. 피지가 부족하기 때문에 수성 보습 성분 위주 제품은 당장은 촉촉하고 탱탱해도 시간이 지나면서 건조해질 수 있다. 특히 알코올이 다량 들어가 발랐을 때 시원한 제품은 피하는 게 좋다.

피지가 너무 많은 지성 피부는 반대로 유분은 최소이면서 수분막을 잘 만들어주는 제품이 좋다. 성분표에서 '글리세린, 부틸렌글라이콜, 프로필렌글라이콜, 소듐하이알루로네이트, 사이클로펜타실록산, 디메치콘' 등이 앞에 등장하는 것이다. 자칫하면 뾰루지, 여드름이 생기기 쉽기 때문에 '오일 프리', '논코메도제닉'을 확인하는 것도 도움이 된다. 오일 프리는 정말 유분이 하나도 없다기보다 유분을 최소화하려고 노력했다는 정도로 받아들일 것. '논코메도제닉'은 모공을 막는 성분을 뺐다는 뜻이다.

얼굴 전체가 완벽하게 중성인 사람은 찾기 어렵다. 대부분 이마, 코, 턱 선인 티존은 번들거리고 볼 같은 유존은 그보다 건조하다. 정말 피부관리를 잘 하려면 두 구역에 각각 다른 보습제를 바르면 좋다. 건조한 쪽에는 필요한 만큼 유분을 함유한 크림을, 번들거리는 쪽에는 수분 위주의 로션이나 가벼운 수분 크림을 쓴다. 두 구역의 차이가 별로 없다면 한 제품을 건조한 쪽에 많이 바르고 건조하지 않은 쪽에는 조금만 바르거나 안 바르는 방법도 있다.

민감성 피부는 건성, 지성 등 피지 분비량과 관계없이 예민한 피부다. 향, 합성 색소, 알코올, 크림 상태를 만들어주는 유화제와 방부제 중 자극적인 것, 다른 피부엔 좋은 주름 개선, 미백 성분, 자외선 차단 성분, 식물 추출물을 견디지 못하는 피부도 있기 때문에 이 모든 자극 성분이 최소인 것 중에서 유분의 양이 피부에 맞는 제품을 찾는다. 민감한 지성 피부라면 무조건 민감성용 크림을 샀다가 유분이 많아 번들거리고 트러블이 생길 수도 있다.

건성 피부용

Dry skin

더페이스샵 망고씨드 페이셜 버터

이름처럼 망고씨드 버터가 실제 주요 성분으로 상당량 들어갔다. 가격 대비 성분이 고급이다. 그 외에도 순한 지방산, 합성 오일 등이 들어간 유분 위주 제품이면서 실리콘을 넣어 끈적이지 않게 질감을 조절했다. 향료가 들어간 것 빼고는 유화제도 순한 걸 써서 아주 민감한 피부만 아니면 피부에 부담이 없다.

이집션 매직

100% 유분에 가까운 제품으로 정말 건성인 사람만 써야 된다. 올리브 오일과 비즈왁스가 강력한 유분막을 만들어 수분이 증발하는 걸 막아준다. 프로폴리스가 방부제 역할을 해서 화학 방부제를 쓰지 않았다. 입술, 눈가 등에 발라도 될 만큼 성분 구성이 단순하고 매우 순하다. 이름 때문에 기능성 제품으로 오해하기 쉬운데 유분 부족 피부용 강력 보습제다.

Best Choice 피지오겔 크림

유아용, 아토피 피부용 병원 화장품으로 알려져 있으나 나이와 관계없이 누구나 쓸 수 있는 매우 순한 건성 피부용 보습제다. 얼굴, 몸, 어디에나 발라도 되며 카프릴릭/카프릭트리글리세라이드가 주성분이면서 시어버터, 스쿠알렌, 세라마이드3 등 고급 유분도 들어갔다. 유화제도 순한 성분이고 무색소, 무향, 무합성 방부제로 아주 민감한 피부도 쓸 수 있다.

버츠비 베이비 비
너리싱 프레그런스 프리 로션

로션이지만 질감이 되게 하는 성분이 많지 않을 뿐 웬만한 수분 크림보다 훨씬 유분이 많은 제품. 코코넛, 벌집, 해바라기씨, 시어버터 등에서 추출한 유분으로 일반적인 건성 피부

에 잘 맞는다. 무향에 방부제도 순하고 진정 성분도 들어 있어 아이들도 쓸 수 있을 정도로 순하지만, 질감이 매끈하진 않다.

유리아쥬 제모스 끄렘
에몰리앙뜨 위니베르셀

물 다음으로 시어버터가 많이 들어간 고급스러운 크림. 천연 유분과 합성 유분이 잘 조화를 이루어 보습력이 오래 지속되며 탱탱한 질감도 느낄 수 있다. 무향, 무합성방부제라 순하다. pH도 피부와 비슷하게 맞춰 건성 피부이면서 손상된 피부에 보호막이 된다. 실용적인 튜브 타입 용기가 오염을 어느 정도 막아준다.

중성 피부용
Neutral skin

크리니크 모이스처 써지 인텐스 스킨 포티파잉 하이드레이터

건조한 피부를 위한 제품이란 콘셉트와 달리 가벼운 보습 성분 위주로 중·건성, 심하지 않은 지성도 쓸 수 있다. 올리브, 스쿠알란 등 피부 친화적인 유분이 들어갔다. 같은 라인의 익스텐디드 썰스트 릴리프와 용기만 다르게 분홍색이고 합성 색소, 향료 무첨가란 점이 좋다. 미네랄 오일이 약간 들었다.

올리브놀 수분 크림

중성 피부가 겨울철에 쓰거나, 중성보다 조금 더 건성에 가까운 피부에 잘 맞는다. 시어버터, 올리브 오일 등 천연 유분이 들었지만 물도 많이 들어 크림이지만 로션 같은 질감이다. 강력하게 각질을 녹이는 우레아 성분은 피부가 얇고 예민한 사람에게는 따가울 수 있지만 건조로 인해 두꺼워진 피부를 매끈하게 해준다. 단점은 향이 강하다.

시드물 와일드 얌 리빌딩 크림

야생 얌 추출물(62%), 갈락토미세스 발효 여과물, 비피다 발효 여과물, 에코서트 문주란 추출물 등 가격 대비 고급 원료를 많이 사용하고 미백 및 주름 개선 기능도 있는 다기능 제품. 합성 향료와 색소는 없지만 에센셜 오일이 약간 들어 있어 향이 있다. 튜브 타입이고 용량도 많아 실용적이다.

Best Choice 해피바스 비오베베 아토 로션

유아용 로션이지만 어른이 발라도 좋다. 수분과 유분이 조화를 이룬 로션 제형이라 끈적이지 않고 가볍게 스며든다. 피부 속 천연 보습 물질과 비슷한 구조를 띠고 있는 '세라마이드 펠렛'을 개발해 처방해서 로션으로서 질감이 묽지만 보습력이 강하고 오래간다. 향, 색소가 없으며 펌프 타입이라 위생적이다.

지성 피부용
Oily skin

Best Choice 쥬쥬코스메틱 아쿠아 모이스트 크림

피부 속에서 물을 잡아두는 천연 보습 성분인 히알루론산이 주성분. 촉촉한 젤 타입이며 유분이 거의 없다. 바른 후 보송보송하지 않고 약간 끈적이나 원래 성분 자체가 젤 타입이기 때문이며 유분은 거의 없다. 향, 색소, 미네랄 오일, 독특한 식물 추출물 등 문제가 될 성분이 거의 없어 순한 편이며 특히 모공이 잘 막히는 피부에 부담을 주지 않는다.

프리메라 퓨어 하이드레이팅 젤 크림

천연 성분과 합성 성분을 아울러 피부에 이로운 성분만을 담은 듯한 젤 타입 크림. 식물에서 추출한 항산화 성분과 보습 성분, 탱탱하고 산뜻한 질감을 만들어주는 합성 성분 등이 조화를 이루어 일반적인 지성 피부에게 필요한 보습 기능을 충실히 수행한다. 합성 방부제, 향료, 알코올 등을 빼서 순하다. 펌프 타입이라 위생적으로 쓸 수 있다는 것도 장점. 아주 가벼운 타입은 아니라 겨울이 아니라면 다른 피부 타입도 쓸 수 있다.

이니스프리 더미니멈 프레쉬 크림

지성이면서도 아주 민감한 피부에 맞는 최소 성분 크림. 지성 피부에 필요한 최소한의 보습력을 갖추고 있을 뿐, 자극이 될만한 성분이 전혀 없다. 용기 역시 튜브 타입이고 한 달 동안에 다 쓰는 용도라 강력한 합성 방부제를 넣지 않고 최대한 순한 크림을 만들 수 있다. 모이스트 타입은 마카다미아씨 오일이 더 들었을 뿐 크게 다르지 않다.

CNP 아쿠아 수딩 젤 크림

유분과 알코올이 없고 수성 보습 성분에 실리콘을 약간 넣어 끈적이지 않으면서 가벼운 막을 만들어 다음 화장이 밀리지 않도록 한 젤 타입 크림. 다양한 식물 성분과 진성 성분이 들어 있다. 자극적인 성분을 많이 배제한 노력이 엿보이며 단지형 용기인 게 흠.

데이 크림은 무엇인가요?

외국 브랜드 제품 중에 데이 크림이란 게 있다. 나이트 크림보다 유분량이 적어서 끈적이지 않고 화장하기 전에 발라도 되는 제품이다. 하지만 자외선 차단 기능이 없다면 굳이 낮에만 발라야 될 이유가 없다.

로션이나 수분 크림엔 영양이 없나요?

로션이나 크림에서 말하는 '영양'은 특별한 의미가 없다. 비타민, 아미노산, 포도당 등의 영양분은 먹어서 피부에 공급하는 것이다. 유분이 많아도, 주름 개선 성분이 들어 있어도, 그냥 질감만 탱탱해도 영양 크림이라고 이름 붙일 수 있다. 이름에 '영양'이 안 들어가도 기본적인 보습 기능은 다 있다.

손등에 발라보면 내 피부에 맞을지 알 수 있나요?

기름과 물 딱 두 가지만 섞어 만든다면 모를까 요즘엔 기능과 관계없이 질감만 만들어주는 성분, 기술이 많아 쉽게 알 수 없다. 밤 타입인데 수분 위주인 제품도, 묽고 시원한데 유분이 많은 제품도 있으며 문지르면 물이 나오는 워터 드롭 타입도 제조 기술일 뿐이라 절대적으로 보습력이 좋은 건 아니다.

낮보다 잘 때 듬뿍 바르고 자는 게 좋나요?

밤에 유난히 건조한 것도, 로션이나 크림을 바른다고 피부 내부의 재생 기능에 영향을 미치는 것도 아니다. 낮밤을 막론하고 필요한 만큼 바르면 된다. 건조하지 않은 지성 피부라면 자는 동안 묵은 각질과 피지를 마음껏 배출해 모공이 깨끗해지도록 오히려 아무 것도 안 바르거나 조금만 바르는 게 좋다.

수분 크림을 많이 바르면 피부가 더 건조해지나요?

수분 크림을 발라봤자 피부의 제일 위층인 각질층만 촉촉해지는 것이다. 피부 속은 건조해지거나 촉촉해지지 않고 물을 얼마나 충분히 마시느냐에 달렸다. 하지만 보습 성분 중 하나인 세라마이드의 경우, 외부에서 지나치게 공급했을 때 피부 자체의 세라마이드 생산 기능은 줄어든다는 연구가 있긴 하다.

It Cosmetic

페이셜 오일, 나에게도 필요할까?

우리나라에서 최근 몇 년간 오일 붐이 일었다. 사실 이런 붐은 복고풍이라고도 말할 수 있는데, 인류 최초이자 수천 년간 이어져 내려온 화장품이 바로 동식물의 기름이었기 때문이다. 기원전 3000년에 사망한 이집트 왕의 무덤에서 기름을 반죽한 연고가 나왔으며 클레오파트라는 양의 기름에 붉은 흙을 섞어 립스틱으로 썼다고 한다. 기록연대가 BC 930~722년경이라는 구약 성경 사무엘 하에도 '다윗왕이 일어나 몸을 씻고 기름을 발랐다.'는 구절이 있다. 우리나라도 《후한서(後漢書)》에 고조선 읍루인이 돼지기름을 몸에 발랐다는 기록이 있다. 굳이 추정하지 않아도 당시 인간들은 가까이에 있는 올리브유나 양, 돼지, 말의 기름 등을 화장품으로 썼을 것이다. 21세기 이후 물과 기름을 섞은 크림, 로션이 개발되면서 잠시 꺾였다가 최근 우리나라에서 다시 수분 없는 순수 유분이 각광받게 된 것이다.

고급 리조트에 있는 스파에 가면 오일 마사지는 거의 필수 코스다. 수많은 서양인들이 그런 경험을 하는 것을 즐겁게 생각한다. 기름을 바르고 부드럽게 마사지해주는 게 동양의 정신 치유라고 생각하기 때문일 것이다. 몇 년 전부터 우리나라에서도 얼굴에 바르는 페이셜 오일이 날개 돋친 듯 팔리고 있다. 하지만 많은 사람들이 여전히 자기 피부에 오일이 필요한지, 그렇지 않은지를 판단하길 어려워한다.

누구나 페이셜 오일을 사용해도 될까?

먼저 답부터 하자면 '부분적으로 Yes, 대부분 No'라고 하겠다. 피부는 몸에서 분비하는 물과 기름(피지), 단백질 등을 결합해 천연 보습막을 만든다. 그런데 피지 분비가 부족한 피부이거나 혹은 그런 상태일 때 페이셜 오일이 필요한 것이다. 기본적으로 기름은 피부 위에 막을 만들어 수분이 날아가는 것을 막아준다. 기름을 발라두면 몸에서 나오는 수분과 합쳐져 피부가 촉촉한 상태로 유지되며 각질이 말라붙어 너무 일찍 떨어져나가는 현상도 막을 수 있다. 즉, 피부가 매끄럽고 건강해지는 것이다.

하지만 오일이 필요하지 않은 사람도 많다. 지성 피부는 기본적으로 피부에서 기름이 많이 나오는 피부다. 가뜩이나 기름이 많아 죽겠는데 더 이상의 기름은 필요 없다. 또 지성 피부가 아닌 사람도 얼굴이나 몸에 지성인 부위는 있다. 건조한 부위엔 바르더라도 번들거리는 부위에 오일을 바를 필요는 없다.

원래는 지성 피부인데 여러 가지 사정(지나친 클렌징도 일조)으로 인해 피부 표면이 건조해진 사람이 간혹 있다. 속에선 피지가 마구 올라오는데 겉은 유분도, 수분도 없는 것이다. 이럴 때 유수분이 적절히 조합된 보습제를 바르면 원래 피부 상태로 돌아갈 수 있다. 하지만 대부분이 자기 피부가 어떤 상태인지 모른 채, 땅긴다고 오일을 바르다가 피부 트러블을 경험하곤 한다.

여드름 피부도 오일을 바른다고 꼭 여드름이 심해지진 않는다. 오일에도 모공을 막는(comedogenic) 것이 있고, 그렇지 않은 것이 있기 때문이다. 대부분 식물성 오일은 모공을 막는 성질이 0부터 5등급이 있다면 3등급 정도를 기록한다. 모공을 막지 않는 오일의 경우 약간은 괜찮지만 많이 바르면 각질을 젖게 해 제때 떨어져나가지 않게 함으로써 간접적으로 여드름이 심해지게 할 수 있다. 즉, 어떤 사람에겐 굉장히 좋은 오일도, 나에게는 안 좋을 수 있다는 것을 기억하자.

어떤 오일이 좋을까?

인간도 성격이 다양한 것처럼 각기 다른 생명체나 광물로부터 나오는 오일도 성격이 있다. 각기 다른 오일로 비누를 만들면 거품 양이며 크기며 세정력까지 다 다른 비누가 된다. 오일의 성격이 비누에도 반영되기 때문이다. 또 천연 오일은 그 안에 비타민, 미네랄, 항산화제 등 다양한 영양분을 함유하고 있다. 그것이 피부에 스며들면서 함께 작용하기도 한다. 오일은 크게 미네랄 오일(예 : 존슨즈 베이비 오일), 미네랄 오일을 젤리화한 페트롤라툼(예 : 바셀린) 같은 광물성 오일, 호호바유, 피마자유 등의 식물성 오일과 마유, 상어간유, 밍크유 등의 동물성 오일로 나뉜다.

<u>호호바유</u> 호호바 나무의 열매에서 짠 기름으로 사람의 피지와 구성이 비슷해 부드

럽게 잘 스며들고 향이 없으며 약간의 자외선 차단 기능이 있어 크림의 베이스나 선탠 오일로 많이 쓰인다. 거의 모공을 막지 않는다.

올리브유 고대로부터 화장품으로 흔히 쓰였으며 보습력도 좋지만 항산화력이 강해 그냥 두어도 쉽게 상하지 않는다. 즉, 방부제가 필요 없는 식물성 오일. 마르세이유, 알레포 등 전통 있는 비누를 만드는 데 많이 쓰인다.

행인 오일 살구씨 기름으로 비타민A와 E를 함유해 피부 저항력을 높이며 가볍고 세정력이 좋아 클렌징 오일 베이스로 많이 쓰인다.

아보카도 오일 항산화력이 있으며 무겁고 보습력이 강하고 각종 영양분을 함유하고 있어 예로부터 아보카도 열매를 갈아 팩을 하는 데 많이 썼다.

포도씨유 올리브유보다 가볍지만 항산화력이 강해 쉽게 상하지 않는다.

동백유 끈적이지 않으며 광택이 강해 우리나라에서도 머릿기름으로 많이 썼다.

팜유 식용으로도 쓰는 팜나무 열매에서 짠 기름으로 동물성 지방과 성질이 비슷해 단단한 비누가 만들어지고 세정력이 좋다. 온갖 주방세제에도 들어간다.

피마자유 끈끈하고 보습력이 좋아 립스틱, 머릿기름 등으로 쓰인다. 거의 모공을 막지 않는다.

해바라기씨유 기름이면서 모공을 막지 않는다.

미강유 가볍고 빨리 상한다. 세정력이 좋아 클렌징 오일로 많이 쓰인다.

라놀린 양털에서 추출한 기름으로 보습력이 매우 강해서 튼 부위용 밤, 립밤, 아이크림 등에 쓰인다. 라놀린 자체는 모공을 막지 않지만 아세틸레이티드 라놀린 알코올이란 라놀린 유래 성분은 모공을 막는다.

아르간트리 커넬 오일 아프리카 아르간 나무 씨에서 추출한 기름으로 보습 효과가 뛰어나고 비타민 함량이 높다.

로즈힙 열매 오일 가볍고 흡수가 빠르며 항산화제와 비타민이 함유돼 장기간 쓰면

미니 TIP

광과민성 오일

피부에 직접 바르는 오일은 아니지만 라임, 베르가못, 레몬, 그린 만다린 등 에센셜 오일 중엔 햇빛을 받으면 피부를 자극하는 것이 있다. 주로 다 익지 않은 감귤류 껍질에서 추출하는 신선하고 향긋한 오일인데 넣지 않거나, 적게 넣든가, 광과민성 성분이 나오지 않는 압착법을 쓰든가, 무슨 조치를 취해야 하는 성분이다. 광과민성 오일이 아닌 에센셜 오일도 민감함 사람에겐 트러블을 일으킬 수 있다.

argan oil
so natural
by pure plant
100%
BOBBI BROWN

피부 결 개선 효과를 볼 수 있다. 예로부터 유럽 여자들의 페이셜 오일로 쓰였다.

마카다미아 오일 마카다미아 열매에서 추출한 냄새가 고소한 기름이며 가볍진 않지만 보습력이 좋아 크림 등 화장품에 많이 들어간다.

메도우폼씨 오일 피부를 매끈매끈하게 하는 촉감이 우수하다.

달맞이꽃종자유 여성호르몬과 비슷한 성분이 함유돼 피부를 매끄럽게 하고 건강식품으로 먹기도 한다.

코코아버터·코코넛버터 상온에서 고체 상태이고 보습력이 좋다. 모공을 막는다.

시어버터 상온에서 고체 상태이고 영양분이 풍부하며 오래가는 묵직한 보습력.

스쿠알란 심해상어의 간유나 올리브 오일에서 얻는다. 원래 사람 피부에 있는 보습 성분과 비슷하다. 거의 모공을 막지 않는다.

밍크유 사람의 피지와 매우 비슷해서 잘 퍼지고 스며든다.

미네랄 오일 가볍고 독성이 없으며 저렴해서 화장품이나 연고에 널리 쓰인다. 원래는 코메도제닉 성분이 아닌 걸로 연구되었으나 입자가 작고 밀착력이 높아 실제 화장품에 다량 함유되면 여드름을 유발하기도 한다.

마유 말 기름을 쪄서 액체나 젤리화한 것. 몽골 전사들이 약으로 휴대했을 만큼 피부 보습 및 보호 효과가 있다.

합성 오일 세틸에칠헥사노에이트, 에칠헥실팔미테이트, 이소프로필팔미테이트, 이소프로필미리스테이트 등 주로 '~에이트'로 끝나는 게 많은데, 보습력도 좋고 독성도 없어 화장품에 널리 쓰이나 '~팔미테이트, ~스테아레이트, ~미리스테이트, ~이소스테아레이트, ~리놀레이트'로 끝나는 성분은 대개 모공을 막는다.

오일이 다량 함유된 화장품의 전성분표를 보면 어떤 오일을 썼는지 나타나 있기 때문에 그 제품이 어떤 성격을 띨 것인지도 대략 예상할 수 있다.

페이셜 오일
Facial oil

바비브라운 엑스트라 페이셜 오일

올리브 오일, 참깨 오일, 스윗아몬드 오일, 호호바 오일 등 피부에 좋은 식물성 오일로만 구성되었고 토코페롤이 항산화제 역할을 하며 패츌리, 라벤더, 샌달우드 등 고급 에센셜 오일이 정신적 안정감을 준다. 끈적임이 별로 없고 다른 스킨 케어 제품에 잘 섞인다.

청미정 유기농 보습 페이셜 오일

유기농 아르간트리 커넬 오일이 대부분을 차지하며 유기농 올리브, 개암씨, 호호바, 동백 오일 등을 함유했다. 가볍지도 무겁지도 않은 중간 질감이며 모발에 써도 된다. 합성방부제를 쓰지 않았고 역시 로즈마리 등 에센셜 오일을 함유했다.

쏘내추럴 에센셜 프리미엄 페이스 오일

마카다미아씨, 올리브, 피마자, 메도우폼씨 오일 등 식물성 오일로만 구성되어 있고 항산화제나 합성방부제가 없다. 베르가못과 라벤더 에센셜 오일이 함유됐다. 약간 묵직한 오일들로 두툼한 보습막을 만든다. 보존제가 없기 때문에 순하긴 하지만 시원한 곳에 두고 빨리 써야 한다.

기미화 하다 사쿠라

향료를 소량 더한 것 빼고는 100% 마유 성분. 말기름을 쪄서 정제한 것으로 사람의 피지와 비슷하게 작용한다. 상온에서 고체지만 바르는 순간 액체가 되며 흡수력과 퍼짐성이 좋아 끈적이지 않고 피부에 흡수돼 매끈해진다.

Best Choice ◁ 미국 나우푸드 아르간 오일

100% 모로코산 유기농 아르간 오일 단일 성분으로 USDA 유기농 인증. 약간 묵직한 오일로 피부뿐 아니라 모발에도 쓸 수 있다. 시중 아르간 오일이 들어간 제품에 비해 함량이 월등히 높고 가격이 싸다. 오일 자체 내의 토코페롤이 항산화제 역할을 하지만 방부제가 없기 때문에 빨리 써야 한다.

장앤폴 NC5 에센스 밍크 오일

밍크의 피하지방에서 추출한 오일로 산화방지제와 냄새를 가리기 위한 향료를 제외하고 모두 밍크 오일 단일 성분. 사람의 피지와 유사한 구조로 빠르게 퍼지고 흡수되며 보습력이 좋다. 피지가 절대 부족한 건성 피부에 자기 피지처럼 유분을 공급한다. 온라인과 일부 약국에서만 구입 가능.

새살로 밀키웨어 로즈힙 오일 100%

이름처럼 장미의 열매인 로즈힙 오일 100%를 담은 제품. 로즈힙 오일 원래의 효과를 그대로 느낄 수 있다. 함량 대비 가격이 싸다. 가벼운 편이며 잘 퍼지고 원료 자체의 향이 있다. 자체적으로 항산화 효과가 있지만 방부제가 없는 만큼 가능한 빨리 써야 한다.

Best Choice 튠메이커즈 스쿠알란 오일 에센스

심해상어 간유에서 추출하며 화장품의 보습 성분으로 소량 들어가는 스쿠알란을 안정화시킨 스쿠알란 100% 오일. 물처럼 잘 퍼지고 바로 스며들어 오일처럼 느껴지지 않으며 원래 사람 피부에도 있는 성분이라 피부 친화력이 뛰어나다. 소량 써도 되며 자체 항산화력이 있어 방부제가 없다.

Best Choice 아베다 올 센서티브 보디 포뮬라

호호바 오일이 대부분을 차지하고 진정 작용이 있는 카모마일 추출물과 비타민A, E를 함유했다. 건성 피부의 경우 평소 몸에 로션 대신 발라주면 되고 마사지용으로 혹은 머리카락이나 얼굴에 써도 된다. 아로마 오일이 전혀 들어 있지 않아 향긋하지 않지만 그만큼 자극이 없다.

미국 에뮤골드 에뮤 오일

에뮤새의 가슴에서 추출한 동물성 오일로 불투명하고 진득하지만 보습력이 강력하고 자극이 없으며 논코메도제닉이다. 방부제로 비타민E만 사용했다.

DHC 올리브 버진 오일

화장품용으로 정제한 100% 올리브 오일. 그만큼 순하고 몸 어디에나 쓸 수 있으나 용량 대비 가격이 비싼 게 흠.

It Cosmetic

선택이 아닌 필수, 자외선 차단제

▶ 　　　　　　　　　　　　　　　　　살면서 자외선의 무서움을 체험한 적이 몇 번 있다. 오래 전 영화 〈반지의 제왕〉의 배경이 된 뉴질랜드의 눈 덮인 산 위로 화보 촬영을 떠났다(눈밭+높은 고도는 자외선 양이 가장 많은 곳이다). 곧 자외선 차단제를 빠뜨렸다는 사실을 깨달았고, 그땐 자외선에 대한 경각심이 요즘처럼 강하지 않았던 터라 다른 이들도 사정은 비슷했다. 그나마 모자와 마스크로 가린 나와 스태프들은 괜찮았는데, 괜찮다며 맨얼굴로 버틴 포토그래퍼 선배는 한 달도 더 가는 화상을 입었다. 남편 친구들은 하이킹, 요트, 테니스 등 야외 스포츠를 즐기면서도 자외선 차단제를 바르는 습관이 없었다. 얼마 전 단체 사진을 찍은 후 우연히 10년 전 사진과 비교해 보게 됐다. 다들 어느 정도 늙은 건 어쩔 수 없겠지만 특히 야

외활동을 많이 즐긴 사람, 피부가 흰 사람들은 마치 큰형님처럼 보였다. 적나라하게 드러난 '광노화' 사례가 아닐 수 없다. 난 늘 촌스럽게 양산에 선글라스, 때론 자외선 차단 장갑까지 '장착'하고서야 햇빛 아래 나서서 '뱀파이어'라는 놀림을 당했지만 지금은 그러길 잘했다고 생각한다.

　　자외선은 우리가 보는 햇빛(가시광선)보다 에너지가 강한 빛이다. 파장이 짧을수록 강한데 자외선A, B, C 순으로 강해지며 그 다음은 엑스레이다. 다행히도 C부터는 대기에 의해 차단이 된다. 자외선A는 피부를 검게 하고, 늙게 하고, 피부 아래층까지 침투하며 B는 A보다는 피부 침투 깊이가 얕지만 벌겋게 화상을 입히고 시간을 두고 주근깨, 기미 등이 생기게 하며 피부암을 유발한다.

　　UV 코팅이 된 양산의 경우 실험적으로는 80~90%의 자외선을 차단한다. 하지만 그건 양산 위에만 자외선을 쬐었을 때고 실제론 시멘트 바닥, 건물 벽 등으로부터 반사되는 양이 만만치 않아 차단율이 훨씬 떨어진다. 그래서 최후의 방어막이 바로 자외선 차단제인데 호주처럼 자외선이 강하면서 백인이 많은 곳에선 피부암 문제가 끊이지 않아 국가 주도로 자외선 차단제 사용을 권장하는 캠페인을 한다. 우리나라에선 요즘 사람들이 자외선 차단제를 너무 써서 비타민D 합성이 안 된다고 걱정하는 의사들이 있다. 하지만 자외선 차단제가 그 정도로 온 몸을 철통 방어해주진 못하며, 또 비타민D 합성을 굳이 얼굴로 할 필요는 없지 않은가.

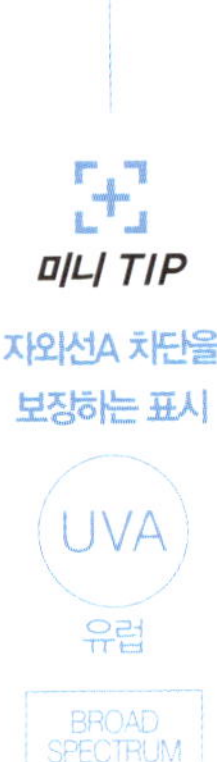

자외선 차단 지수 암호 풀기 

　　얼마 전 뉴스에서 미국 피부과 의사가 자외선 차단제는 만능이 아니라며 SPF 15 이상에 자외선A도 차단하는 제품을 써야 한다고 경고하는 걸 보았다. '대체 언제적 얘기를 하나? 당연한 거 아닌가?' 하는 생각이 들었지만 세상에는 여전히 그 사실을 모르는 사람이 너무나 많다는 걸 생각하면 다시 한 번 주지시키는 것도 좋을 듯싶다.

자외선 차단제는 좋은 걸 올바르게 써야 한다. 일단 자외선 차단지수가 뭔지 알아보자. SPF는 자외선B 차단지수인데 아무것도 안 바른 피부에 홍반(붉은 반점)이 생기는 자외선 양 대 해당 자외선 차단제를 발랐을 때 홍반이 생기는 자외선 양의 비다. 쉽게 말해 맨 피부로 15분간 자외선을 쬐면 벌겋게 되는 사람이 어떤 자외선 차단제를 바르니 300분, 즉 5시간 동안 쬐어서 벌겋게 되었다면 그 제품의 자외선 차단지수는 SPF 20이다. 원래보다 증상이 나타나는 시간을 20배 늦춰준다는 얘기다.

여기서 주의할 게 5시간 동안은 안전하다가 갑자기 무방비가 되는 게 아니라 피부가 지속적으로 손상을 받다가 마침내 눈에 띄게 증상이 생기는 게 5시간 후란 얘기다. 또 실험에 참여한 사람은 내가 아닌 다른 사람이기 때문에 내가 썼을 땐 얼마나 방어해줄지 불명확하다. 그러므로 'SFP 30, 15분×30=7시간 반 동안 완벽 방어!' 같은 건 과대광고인 것이다.

자외선A 차단지수(PFA : protection factor of UVA)도 개념은 같다. 피부가 눈에 띄게 검어지기 시작하는 시간으로 결정한 차단지수를 +의 개수로 전환해서 표기한다. PA+++는 PFA 8 이상이다. +가 많을수록 차단 능력이 강하고 우리나라엔 한 개부터 세 개까지, 일본엔 네 개까지 있다.

여기서 문제는 자외선A 차단지수다. 예전엔 자외선A에는 크게 신경을 쓰지 않았지만 자외선A 역시 B 못지않게 해롭다는 사실이 속속 알려지며 유럽에선 자외선A 차단지수가 B 차단지수의 3분의 1은 되도록 권고하며 그런 제품에만 UVA 마크를 붙여 구분한다. 예를 들어 SPF가 25만 되어도 PA는 당연히 +++(PFA 8 이상)

❶ 라로슈포제
❷ 아이오페
❸ 뉴트로지나

가 나와야 하는 것이다. 미국에서는 SPF 15 이상, 자외선A 차단지수가 일정 기준 이상인 제품에만 'broad spectrum'이란 표기를 할 수 있다. 우리나라에는 그런 기준이 없어 자외선A 차단 기능이 상대적으로 떨어지는 제품이 많다. SPF 지수만 보고 안심할 게 아니라 PA+ 개수도 꼭 확인해야 한다.

지수보다 올바른 양을 제대로 바르는 것이 중요

자외선 차단지수만 가지고 만족할 일이 아닌 게, 사람들 대부분이 표기된 자외선 차단지수가 제 역할을 할 만큼 바르지 않는다. 우리나라 식약처에선 인체 실험 등 근거를 가지고 자외선 차단지수를 검증하는데 그때 바르는 양이 정해져 있다. 물론 문지르거나 그 위에 화장을 하지도 않는다.

대략적으로 따지면 얼굴 기준 1ml(크림 기준 둘째 손가락 한 마디 가득)다. 30ml짜리면 하루에 한 번 바른다고 할 때 한 달 만에 다 써야 한다. 하지만 앞서 말했듯 자외선 차단제를 발라도 시간이 지남에 따라 기능이 급격히 약해지는 구조라 가능한 자주 덧바르고 몸에도 역시 바른다면 30ml짜리 한 통은 하루 만에 사라져야 한다. 하지만 그 정도 바르는 사람은 거의 없다. 실제로 적량을 얼굴에 바르면 어떻게 되나 실험을 한 적이 있는데 백탁 현상(하얗게 떠 보이는 것)이 약간 있는 제품을 바른 남자 얼굴이 마치 가부키 화장을 한 것처럼 우스꽝스러워졌다.

자외선 차단제를 발랐는데 '가벼운 화상을 입었다, 주근깨가 생겼다.' 하는 경우, 원래 자외선 차단제도 완벽하지 않지만 자외선 차단제가 지닌 기능조차 충분히 누리지 못했을 확률이 높다. 자외선 차단제를 제대로 쓰려면 과하다 싶을 만큼 퍽퍽, 생각 날 때마다 수시로 덧발라야 한다. 크림 타입은 덧바르기 어렵기 때문에 생겨난 게 쿠션 타입, 스프레이 타입, 파우더 타입인데 그것들도 써야 할 양은 마찬가지다. 그래서 자외선 차단제는 양이 많은 게 좋고, 항상 표기된 차단지수보다 더 약한 제품을 쓰고 있다고 생각하는 게 맞다.

자외선 차단제의 종류

자외선 차단 성분은 지금도 발전하고 있다. 크게는 무기계(=물리적, 미네랄) 차단 성분, 유기계(=화학적, 케미컬) 차단 성분으로 나눈다. 무기 차단 성분은 쉽게 말해 돌가루로 티타늄디옥사이드, 징크옥사이드 딱 두 가지이며 자외선을 팅겨내는 원리다. 유기 차단 성분에는 에칠헥실메톡시신나메이트, 부틸메톡시디벤조일메탄(아보벤존), 벤조페논-3(옥시벤존), 테레프탈릴리덴디캠퍼설포닉애씨드 등 다양한 종류가 있으며 자외선을 흡수해서 해롭지 않은 에너지로 바꾸는 원리.

유기 차단 성분은 대체로 피부에 자극이 된다. 자외선 차단제를 쓰면 부작용, 즉 피부 트러블이 잘 생기는 사람은 대개 유기 차단 성분에 반응하는 것이다. 그래서 아이용은 거의 다 무기 차단 성분을 사용한다. 환경론자나 자연주의 화장품을 선호하는 사람들도 무기 차단 성분만 쓴 제품을 고집하는 면이 있다.

최근 나노화된(입자가 매우 미세한) 징크옥사이드가 자외선을 만나면 피부 세포를 파괴하는 유해산소를 방출한다는 연구가 있어 나노화되지 않은 티타늄디옥사이드를 단독으로 사용한 제품을 굳이 찾아 쓰기도 한다. 물리적 차단제가 확실히 순해서 어린이 등 피부가 예민한 사람에게는 적합하나, 자외선의 넓은 영역을 차단해주지 못하고, 입자가 있고 답답한 제형이라 충분히 바르기가 어려우며, 여드름 피부에는 안 좋을 수 있다는 것을 알아두자. 또 공교롭게도 2012년 소비자보호원에서 실시한 실험에서 표기한 만큼의 자외선 차단 효과가 나오지 않은 두 제품이 모두 무기 차단제였다.

유기 차단 성분을 괜히 쓰는 건 아니다. 첨단 유기 차단 성분이 조화롭게 들어가야 자외선A의 넓은 영역까지 안정적으로 차단할 수 있기 때문이다. 유기 차단 성분에 트러블이 생기는 사람도 모든 성분에 다 생기는 건 아닌 경우가 많다. 그래서 자기 피부가 반응하는 성분을 알아두는 게 좋다.

우리나라나 일본에서 특히 많이 쓰는 화학적 차단 성분이 에칠헥실메톡시신나메이트다. 가볍고 투명하게 발려서 액상, 로션 제품이 많은데 국내 제품이면 전성분 리스트의 앞에(많이 들었다는 뜻) 들어 있을 확률이 높다. 국내에서는 제품 내에 7.5%까지 허용된다. 소비자시민모임에서 극소량 더 들어 있는 제품을 찾아냈다고 해서 한바탕 소동이 있었는데 그보다는 이 성분이 든 자외선 차단제, 메이크업베이스, 파운데이션 등을 다단계로 바를 때 급격히 양이 많아지는 걸 주의해야 한다.

역시 화학적 차단 성분인 부틸메톡시디벤조일메탄, 벤조페논-3가 든 제품은 보송보송하며 자외선의 넓은 영역을 차단하지만 눈 시림이 있어서 렌즈를 끼거나 눈이 예민한 사람은 피하는 게 좋다. 주로 유럽, 미국 제품에서 보송보송하다고 광고하는 제품에 많이 쓰이는데, 외제만 쓰면 트러블이 생긴다는 사람은 이 성분에 반응하는 것일 수 있다.

테레프탈릴리덴디캠퍼설포닉애씨드(멕소릴 SX), 드로메트리졸트리실록산 트리에탄올아민(멕소릴 LX)은 로레알 그룹의 특허 성분이다. 키엘, 라로슈포제, 로레알, 랑콤, 비오템 등 로레알 계열 브랜드에 쓰인다. 지금도 굴지의 제약회사와 화장품 회사들이 피부 자극이 적고 독성이 없으면서 자외선 차단 기능은 강력한 신성분을 개발하기 위해 경쟁중이니 믿고 기다려 보자.

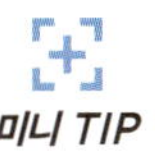

미니 TIP

피부 타입별 주의사항
대체로 민감한 피부는 물리적 차단제, 지성 피부는 화학적 차단제가 공식이다. 민감한 지성 피부의 경우 이 두 가지 중 장점이 많은 쪽을 골라야 한다.

자외선 차단제 고를 때 따져야 할 것들

자외선 차단제를 고를 때 또 하나 무시할 수 없는 것이 바로 사용감. 우리나라나 일본은 자외선 차단제를 바르더라도 산뜻해야 하고, 그 위에 화장을 한다는 생각을 가지고 있다. 반면 자외선 차단제를 약으로 분류하는 미국, 바닷가에 갈 때나 바르는 유럽 사람들은 그야말로 유분이 듬뿍 든 끈끈한 제품도 그리 꺼리지 않는다. 그래서 지성 피부용으로 나온 제품도 외국산은 끈적여서 못 바르겠다는 사람이 있는 것이다. 또 도시에서 일상생활만 하면서도 매일 레저용, 방수기능(내수성, 지속내수성으로 표기)이 있는 제품을 쓰는 사람은 지성 피부이거나 깨끗이 씻지 않으면 여드름이 생길 확률이 높아진다. 일상용으론 SPF 지수가 좀 낮더라도(PA는 포기하지 말 것) 산뜻하고 물에 지워지는 제품이 낫다.

순하게 나온 물리적 차단제는 바른 후 얼굴이 굉장히 뻑뻑하고 건조한 느낌이 들기도 한다. 하지만 실제로는 유분이 많은 것이다. 이런 현상을 막기 위해 입자를 최대한 미세하게 갈아 가벼운 실리콘 오일 등에 섞기도 한다. 하지만 이렇게 나노화한 징크옥사이드가 피부에 나쁘다는 연구도 있다(아직 완전히 증명되지 않았다). 화학적 차단제는 대체로 가볍고 산뜻하지만 일부 성분 자체가 유성을 띠고 있어 기름을 바른 것처럼 축축하게 느껴지는 제품도 있다. 대체로 그런 제품이 강력한 차단 효과를 보인다. 각기 장단점이 있기 때문에 무조건 사용감만 우선시해선 안 된다.

비비 크림, 파운데이션 등 색이 있는 제품으로 자외선 차단을 한다는 생각은 안 하는 게 좋다. 제 기능을 발휘할 만큼 바르면 '가부키 화장'이 되기 때문이다. 마지막으로 가격 문제가 있는데, 가격과 자외선 차단 기능은 크게 관계가 없다. 질감, 느낌, 용기, 기타 비싼 첨가물 등의 요소 때문에 가격이 달라진다.

미니 TIP

자외선 차단제, 깐깐한 선택 기준

□ 자외선A 차단 기능을 충분히 갖췄나? SPF 25만 돼도 PA는 당연히 +++이어야 한다.

□ 어떤 자외선 차단 성분 위주인가? 내 피부에 트러블을 일으키는 성분이 들어 있진 않은가?

□ 유분은 얼마나 들었나? 질감은 산뜻해도 유분이 많은 게 있고, 질감이 끈끈해도 오일 프리인 게 있다.

□ 워터 레지스턴트 타입인가? 야외에서 운동하거나 수영할 땐 반드시 있어야 하는 기능.

지성 피부용

Oily skin

Best Choice 유리아쥬 이제악
선플루이드 SPF 50+

UVA, 자외선B 모두 막강하게 차단하는 아보벤존 계열 유기 차단제. 아주 매트하진 않고 매끈한 정도로 마무리되며 처음엔 백탁현상이 좀 있지만 곧 사라진다. 우리나라 기준으론 중성인데 끈적이는 걸 싫어하는 사람도 쓸 수 있는 질감.

라로슈포제 안뗄리오스 드라이터치 젤크림 SPF 50+

역시 지성 피부용으로 나온 제품으로 아보벤존 계열. UVA 차단 기능도 강력하다. 거의 유분감이 느껴지지 않지만 액이 흰색으로, 잘 펴 발라야 때처럼 뭉치지 않는다. 하지만 곧 투명하게 사라진다.

이니스프리 아쿠아 선젤 SPF 30 PA++

유분감과 입자가 전혀 느껴지지 않는 산뜻한 젤 타입이라 남자도 쓸 수 있다. PA지수가 좀 약해서

야외 활동용으로는 부적합. 주로 실내에 있는 사람이 자주 덧발라주는 용도로 적합하다. 에칠헥실메톡시신나메이트, 에칠헥실살리실레이트의 100% 화학적 차단 성분으로 이 성분들에 민감하지 않다면 향료도 적게 넣어 비교적 순한 제품.

일본 니베아 프로텍트 워터젤 SPF 50+

거의 스킨처럼 물 같은 제형이고 투명하다. 고급 보습 성분인 히알루론산이 들어 있어 수분 에센스 같은 가벼운 촉촉함이 남는다. 물이나 가벼운 클렌저로 잘 지워져서 일상용으로 적합. 에칠헥실메톡시신나메이트가 주가 되는 유기 차단제.

뉴트로지나 울트라쉬어 드라이터치 선크림 SPF 50 PA+++

아보벤존 계열의 고전이랄 수 있는 제품. 보송보송하며 자외선 차단 기능이 강력하고 양이 많다. 하지만 사람에 따라 때처럼 밀릴 수 있고 역시 눈

에 들어가면 따갑다. 백탁현상은 거의 없다.

피터 토마스 로스 우버드라이 SPF 30

역시 아보벤존 계열이고 매우 보송보송하며

백탁현상이 없으며 워터프루프 타입. 향료 무
첨가로 자극을 줄였고 비타민A, C, E도 들었
다. 타이거 우즈가 써서 유명해졌고 남자도
좋아하는 제품.

건성 피부용
Dry skin

Best Choice 바비브라운 엑스트라
모이스처라이징 밤 SPF 25

크림에 자외선 차단 성분이 든 제형으로 식
물성 유분이 많이 들었고 자외선 차단 효과
를 볼 만큼 많이 바르면 더욱 끈적일 수 있으
므로 유분이 부족한 건성 피부에 맞는 제품이
다. 아보벤존 계열의 유기 차단 성분.

설화수 소선보 크림 SPF 30 PA++

에칠헥실메톡시신나메이트를 위주로 한 유기
차단제이면서 편백, 오매 등 피부 방어 성분,
독자 개발한 주름 개선 기능 성분인 홍삼 사
포닌 등 최신 한방 성분이 들어간 제품. 향이
강하지 않으며 역시 충분한 양을 바르면 매우
촉촉한 질감이 된다.

민감한 피부용
Senstive skin

Best Choice 에뛰드 선프라이즈 맘 앤 키즈

100% 무기 차단 성분으로 구성된 제품으로 원
래 아이용이지만 어른이 써도 된다. 꾸덕한 크
림 질감으로 별로 끈적이진 않지만, 유성 보습
성분이 많이 들어 있어 건성 피부에 더 적합하
다. 가격도 싸다.

존 마스터스 오가닉
내추럴 미네랄 선스크린

무기 차단 성분으로 알로에베라잎
즙이 들어 있어 진정 기능도 있고,

시어버터 등 건성 피부에 좋은 보습 성분도
많이 들었다. 방부제도 비교적 순한 것을 썼
다. 흰 로션 타입으로 충분한 양을 바를 수 있
다. 표기는 없지만 UVA도 차단한다.

시드물 무기 자차 데일리
선밀크 SPF 20 PA++

무기 차단 성분의 뻑뻑함을 보완한 제품으
로 백탁도 다른 제품보다 덜하다. 대
신 자외선 차단지수가 낮아 많이, 자
주 발라야 한다. 건성 피부에 맞도록

유성 보습 성분이 많이 들었지만 그리 번들거리거나 끈적이진 않는다.

해피바스 비오베베 선크림 SPF 25 PA++

아기용으로 나온 제품이라 100% 무기 차단 성분이면서 순한 식물성 진정 성분, 보습 성분이 많이 들었고 방부제도 가장 순한 것을 썼다. 매우 민감하고 건성인 사람에게 맞다. 다만 자외선 차단지수가 높지 않아 자주 덧발라줘야 한다.

덧바르는 용도
Coated skin

아이오페 에어쿠션XP SPF 50+ PA+++

화장도 고치고 자외선 차단제도 덧바를 수 있어 밀리언셀러인 제품. 자외선 차단지수가 높지만 색이 있어 이상적인 양만큼 바르기가 불가능하기 때문에 여기에만 의존해선 안 되고 자주 덧발라줘야 한다. 유기계인 에칠헥실메톡시신나메이트와 무기 차단 성분이 합쳐진 성분.

BRTC 워터풀 선미스트 SPF 32 PA++

투명한 미스트 타입이라 간편하게 뿌릴 수 있다. 에칠헥실메톡시신나메이트부터 티타늄디옥사이드 등 유기, 무기 차단 성분이 골고루 들었다. PA 지수가 높지 않고 제형상 많이 발리지 않아 실제 차단 기능은 크지 않기 때문에 자주 뿌리는 게 좋다.

중무장, 야외용
Outdoor

Best Choice 시세이도 아넷사
퍼펙트 선스크린 AA SPF 50+

일본에선 같은 제품이 PA++++로 자외선 차단지수가 매우 높고 워터 레지스턴트라서 야외용으로 적합한 제품인데 우리나라에선 얼굴용, 일상용으로 널리 퍼져 있다. 에칠헥실메톡시신나메이트, 비스에칠헥실옥시페놀 메톡시페닐트리아진 등 유기 차단 성분이 다양하게 들어 있어 안 맞는 사람도 있을 수 있다.

바이오더마 포토덤
맥스 플루이드 SPF 50+

자외선A 차단지수가 40으로 우리나라 PA+++ 기준을 5배 정도 더 충족시키며 워터 레지스턴트에 지속 시간이 길다. 역시 외국에선 야외용으로 쓰는데 우리나라에선 도심, 얼굴에 쓰는 사람이 많다. 하얗고 촉촉한 로션 형태이며 유기계인 아보벤존이 주성분이다.

메이크업 베이스용
Makeup base

Best Choice CNP 톤업 프로텍션
선 SPF 42 PA+++

연분홍색이고 매끈한 막을 만들어 화장이 잘
받도록 하며 이름처럼 피부가 한 톤 밝아진
다. 자외선B 차단 기능 대비 A 차단 기능도
우수하다. 유기 차단 성분 에칠헥실메톡시신
나메이트와 무기 차단 성분 2종이 다 들어 있
는 복합 성분.

미샤 올어라운드 세이프 블록 소프트
선밀크 SPF 50+ PA+++

흔들어 쓰는 유액 타입으로 투명하고 화사한
막을 만들며 유분이 별로 없다. 약간 희게 표
현이 되며 이후 화장이 잘 받는다. 에칠헥실
메톡시신나메이트와 티노소브 M 등 유기 차
단 성분에 무기 차단 성분이 약간 들어 있는

형태.

슈에무라 UV 언더베이스 포어레이저
SPF 35 PA+++

무스 타입으로 바른 후 매트하고 모공을 커버
해주는 효과가 있어 지성 피부의 메이크업 베
이스 용도로 좋다. 대신 빠르게 바르고 밀착
시켜야 하며 보이는 부피보다 많이 발라야 차
단 효과가 있다. 에칠헥실메톡시신나메이트
와 티타늄디옥사이드 등 유·무기 혼합 차단
성분.

It Cosmetic

나이를 잊게 해주는 아이 크림과 립밤

"다른 건 다 싼 걸 써도 아이 크림에는 투자를 한다."는 사람이 참 많다. 대학생 때 친구가 피부관리실을 통해 프랑스에서 아이 크림을 구해다 쓴다고 해서 감탄의 눈으로 쳐다본 적이 있다. 가수 문희준 씨는 어머니들의 대화를 듣고 고등학생 때부터 아이 크림을 발랐다고 한다. 그 결과물인지 나이에 비해 눈가가 팽팽하다. 귀하고 비싼 것이란 이미지 때문인지 아이 크림은 대개 15ml를 넘지 않으면서 가격은 얼굴용 크림 못지않다. 미니어처 같은 작은 단지에 담겨 있기도 하고 혹시 샘플이 아닌가 의심할 만큼 작은, 손가락만 한 펌프 용기에 담겨 있기도 하다.

나는 여름에만 괜찮고 나머지 삼계절은 입술이 피가 나도록 건조하다.

나보다 더한 친구가 한 명 있어서 장마철이나 사우나 같은 데서 서로의 입술이 촉촉하면 하나도 트지 않았다고 칭찬을 해주곤 한다. 눈가와 입가는 부위는 좁지만 사람의 이미지와 나이를 극명하게 드러낸다. 그래서 다들 신경은 쓰지만 생각만큼 효과를 못 보는 부위이기도 하다.

아이 크림의 실체를 밝힌다

우리나라 여자들은 세계에서 아이 크림을 가장 열심히 바른다고 해도 과언이 아니다. 서양 사람들은 굵은 주름이 쫙쫙 가 있는데도 아이 크림을 따로 바르는 경우가 별로 없다. 우리가 더 팽팽한 피부를 가진 이유는 유전적으로 피부 표면이 덜 늙는데다가 관리도 더 많이 하기 때문이다. 하지만 이상적인 '관리'라는 것이 별 게 아니다. 자외선을 최대한 피하고, 눈가를 박박 문지르지 않고, 지나치게 씻지 않고, 건조할 때 보습제를 바르는 것이다. 그 네 번째를 우린 충실하게 하고 있다.

그렇다면 아이 크림의 정체는 대체 무엇일까? 예전에 화장품에 뭐가 들었는지 절대 안 가르쳐주던 시절-전성분 표시제 실시 이전-엔 그저 신비의 물질로 포장되는 경우가 비일비재했다. 하지만 마침내 아이 크림의 실체가 밝혀졌다. 허망하게도 아이 크림엔 무슨 보석이 숨어있는 게 아니라 그저 얼굴용 크림의 연장선이었다. 다만 눈가에 닿아도 되는 성분들로만 구성해 더 순하며 주름 개선 기능성 물질, 팽팽해 보이도록 하는 물질로 구성되어 있다.

모 유명 고가 브랜드 아이 크림도 주름을 쫙쫙 펴줄 것 같았는데 들어간 성분을 보니 그냥 건성 피부가 얼굴 전체에 발라도 되는 평범한 크림이었다. 심지어

❶ 크리니크
❷ 시세이도
❸ 록시땅

주름 개선 기능성 제품도 아니었다. 아무리 느낌이 좋은 제품도 주름 개선 기능성 인증을 못 받았다면 일시적으로 팽팽한 느낌만 주는 것일 수 있다.

물론 주름 개선 기능성 제품이고 다양한 보습 성분과 항산화 성분이 균형감 있게 든 제품도 있다. 아이 크림에 주름 개선에 대한 기대를 한다면 이런 제품을 선택하는 게 현명하다. 어쨌든 아이 크림은 더 유분이 많고 고기능일 확률이 높으면서 순한 제품이기 때문에 건성 피부라면 얼굴 전체에 바를 수 있다. 그러나 얼굴용 크림은 일부 타르 색소 등 눈가에 금지된 성분도 들어가는 경우가 있어 가능한 눈가에 안 바르는 게 좋다.

립밤과 립크림의 선택 기준

입술엔 모공과 피지선이 없다. 그래도 촉촉한 이유는 입술 안 점막에 수분을 끌어당기는 보습 성분과 단백질이 가득하기 때문이다. 하지만 그걸로 역부족이면 마침내 입술 표피가 트고 벗겨지게 된다. 입술이 이렇게 되는 데에는 우리 잘못도 크다. 매일 립스틱, 립틴트 등을 발랐다가 지우는 것, 세수할 때 폼 클렌저나 비누가 입술에도 닿게 하는 것, 그리고 치약 속 세정성분(계면활성제) 등이 입술을 건조하게 한다. 더 나쁜 것은 입술이 텄다고 손이나 스크럽으로 문질러 말라붙은 각질을 뜯어내는 것이다. 그러면 완전히 무방비 상태가 된 입술에서 더 많은 수분이 증발하게 된다.

올바른 방법은 립밤, 립크림 등 보습제를 발라서 저절로 피부가 정상화되도록 하는 것이다. 입술 보습제는 가장 밀폐력이 강한 에몰리언트 위주로 만든다. 모공과 피지가 없으니까 그래도 여드름이 날 염려는 없다. 가장 흔히 쓰이는 것이

페트롤라툼(상품명은 바셀린으로 석유에서 정제한 젤리 같은 물질)이다. 다른 영양분은 없으며 물샐틈없이 입술을 코팅하는 원리다. 천연 성분 중에서 많이 쓰이는 건 비즈왁스다. 우리말로 밀랍, 벌집의 구성 물질이며 단단하면서도 보습력이 있어서 스틱 타입 립밤에 많이 쓰인다. 둘 다 바른 직후의 보습력은 좋으나 잘 퍼지지 않아 답답한 느낌이 들고 지워진 부위는 건조해진다. 미네랄 오일은 액체이기 때문에 주로 다른 성분과 섞어 고체형으로 만든다. 카나우바왁스, 시어버터, 무루무루버터, 세틸알코올 등 다양한 천연 성분과 합성 오일이 있는데, 원가나 사용감으로 봤을 때 식물성 버터가 많이 든 것이 더 고급이다.

한 가지 주의해야 할 것이 바로 립밤에 들어가는 방부제다. 수시로 입술에 바르거나 손가락으로 문지르기 때문에 립밤은 가장 더러울 수 있는 화장품이다. 매번 새 면봉으로 찍어 바르거나 조금이라도 변질된 기미가 보이면 버려야 한다. 사용기한이 긴 것은 방부제를 강한 걸로 썼다는 의미이므로 화장품법상 먹어도 되긴 하지만 과히 바람직하진 않다. 립밤 역시 낮에는 자외선 차단 성분이 든 것, 밤에는 없는 것을 쓰는 게 좋다. 장기적으로 봤을 때 입술의 최대 노화 원인 역시 자외선이기 때문이다.

아이 크림
Eye cream

미샤 금설기윤

물 대신 인삼수를 사용하고 좋아 보이는 성분은 다 넣은 것처럼 다양한 추출물이 들었다. 유용성 감초 추출물과 아데노신까지 들어 있으며 미백, 주름 개선 이중 기능성 제품이다. 시어버터 등 여러 가지 천연·합성 오일이 들어간 촉촉한 크림으로 건성 피부가 얼굴 전체에 발라도 좋다. 향료는 함유했다.

시세이도 바이오 퍼포먼스 수퍼 코렉티브 아이 크림

식물성·합성 보습 성분이 매우 다양하게 들어 있고, 비타민C 유도체와 비타민E, 비타민A 유도체, 항산화제 등이 포함된 종합선물 같

은 아이 크림. 주름 개선 기능성 제품이며 에센스처럼 부드러운 질감. 진공 펌프 용기라 오염의 염려가 적다.

크리니크 올어바웃 아이즈

중지성 피부에게 맞는 가벼운 아이 크림으로 프라이머와도 비슷한 실리콘 베이스에 미세한 펄까지 들어 있어 바른 즉시 눈가가 팽팽해 보이고 화장이 잘 받는다. 또, 카페인 성분이 눈가 붓기를 어느 정도 완화해준다. 각종 식물성 항산화 성분이 다양하게 들어갔으며 무향료이고 살균제 등이 없어 순하다. 단지형 용기라 빨리 쓰는 게 좋다.

에뛰드 영양 가득 시어버터 아이 크림

건성 피부의 건조한 눈가에 적합한 크림 제형으로 스쿠알란, 시어버터, 해바라기씨 왁스 등 고급 유분이 다량 함유되었고 그에 비해 가격은 매우 저렴하다. 오래도록 지속되는 보습력이 있다. 작지만 펌프 타입 용기로 오염될 위험도 적다. 소량의 향료만 제외하면 민감한 피부에도 안전한 성분들이다.

Best Choice 아이오페 프로 레티놀 아이 코렉터

아이 크림으로 미백, 주름 개선 이중 기능성 제품. 자외선에 민감한 레티놀 대신 레티놀 전구체를 써 피부 속에서 레티놀로 작용할 수 있게 해 낮에도 쓸 수 있다. 빛과 열, 산소를 차단하는 펌프 용기라 성분을 안정적으로 유지한다. 가벼운 로션 제형으로 번들거리지 않는다.

립크림 & 립밤
Lip cream & Lip balm

Best Choice 미국 마드레 비 오가닉 립밤

식품이라고 할 수 있을 정도로 순한 성분으로만 구성되어 먹어도 되고 아이에게도 안전하며 보습력이 뛰어나다. 올리브 오일과 비즈왁스, 비타민E가 항산화 작용을 해 방부제가 없지만 수시로 입술에 닿는 만큼 빨리 쓰는 게 좋다.

프랑스 아벤느 감 솔레르 뽀 상시블 스틱 SPF 30

국내 미유통 제품. 비교적 단단한 스틱 타입으로 보습 기능은 강하지 않지만 자외선 차단 기능이 강력하다. 표기는 안 됐지만 UVA 차단 기능이 PA+++ 이상. 화학적 자외선 차단 성분으로 여드름이 나는 피부가 아니면 콧등, 뺨 등에 써도 된다. 무향료.

듀크레이 익띠앙

피마자유, 페트롤라툼, 이소프로 필팔미테이트, 라놀린 등 강력하게 수분 증발을 막는 성분들이 다양하게 들었다. 스틱 타입이지만 끈적이거나 딱딱하지 않고 적당히 미끄럽게 발리며 가격이 저렴해서 남녀노소 누구나 무난하게 쓸 수 있는 제품.

록시땅 모이스처라이징 립밤

대부분 각종 식물성 오일로 구성되어 묽은 연고 같은 타입. 부담 없이 수시로 바를 수 있고 번쩍이지 않는다. 브랜드의 상징적 성분인 시어버터도 상당량 들었다. 천연 향료가 소량 들었다.

바비브라운 립밤 SPF 15

다양한 왁스와 오일이 들어간, 스틱보다 부드러운 밤 타입이며 두껍게 발리고 광택이 있으며 보습력이 강력하다. 아주 건조한 입술은 자기 전 바르면 다음 날 아침 촉촉해진다. SPF 15의 자외선 차단 기능성 제품이라 립 메이크업 베이스로도 좋다.

It Cosmetic

각질 제거, 얼마나 어떻게 해야 할까?

'각질'처럼 화장품업계에 갑자기 혜성처럼 등장한 것도 없을 것이다. 내가 어릴 때만 해도 각질 제거를 하는 사람은 없었다. 때 미는 걸 제외하면 고작해야 엄마들이 일주일에 한 번씩 가면처럼 발랐다 마르면 떼어내는 팩이나 조금 오래된 우유를 발랐다 씻어내는 방법이 있었을 뿐. 그게 각질 제거인 줄도 몰랐다.

어느 날 각질 제거, 나아가 필링이란 개념이 갑자기 생겨났다. 물론 화장품 광고에 의해서. 얼굴에서 때처럼 우수수 떨어지는 각질을 보고 '으악! 얼굴에 저런 걸 붙이고 다녔다니!' 하는 생각에 너도 나도 일주일에 몇 번씩 스크럽이며 필링젤을 쓰기 시작했던 것 같다. 지금은 각질 제거가 거의 필수적인 피부관리 코스로 자리 잡았다.

대체 각질이란 무엇일까? 피부 세포는 약 4주를 주기로 생겨난 후 점점 바깥으로 밀려나가 마침내 떨어져나간다. 피부의 가장 바깥층, 죽은 피부 세포가 바로 각질. 겉으론 일어나 보이지 않는 피부에도 각질층은 있다. 각질층은 외부의 유해물질과 자극, 내부로부터의 수분 증발을 막아주고, 최근에는 피부 세포 단백질 생성과 피지 조절에도 관여하는 등 여러 다른 기능도 속속 발견될 만큼 중요한 역할을 담당하고 있다.

그런데 왜 다들 각질을 꼭 제거해야 할 적으로 볼까? 여기서는 불필요한 각질만을 말한다. 기능을 다한 각질은 제때 떨어져나가고, 있어야 할 각질만 피부를 감싸고 있어야 피부가 매끈하고 건강하다. 오래된 각질이 안 떨어지고 겹겹이 쌓이면 피부가 칙칙해 보이고 화장도 안 받을 뿐 아니라 피지 배출과 새 세포가 올라오는 것도 방해한다. 특히 지성 피부는 피지에 젖어, 노화 피부는 신진대사가 느려져 각질이 잘 안 떨어지고 쌓이기 쉽다. 오래된 각질층이 모공을 막으면 피지가 고여 여드름이 생기기도 한다.

없앨 각질 vs 다독일 각질

각질 제거란 떨어져나갈 시기가 지났는데 떨어지지 않고 방해만 하는 각질을 없애는 것이다. 지성 피부는 피지 자체 때문에 각질이 과도하게 생기기도 하고, 그것이 제때 안 떨어지고 젖어 켜켜이 쌓인 형태를 보인다. 하얀 비늘 같은 것이 코 옆, 미간 등에 두껍게 쌓인 것이 지성 피부 특유의 각질이다. 또 화농성 여드름이 있는 사람은 계속 염증이 생겨서 그

위에 각질이 쌓여 있기도 하다. 피부에 자극을 주지 않는 선에서 꾸준히 제거해줘야 피지도 모공 안에서 막히지 않고 배출되고, 피부 톤도 맑아 보인다. 단, 두꺼운 걸 넘어서 끈끈하고 누렇게 딱지처럼 생기고 붉어지거나 가려움, 따가움까지 동반한다면 피부염이니 섣불리 제거하지 말고 전문의의 진단을 받아야 한다.

하지만 피부를 제대로 관리하지 못해서 각질이 끊임없이 생기는 경우도 있다. 건조한 계절에 칼바람을 맞거나 지나치게 세정력이 강한 클렌저로 씻거나 스크럽을 세게 하는 등 아직은 잘 붙어 있어야 할 각질층이 상처받고 마르게 되면 피부가 트는 것처럼 고운 각질이 전체적으로 생긴다. 각질층이 속 피부를 보호해주지 않으니까 수분이 빠져나가고 외부 유해물질도 쉽게 통과돼 피부가 건조하고 예민해진다. 하지만 사람들은 보기가 싫으니까 더욱 각질 제거를 하게 되고, 그러면 피부 속 상태가 더 나빠지는 악순환이 반복된다. 이런 경우 각질 제거를 하면 안 되고 보습을 충분히 해서 나중에 자연스럽게 떨어져나가도록 다독여야 한다.

다양한 각질 제거법

각질 제거엔 다양한 수단이 동원되는데 가장 처음 생겨난 것이 문질러서 갈아내는 방식. 우리나라엔 때수건이, 서양엔 스크럽이 있는데 가장 원시적인 방법이다. 살구씨, 식물의 가루나 설탕 등을 물, 기름 등에 적셔 젖은 피부에 문지르는 스크럽은 일시적으로 각질 일부를 제거해 피부가 매끈한 느낌이 든다. 하지만 입자가 거칠면서 크면, 또 손으로 마구 문지르면 피부에 무수히 많은 상처를 남길 수 있고 균일하게 각질 제거가 되지 않는다. 그래서 요즘은 폴리에틸렌 등 합성수지로 둥글게 만들거나 물에 일부 녹아 부드러워

미니 TIP

각질 제거를 하면 좋은 경우

▢ 좁쌀 여드름이 날 때 : 염증 없는 좁쌀은 모공 입구가 각질과 피지로 막혀서 생기므로 뚫어줘야 한다.

▢ 바캉스나 스키장에 다녀온 후 : 당장이 아니라 피부가 진정된 후 칙칙하고 거칠어졌다면 톤을 맑아지게 하기 위해 해준다.

▢ 생리 전 : 생리 직전엔 남성호르몬이 분비되어 각질층이 두꺼워지고 피지도 많이 분비되어 턱, 코 등에 뾰루지가 나기 쉽다.

▢ 노화된 피부 : 자연 노화로 인해 피부가 칙칙하고 뭘 발라도 흡수되는 느낌이 없을 때 해준다.

지는 입자를 많이 쓴다.

녹이는 방법은 각질을 고르게, 매끈하게 없앤다는 장점이 있지만 성분 때문에 피부 자극이 있을 수 있다. 흔히 말하는 '효소 세안제'는 고기를 파인애플 같은 것으로 부드럽게 하는 원리와 같다. 단백질을 녹이는 효과가 강력한 파파야 등에서 추출한 파파인 효소를 주로 써서 각질층을 녹여낸다. 단백질이면 다 녹이는 것이라 적당한 농도로, 마찰이 적게 해야 한다. 요즘 각질 제거제는 스크럽이면서 효소도 들었거나, 필링 젤이면서 하이드록시애씨드도 함유한 것처럼 목적에 따라 여러 성분을 같이 쓰는 게 많다. 효소가 아닌 하이드록시애씨드 성분으로 녹이기도 하는데 바로 유명한 아하(AHA), 바하(BHA)라고 불리는 성분들이다.

'고마쥬' 타입으로 불리는 필링 젤에는 셀룰로스라는 섬유질이 미리 들어 있어 젤을 바르고 문지르면 지우개처럼 밀리면서 각질도 같이 제거한다. 녹이는 각질 제거제에 피부가 민감한 사람들이 쓸만한 방법이다. 살살 균일하게 힘을 준다면 적당히 각질을 제거하면서 자극도 적다.

+++ 각질을 녹이는 성분들

AHA(알파하이드록시애씨드) '글라이콜릭애씨드', '락틱애씨드' 등 성분 다양. 수용성. 물에 녹음. 적은 농도에선 각질을 녹이고 가벼운 보습 작용이 있으며 높은 농도에선 박피 효과가 있다. 따끔거릴 수 있다. 피부 속을 자극해 두꺼워지게 한다. 오래 사용하면 자외선에 의해 피부가 민감해진다. 노화 피부에 주로 쓴다.

BHA(베타하이드록시애씨드) 성분표에 '살리실릭애씨드'로 표기. 항균, 방부제로도 쓰인다. 기름에 녹아서 지성 피부, 블랙헤드가 있는 피부에 잘 맞는다. 각질층을 녹여

❶ 폴라초이스
❷ 프리메라
❸ CL4
❹ 키엘

서 피부가 얇아지게 한다.

LHA 로레알이 만든 성분. '카프릴로일살리실릭애씨드'로 표기. BHA의 유도체로 지용성이라 지성 피부에 잘 맞으며 서서히 부드럽게 작용한다.

PHA AHA에 가까우나 '글루코노락톤', '락토바이오닉애씨드'로 표기. 물과 결합된 젤 성상이며 분자량이 커서 보습력이 좋고 서서히 침투한다. 최근 에스테틱 필링으로 많이 활용된다.

이 물질들은 잘만 사용하면 각질을 균일하게 제거하면서 피부 상태도 좋아지게 할 수 있으나 남용하면 부작용을 일으킬 수 있다. 더구나 우리나라 사람처럼 화장품을 많이 쓰고, 유행 따라 이것저것 사용하는 경우 위험하기 때문에 BHA 배합한도가 0.5%로 정해져 있다(미국은 여드름용 OTC 드럭으로써 2%, 유럽은 씻어내는 제품의 경우 3%다).

위에 설명했지만 지성 피부이고 모공이 잘 막혀 블랙헤드가 생기고 좁쌀 여드름이 나는 피부엔 BHA, LHA가 들어 있는 제품이 잘 맞는다. 반면 피지 문제가 없고 노화나 자외선에 의해 피부가 두꺼워지고 표면에 자글자글한 주름이 생겼다면 AHA, PHA를 선택하는 게 낫다.

하지만 중요한 게 '정도'다. BHA 2%에 pH3.5~4가 되어야 각질 제거에 효과적이라고 해서 특히 여드름이 있는 사람들이 미국에서 몰래 제품을 공수해서 쓰는 경우가 많다. 물론 그런 제품을 써서 피부가 눈에 띄게 좋아지고 여드름도 낫는다면 좋지만, 굳이 그렇게 고농도를 쓸 필요도 없는 피부인데 좋다니까 썼다가 각질을 지나치게 제거해 피부가 건조해지고 붉어지는 사람도 많다. 그런 경우 하루는 BHA 2% 제품을 써서 각질을 많이 제거하고 그 다음 며칠은 안 해서 다시 쌓이고 또 2%를 써서 많이 제거하는데, 차라리 강도가 약한 제품(국내 기준 0.5%를 지키며 다른 성분을 함께 써서 시너지 효과를 준 것)을 꾸준히 써서 자극 없이 각질을 적당히 제거하는 게 훨씬 안전하다. 그냥 건강한 지성 피부이고 모공이 잘 막히지도 않는다면 국내 기준에 맞는 BHA 0.5%만 든 제품을 꾸준히 써도 피부를 칙칙해지지 않게 유지할 수 있다.

미국에서도 최고 한도인 2% 제품이 필요한 경우는 장기간 여드름에 시달린 덕에 얼굴에 각질층이 눈에 띄게 두껍게 쌓였을 때, 코나 이마처럼 피부가 두껍고 자극에 둔감하면서 피지와 블랙헤드가 많은 경우, 씻어내는 클렌저로 짧은 시간 사용하고 싶을 때 정도다.

AHA는 한도가 없는 만큼 화장품 관리의 사각지대라고도 할 수 있다. 다행히 자극이 있으면 AHA는 바로 피부가 따갑고 붉어진다. 에스테틱에서 받는 필링이 아닌데 피부가 조금 따끔한 정도를 넘어 따가움이 지속되고 붉고 예민해지면 그 농도와 산도가 너무 강한 것이다. 그래서 시중 화장품 브랜드는 홈 필링 키트를 제외하고 AHA를 많이 넣거나 산도를 그다지 낮추지 않는다. 조금 강한 제품이거나 피부 테스트를 미리 해보라거나 설명서를 꼭 읽어보라는 등 주의사항이 적혀 있다.

AHA를 쓴 피부는 햇빛에 의해 예민해지므로 꼭 자외선 차단제를 쓰든가 밤에만 사용한다. AHA가 든 제품은 가벼운 스킨부터 에센스, 홈 필링 키트까지 다양하다. pH3~4에 5~10%가 적당하다고 알려져 있는데 pH가 높을수록, 농도가 낮을수록 작용이 약한 것이므로 어떤 정도로 각질을 제거할지 정한 후 고르고 연달아 사용하면 햇빛에 대한 민감도도 커지니 가끔 쓰거나 몇 주일 쓰고 중단하는 식으로 써야 한다.

각질 제거 약

Scrub light

Best Choice **SK II 페이셜 트리트먼트 쿨리어 로션**

건성 피부라 본격적인 각질 제거가 부담이 될 경우 매일 써도 좋은 약한 각질 제거 토너. 입자 크기가 다른 3가지 AHA가 함유되어 각질을 가볍게 녹이며 보습 성분인 '피테라'도 함유되어 윤기 나는 피부가 된다. 무알코올이라 순하며 매일 쓰면 각질이 눈에 띄지 않을 정도의 제거력.

아리따움 뽀오얀 미소 발효 파우더 워시

각질 제거 기능보다 세정제로서의 기능이 강하지만 모두 식물 유래의 순한 세정 성분을 썼고 각질, 피지를 녹이는 효소, 곡물을 발효한 보습 성분이 함께 들어 있다. 효소가 쉽게 파괴되지 않도록 특허 안정화 기술을 사용했다. 여드름 피부는 주의하는 게 좋다.

바비브라운 버핑 그레인스 포 페이스

언뜻 보면 그냥 스크럽 같지만 사실 세정 성분과 합성소재 비즈, 천연 콩가루, 보습을 위한 오일 등 여러 가지가 섞인 가루형 세안제. 스

크럽으로선 입자도 둥글게 하고, 물에 약간 녹게 하는 등 자극을 줄였다. 이것만으로 물을 더해 세안을 해도 되며 클렌저에 섞어 써도 된다. 단, 다량의 오일에 섞으면 소량의 세정 성분이 그 오일을 씻어내는 데 다 쓰인다.

이즈스킨 베타 하이드록시애씨드 젤

역시 BHA 에센스인데 한도치인 0.5%와 함께, 유사한 효과를 내는 천연물인 윈터그린 추출물을 넣어 그 이상의 효과를 보게 했다. 또한 병풀 추출물, 감초 추출물, 알로에베라 잎가루 등 진정 성분이 들었으며 합성방부제, 향료를 쓰지 않아 순하다. 물 타입이라 얇게 발리므로 매일 써도 된다.

프리메라 마일드 필링 젤

여러 합성 폴리머가 단단한 필름막을 만들면서 밀려나와 각질도 자연스럽게 제거한다. 항산화 기능이 있는 다양한 식물 추출물이 든

것은 좋지만 물로 씻어내면 거의 남지 않는다. 약간의 알코올을 제외하고 독한 합성방부제, 인공 향료 등을 넣지 않아 자극이 적다.

각질 제거 중

Scrub medium

Best Choice 라로슈포제 에빠끌라 K

원래 여드름 피부용 라인으로, 블랙헤드를 덮고 있는 두꺼운 각질을 효과적으로 녹이는 BHA 에센스. 로레알 그룹에서 개발한 LHA, 카프릴로일살리실릭애씨드도 들어 있어 국내 화장품법을 준수하면서도 각질 및 면포 용해 효과가 좋다. 염증이 없는 지성 피부에 잘 맞으며 따로 보습제를 안 발라도 된다.

키엘 하일리 이피션트 스킨 톤 코렉터

대표적인 AHA인 글리콜릭애씨드가 든 로션으로 각질을 제거하면서 여드름 자국 등 칙칙해진 부위를 미백시키는 효과도 있다. AHA가 잘 작용하도록 pH를 조절했고 여러 보습 성분으로 비교적 순하게 작용하도록 했다. 그래도 AHA이기 때문에 자외선 차단제를 사용해야 한다. 인공향 무첨가. 타르 색소가 없었다면 더욱 좋았겠지만 문제가 될 정도는 아니다.

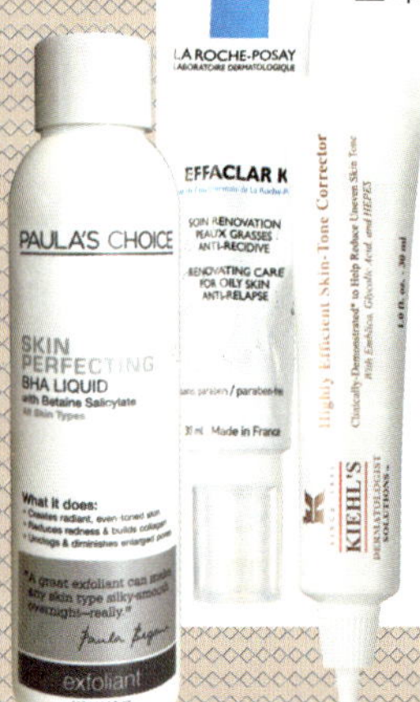

폴라초이스 스킨 퍼펙팅 BHA 리퀴드

국내 화장품법상 한도인 BHA 0.5%를 지키면서 각질 제거력을 높이기 위해 베타인살리실산을 추가한 제품으로 각질 제거 정도가 미국산 BHA 2%보다는 조금 약하지만 BHA 0.5% 제품보다는 강력하다. 가벼운 젤 타입으로 그 위에 보습제를 덧발라도 된다.

미국 클리어라실 울트라 라피드 액션 데일리 젤 워시
(Clearasil Ultra Rapid Action Daily Gel Wash)

BHA 2%를 함유한 클렌징 폼으로 물에 헹궈지므로 에센스보다 작용이 순하며 매일 각질을 줄여나갈 수 있다. 세정 성분 또한 피지를 잘 씻어내는 종류로 구성되었으므로 분명한 지성, 여드름성 피부에 맞는다. 입술, 눈가 등에는 가능한 닿지 않게 한다. 라벤더 추출물 등 진정 성분도 들었다.

각질 제거 강

Scrub strong

Best Choice CL4 바이탈 스템셀 PHA 필

피부관리실에서 받는 PHA 필링을 집에서 할 수 있는 세럼. AHA와 보습작용이 있으며 자극이 적은 PHA, 소량의 BHA가 다 들었다. 강력한 제품으로 각질이 많고 피부가 예민하지 않은 경우, 잘만 사용하면 뛰어난 피부 개선 효과를 볼 수 있다. 설명서대로 시간을 지키고 중화를 하며 자외선 차단에 신경 쓸 것.

미국 엑스비앙스 퍼포먼스 필 AP25

국내 피부관리실에서 PHA 필에 사용하는 브랜드이며 PHA의 원조. 집에서 관리할 수 있도록 나온 키트이나 25%의 PHA와 AHA를 함유한 고농도 제품. 패드 타입으로 되어 얼굴을 닦아내듯 사용한 후 상태를 봐가며 10분 안에 중화 패드로 다시 닦아낸다. 일주일에 2회 정도 사용. 효과가 며칠에 걸쳐 나타난다.

유리아쥬 이제악 K18

AHA 18%에 BHA 유도체도 소량 든 지성, 건성 전천후 각질 제거제. 감초 추출물이 피지를 조절하고 여드름 등으로 붉어진 피부도 진정시키는 효과가 있으나 작용이 강력한 만큼 각질이 많되 손상되진 않은 피부에 써야 한다. 자극을 많이 줄여 바르자마자 따가운 AHA 특유의 자극은 거의 없다. 밤에 쓰고 낮엔 자외선 차단제를 써야 한다.

미국 뉴트로지나 오일 프리 아크네 스트레스 컨트롤 3-in-1 하이드레이팅 아크네 트리트먼트

(Neutrogena Oil-Free
Acne Stress Control, 3-in-1
Hydrating Acne Treatment)

여드름 피부용으로 나온 2% BHA 에센스로 실리콘 베이스의 오일 프리 보습제. 로션 대용으로 써도 되며 AHA가 없어 낮에도 사용할 수 있다. 바른 후 바로 매끄러운 질감이 들며 땀에 씻겨지지 않아 지속적으로 작용한다. 많이 바르고 화장을 하면 밀릴 수 있다.

시드물 아하10 마스크

AHA인 글라이콜릭애씨드가 10% 든 마스크 시트로 농도 자체는 아주 강한 게 아니지만 마스크를 얼굴에 붙이고 있는 동안 피부에 접촉이 많이 되어 작용이 강하다. 피부에 염증 등 트러블이 없고 민감하지 않으면서 각질만 두껍게 쌓인 경우 잘 맞는다. 사용 전에 피부에 액을 떨어뜨려 얼마나 따가운지를 체크하는 게 좋고, 일주일에 1회 이상 사용하지 않으며 낮엔 자외선 차단제를 꼭 바를 것.

각질 제거, 얼마나 자주 해야 할까요?

정해진 횟수나 주기는 없다. 자기 피부에 필요한 만큼 하는 게 정답. 하지만 한 번에 잔뜩 벗겨내는 것보다 매일 조금씩 자연스런 탈락을 도와주는 것이 훨씬 자극이 없다. 하지만 블랙헤드 위를 각질층이 덮고 있는 등 비정상적인 상태일 때는 강력한 BHA 등으로 벗겨내는 게 최선. 일단 모공이 열리면 그 다음부턴 순한 제품으로 가끔씩 쓰는 등 조절을 해야 한다.

겨울과 초봄에 각질이 너무 많이 생겨요

우리나라의 겨울과 초봄은 건조주의보가 발효될 정도로 건조하다. 각질층의 수분이 증발돼 하얗게 떠 보이는 게 당연하다. 방지하려면 피부 타입에 맞는 보습제를 꾸준히 발라 피부가 지나치게 건조해지지 않게 하고, 가습기도 쓰는 게 좋다. 클렌저를 피지 제거력이 약한 것으로 바꾸는 것도 큰 도움이 된다.

각질 제거를 한 후 피부가 뒤집어졌어요

각질 제거력이 너무 강한 제품을 쓰거나 지나치게 문질러서 피부 보호막이 손상된 상태. 빨갛고 따갑고, 때론 피지가 더 많이 나오는데 일단 내버려뒀을 때 진정되면 괜찮지만, 아니면 피부과를 찾을 것. 각질 제거는 항상 순하게 해야 한다.

화장품을 바꾼 후 각질이 더 많이 일어나요

피지 제거력이 강한 클렌저나 알코올이 들어간 화장품 때문에 피부가 건조해져 각질층이 일어나거나, 반대로 너무 기름진 화장품 때문에 떨어질 각질이 안 떨어지기도 한다. 건조해서 일어난 각질인지, 오래된 각질이 안 떨어진 건지를 판단할 것. 또 강력한 AHA나 BHA를 쓰면 쌓인 각질이 한꺼번에 제거돼 일주일 정도 각질이 많아 보이기도 한다.

BHA, AHA를 쓰는데 효과가 없어요

우리나라 BHA 성분 한도가 0.5%인데 이런 제품은 계속 써야 각질이 더 안 생기고 유지만 되는 정도지 극적으로 사라지지 않는다. 2% 제품을 드럭스토어에서 파는 미국에서 구하는 사람도 많은데, 각질이 많지 않은 피부엔 잘못 썼다가 지나치게 벗겨낼 수 있다. AHA는 농도가 높은 것도 많으니 AHA를 쓰거나 BHA에 다른 성분을 추가해 기능을 강하게 만든 걸 쓰면 된다.

It Cosmetic

02

메이크업 제품

It Cosmetic

도자기 피부의 완성, 메이크업 베이스 & 프라이머

옛날 연예인들은 파운데이션을 어떻게 발랐을까? 간단히 말하면 베이스 없이 크림 바른 다음에 그냥 발랐다. 요즘으로선 상상조차 하기 힘든 일이지만 TV나 사진의 화질이 그만큼 좋지 않았고, 사진은 수작업으로 수정도 가능했기 때문에 스트레스를 크게 받진 않았을 것이다.

재미있게도 메이크업 베이스와 프라이머는 TV, 카메라의 발달과 함께 발달했다. 메이크업 베이스는 주로 메이크업 전문 브랜드에서 울긋불긋한 피부의 결점을 교정하기 위해 생겨났다. 누렇고 칙칙한 부위엔 보라색, 붉은 기엔 초록색 등 보색의 로션을 바름으로써 그 부위의 색을 중화시키는 역할을 하는 것이다. 프라이머는 1990년대 초까지도 존재하지 않았는데 1995년 미국의 메이크업 아티스트로라 메르시에가 화장의 기본(prime)을 다진다는 뜻에서 만들었다. 기존의 메이크업 베이스와 달리 프라이머는 색이 없으면서도 거친 피부 결을 매끈하고 촉촉하게 해주는 제품이다.

프라이머 제품의 뒤에는 실리콘 오일의 발전이라는 비밀이 숨어 있다. 앞에서도 여러 번 얘기했지만 실리콘 오일은 중합하기에 따라 아주 묽어서 증발하는 것도, 딱딱하게 막을 만드는 것도 만들 수 있으며 모공과 잔주름을 덮어 매끈하게 하고 약한 보습 작용도 있어 화장의 밀착감을 높여준다.

마치 요즘 비비, 씨씨 크림이 그러하듯 프라이머의 유행은 널리 퍼져나갔고 이제 색이나 펄이 있는 것, 자외선 차단제를 겸하는 것, 스틱이나 밤 타입, 주름 개선이나 미백 기능이 있는 것 등 브랜드마다 각각 다른 특성을 가지고 개발되고 있다. 그 결과 메이크업 베이스나 프라이머를 바르지 않고 화장을 한다는 건 상상조차 할 수 없을 정도로 현재는 중요한 아이템이 되었다.

모공, 잔주름, 칙칙함 무엇을 커버해야 할까?

메이크업 베이스와 프라이머의 절대 다수는 실리콘 베이스이다. 그리고 얼마나 단단한 실리콘 오일을 쓰느냐에 따라 질감이 달라진다. 예를 들어, 사이클로펜타실록산 같은 것은 바를 때 수분감 있는 촉촉한 질감이지만 곧 휘발되어 나머지 성분이 매트하게 안착된다. 디메치콘은 휘발하지 않으며 미끄러우면서도 두께감 있는 막을 만들어 모공이나 잔주름을 커버할 수 있다. 보통 이렇게 여러 가지 실리콘 오일을 조합해 원하는 질감을 만들어낸다.

fluid sheer
fluide embellisseur
GIORGIO ARMANI

KGD
Koh Gen Do
Makeup
Color Base
Pearl White
SPF16 PA++
MAIFANSHI

the PORE
fessional
PRO balm to minimize
the appearance of pores
benefit

FACE
Mix
SKIN
MAKEUP BASE
[BASE + PRIMER]
SPF20 PA++
TONYMOLY

shu uemura
POREraser
UV under base mousse
base de maquillage
mousse anti-UV
SPF 35 PA +++

선택은 그리 어렵지 않다. 가볍게 수분 같은 막을 만들어 화장만 잘 받게 하고 싶으면 로션 타입을, 잔주름과 모공까지 어느 정도 커버해야 하면 크림 타입을 쓰면 된다. 그리고 모공이 깊거나 귤껍질 같은 피부는 광고에서 아무리 '모공을 커버 한다.'고 주장해도 다 커버가 되는 게 아니다. 밤이나 스틱 타입 정도로 단단한 것(고체)을 써야 메울 수 있다.

보통은 바를 때 매끈한 것을 고르는 경향이 많은데, 그 질감은 언제 사라질지 모른다. 또 실리콘 오일에 유분을 더하면 바를 때 훨씬 촉촉하게 느껴지는데, 지성 피부의 경우 크림을 바르는 것과 같아서 트러블이 생길 우려가 있다. 당장 느껴지는 질감만 가지고 고르지 말고 바르고 한나절 정도는 돌아다녀 보는 게 좋다.

메이크업 베이스 고르는 법

너무나도 자연스럽게 화장을 할 땐 '톤 보정'을 해야 한다고 생각하는 사람들이 많다. 이건 동양인, 특히 우리나라 사람들 특유의 생각이다. 목까지는 누렇고 가무잡잡하더라도 얼굴은 환한 분홍빛이어야 한다는 생각인 것이다. 피부 톤이 마음에 안 든다고, 그걸 통째로 바꾸려고 하면 작은 거울을 볼 때는 화사하고 예쁠지 모르지만 남이 볼 때는 얼굴만 다른 색 가면을 쓴 것처럼 어색하다.

원래 메이크업 베이스는 톤 보정을 하라고 나온 게 아니다. 색이 있는 메이크업 베이스는 가능한 얼굴 일부분에 소량만 써서 꼭 보정해야 할 부분만 중화시키는 게 좋다. 앞서 말한 바와 같이 자기 피부 결점의 보색을 선택하면 된다. 특별한 결점이 없다면 자기 피부색과 가장 비슷한 것이 자연스럽다.

펄이 든 제품은 티존과 광대뼈 앞부분 등 하이라이트존에 바르면 하이라이터가 되고, 얼굴 전체에 바르면 은은하게 광채가 도는 피부 표현이 된다. 이런 피부 표현은 특히 저녁 모임이나 파티에 적합한데, 마찬가지로 얼굴만 반짝이면 어색하므로 쇄골, 어깨 등에도 발라주는 게 좋다.

베이스 메이크업 제품과의 궁합

요즘에는 딱 피부 결만 커버하거나 톤만 보정해주는 제품은 없다. 모두 로션이나 크림과 마찬가지로 기본적인 보습 성분이 들어가고, 자외선 차단 기능이 있는 것도 많다. 그래서 메이크업 베이스나 프라이머가 크림만큼 보습력이 우수하면 따로 크림을 바를 필요 없이 베이스를 충분히 발라주면 된다. 메이크업 베이스, 프라이머는 원래 화장이 잘 받게 하기 위한 것인데, 그 이전과 이후에 기초 제품을 겹겹이 바르면 금세 화장이 무너질 수도 있다.

파운데이션이나 비비, 씨씨, 파우더와의 궁합도 매우 중요하다. 촉촉하고 미끌미끌한 프라이머를 바른 후 매트한 파운데이션을 바르면 화장이 견디지 못하고 밀릴 수 있다. 매트한 프라이머에 매트한 파운데이션, 촉촉한 메이크업 베이스에 촉촉한 씨씨처럼 둘의 질감을 비슷하게 맞추는 게 좋다. 유분 베이스 제품에 수분 베이스인 씨씨를 바른다고 해보자. 상이 맞지 않아 쉽게 밀린다(기름 위에 물을 발랐다고 생각해보라). 일일이 따질 수는 없지만 특별히 수분 베이스라고 강조하는 메이크업 베이스와 프라이머를 샀다면 파운데이션도 수분 베이스 제품을 찾아 쓰는 게 좋다.

모공 커버 제품
Pore care

Best Choice 슈에무라 포어레이저

무기 차단 성분을 위주로 한 SPF 35, PA+++의 우수한 자외선 차단제이면서 미세한 탈크 가루가 작고 넓은 범위의 모공을 잘 가려준다. 오일 프리 무스 타입으로 뽀얗고 보송보송하게 마무리되며 지속적으로 피지를 흡수하는 효과가 있다.

어퓨 매직 모공 커버 스틱

스틱 타입으로 나올 정도로 단단한 실리콘을 사용해 깊고 울퉁불퉁한 모공을 커버한다. 바를 땐 끈끈하지만 바른 후엔 보송보송하다. 몇 번 슥슥 그은 후 두드려서 모공 안을 메우는 과정이 필요하다. 색은 투명하고 향이 강한 편.

더페이스샵 페이스잇 모공 밤 모이스처

모공 밤이면서 유분이 들어 있어 바를 때 부드럽고 매끈하다. 건성 피부이면서 피부 결이 거칠거나 모공의 흔적이 있는 경우에 적합하다. 분홍색이 돌아 화사한 피부색으로 어느 정도 보정도 해준다.

베네피트 포어페셔널

반투명한 살색이고 로션처럼 부드럽게 발려 작은 모공, 잔주름도 감쪽같이 커버해준다. 이 제품 하나만 발라도 맨 얼굴처럼 보이며, 그 위에 파운데이션이나 파우더를 발라도 된다. 보송보송한 타입이라 지성 피부에 적합하며 화장 위에 덧바를 수 있다.

BRTC 포어매직 프라이머

단단한 실리콘 성분을 써 셔벗같이 사각거리는 질감. 전체적으로 모공이 큰 경우나 코에 큰 모공이 있는 경우 적합하다. 피지 흡수 효과와 가벼운 항염 효과가 있고 초록색을 띠어 붉어진 피부를 중화시킨다. 스패츌러가 없어 매번 면봉으로 떠서 쓰는 게 좋다.

톤 보정 제품

Tone

토니모리 페이스믹스 메이크업 베이스

로션처럼 가볍고 수분감 있는 실리콘 베이스로 SPF 20, PA++의 기본적인 자외선 차단 기능이 있는 자외선 차단 기능성 제품이다. 수분이 날아간 후에는 매트하게 화장의 지속력을 높인다. 붉은 피부엔 그린, 누런 피부엔 라벤더를 선택하면 된다.

조르지오아르마니 플루이드 쉬어

총 7가지 색상으로 다양하며 펄의 색상도 다 달라서 원하는 피부 톤을 만들 수 있는 제품. 미세한 펄이 들어 있어 티존과 광대뼈에 바르면 가벼운 하이라이터도 되고, 얼굴 전체에 바르면 글로 메이크업을 할 수 있다. 촉감이 매우 매끄럽고 촉촉한 편.

Best Choice 코겐도 메이크업 베이스

모공과 잔주름을 커버하는 프라이머 제형이면서 뽀샤시한 피부로 보정해주는 색 효과도 강하다. 끈적이지 않을 정도로 촉촉해서 파운데이션이 잘 받는 상태로 만들어 준다. 무기 차단 성분 위주의 SPF 16, PA++의 자외선 차단 효과가 있으며 합성 색소와 향료, 미네랄 오일을 사용하지 않아 순하다. 초록, 노랑, 펄 화이트, 분홍색 등 4가지가 있다.

메이크업포에버 하이 데피니션 프라이머

총 6가지 파스텔 색상의 실리콘 베이스 프라이머로 피부 톤 보정에 가장 충실하다. 수분감 있게 발리며 마무리는 보송보송하다. 특히 흔치 않은 블루가 있어 희고 창백한 피부로 표현할 수 있다.

촉촉 보습 제품
Moisture

Best Choice 바비브라운 프로텍티브 페이스 베이스

SPF 50, PA+++의 강력한 자외선 차단제이면서 식물성 유분도 많이 든 크림이며 프라이머 기능도 있어서 메이크업 단계를 줄일 수 있다. 바른 즉시 '물광 효과'가 있고 촉촉함이 가장 강력해서 건성 피부에 맞으므로 여드름 피부는 주의. 흰색이지만 바른 후엔 투명하다. 에센셜 오일의 향이 있다.

하나모리 브릴란트 프라이머

진줏빛 핑크색으로 보일 듯 말 듯 미세한 펄이 들어 있어 얼굴 전체에 바르면 오로라 같은 은은한 광채를 내며 지속적으로 촉촉한 '물광 효과'를 준다. 단, 위에 매트한 파운데이션을 바르면 밀릴 수 있다. SPF 27, PA++의 자외선 차단 효과가 있고 합성 색소를 쓰지 않았다.

로라메르시에 파운데이션 프라이머 오리지날

프라이머계의 스테디셀러. 수분 로션을 바른 것처럼 촉촉하고 매끈한 상태로 만들어준다. 투명한 로션 제형이라 피부 톤 보정 효과가 없고 큰 모공은 가리지 못하지만 결 보정 효과는 탁월하다. 지성 피부에도 쓸 수 있는 성분이고 보습제 대신 많은 양을 발라도 밀리지 않는다.

이네이처 스키니스트 모이스처 프라이머 베이스

진줏빛 펄이 들어 있고 글리세린, 부틸렌글라이콜 등 수성 보습 성분이 많이 들어 있어 촉촉하고 빛나는 피부처럼 보이게 한다. 미세한 잔주름까지 커버할 수 있지만 모공은 커버하지 못하므로 건조하고 칙칙해 보이는 피부에 적합하다. 주름 개선과 미백의 이중 기능성 제품으로 에센스 기능도 한다.

It Cosmetic

제2의 피부, 파운데이션

▶   어린 시절, 옆집에 유명 여배
우가 살았다. 멀리서 보고도 그 아줌마(?)가 배우인 걸 알 수 있었는데 눈에 띄게 희
고 티 없는 피부 때문에 정말 아름다웠다. 마치 가면을 쓴 것처럼, 이 세상 사람이
아닌 것 같은 완벽한 도자기 인형의 피부. 주위 아주머니들 사이에는 '그 여배우의
민낯을 누가 봤는데 피부가 초록색이라더라.' 하는 괴소문까지 돌았다. 물론 과장이
었겠지만 당시의 화장품 품질을 고려했을 때 진짜 만성적인 피부 트러블에 시달렸
을 수도 있었을 것이다.

옛날에는 화장을 했다 하면 참 두껍게 했다. 아니, 두껍게밖에 되지 않았
다. 국어사전에 파운데이션을 검색하면 '화장품의 하나. 가루분을 기름에 섞어 액체

또는 고체 형태로 만든 것.'이라고 나오는데 진짜 그렇게 만들었다. 주로 미네랄 오일에 색소를 섞은 것이라 유분이 너무 많았고 자연스럽지도 않았으며 여드름 피부엔 최악이었다.

하지만 이제 파운데이션은 발전에 발전을 거듭해 얇게 발리면서 자기 피부처럼 자연스럽고 물광, 윤광, 촉광, 결광 등 온갖 피부 표현도 다 가능해졌다. 게다가 성분이 스킨 케어 제품보다 순해서 트러블 염려가 매우 적은 제품이 대부분을 이루고 있다. 그럼에도 불구하고 사람들은 여전히 완벽하게 제2의 피부를 만들어줄 '꿈의 파운데이션'을 찾고 있다.

파운데이션의 종류

파운데이션은 안료를 무언가에 띄운 상태의 제품이다. 원래 미네랄 오일이었지만 물, 알코올, 실리콘 등 베이스가 다양해졌다. 그중 가장 중요한, 대부분의 파운데이션에 다 쓰이는 것이 실리콘 오일이다. 보습제, 자외선 차단제, 프라이머에 들어간 성분이 또다시 등장하는 것이다. 디메치콘, 페닐트리메치콘 등의 가볍고 보송보송한 느낌, 모공과 잔주름을 커버해주는 기능, 모공을 막지 않아 여드름을 유발하지 않는 성질은 요즘 소비자들이 가장 필요로 하는 것이라 99%의 파운데이션에 실리콘 오일이 들어간다고 보면 된다.

얼마나 무겁고 가벼운 실리콘 종류를 쓰느냐에 따라 SK-Ⅱ 셀루미네이션 파운데이션처럼 단단한 케이크 타입도 되고, 아르마니 마에스트로 파운데이션처럼 거의 물 같은 타입도 될 수 있다. 여기에 유분이 얼마나 들어가느냐에 따라 건성 피부용과 지성 피부용으로 나눠지는데 알고 보면 촉촉한 파운데이션에도 유분이 그리 많이 들어가진 않으므로 지성 피부도 크게 걱정할 필요가 없다.

미국에서 광풍이 불었던 '미네랄 메이크업'은 안료를 많이 포함한 가루만으로 된 것이다. 막을 만들지 않으니까 그만큼 지성 피부엔 부담이 적지만 피부결을 거의 커버하지 못한다는 단점이 있다. 또 물, 알코올만으로 베이스를 삼은 워터 베이스 파운데이션도 간혹 보이는데 역시 지성 피부용이다. 실리콘을 안 쓰는 유기농 화장품 브랜드는 유분과 수성 보습 성분을 베이스로 하는데 결 커버력, 지속력은 실리콘을 많이 쓴 제품에 비해 떨어진다.

톤과 밝기 고르기

미니 TIP

대표적인 쿨 톤 파운데이션

- 에스티로더 쿨 본, 쿨 바닐라, 쿨 크림
- 캐트리스 얼티메이트 모이서 프레쉬 메이크업 010
- 겔랑 란제리 드뽀 02
- 나스 몽블랑
- 맥 스튜디오 스컬프트 파운데이션 NW20
- 디올 스킨 누드 012, 022
- 코겐도 아쿠아 파운데이션 PK-0, PK-1, RMK 201, 202, 203
- 조르지오아르마니 디자이너 쉐이핑 파운데이션 4호

앞에서 피부 톤에 대해 한참 얘기했지만 그것을 제일 먼저 적용해야 할 게 바로 베이스 메이크업이다. 보통 "난 21호 피부야.", "난 23호."와 같이 국내 파운데이션 호수로 밝기를 얘기하는데 그것만으론 정확도가 한참 떨어진다. 모든 브랜드의 밝기가 호수에 따라 통일되어 있는 것도 아닐뿐더러 웜 톤, 쿨 톤이 아예 다르다.

먼저 자기 톤을 찾고 그 다음 밝기를 정하자. 웜 톤 피부는 보통 연노랑, 주황, 황토색을 띠며 쿨 톤 피부는 분홍색, 회색, 녹색 계열이 돈다. 굳이 웜 톤, 쿨 톤을 따지지 않더라도 자기 피부가 어떤 색을 띠는지 앞에서 말한 색상 중에서 생각을 해보면 좋다. 톤을 찾은 다음엔 그 안에서 밝기를 정해야 된다. 우리나라는 흰 피부를 선호하는 경향이 있어 실제 피부보다 밝게 화장하는 사람이 많은데 목의 밝기에 맞추고(밝게 화장을 하던 사람이라면 원래 쓰는 파운데이션보다 두 단계는 어두울 것이다) 색조 화장을 자기 피부 톤에 어울리는 것으로 하면 오히려 피부가 밝고 깨끗해

❶ 메이크업포에버
❷ 샹테카이
❸ 크리오란
❹ 나스
❺ 바비브라운
❻ 에스티로더
❼ 조르지오아르마니
❽ 캐트리스
❾ 코겐도

보인다.

얼굴은 자외선 차단제를 꼼꼼히 바르는 등 정성을 기울여 하얀데, 목은 상대적으로 신경을 안 써 가무잡잡한 사람이 많다. 파운데이션을 얼굴 밝기에 맞추더라도 코, 미간 등은 얼굴 가운데 위주로 바르고 턱 선부터는 목과 맞추면 얼굴도 작고 입체적으로 보인다.

이렇게 자기 톤과 밝기에 맞는 파운데이션을 찾으려면 색 가짓수가 많아야 한다. 웜 톤, 쿨 톤 별로 밝은 색, 중간 색, 어두운 색이 하나씩만 있어도 벌써 여섯 가지다. 다시 말해 색상이 두세 개 밖에 없는 브랜드에선 자기 피부에 딱 맞는 파운데이션을 찾을 확률이 매우 낮다는 얘기다. 국내 브랜드는 거의 다 웜 톤이며 일부 브랜드에 쿨 톤이 있지만 그것도 많이 쿨 톤은 아니다. 오히려 회색빛 돈다는 비비 크림에 쿨 톤이 많다. 쿨 톤인 사람은 외국 브랜드 중에서도 쿨 톤이 많이 나오거나 색이 매우 다양한 브랜드를 알아두는 게 좋다. 그렇지 않으면 일 년 내내 황달 걸린 사람마냥, 화장만 하면 어색하고 피곤해 보일 것이다.

피부 타입에 딱 맞는 질감과 커버력 고르기

질감을 논하려면 역시 실리콘을 빼고 말할 수 없다. 어떤 실리콘을 얼마나 넣느냐에 따라 매끈한 정도가 달라진다. 보송보송하게 마무리되는 파운데이션은 그런 질감을 지닌 실리콘 오일이 유독 많이 들어가며 동시에 모공도 커버되기 때문에 지성 피부에 잘 맞는다. '물광' 메이크업용 촉촉한 파운데이션에는 식물성 오일과 보습 성분이 많이 들어가 건성 피부에 더 잘 맞는다. 지성 피부도 종일 화장을 고칠 필요가 없을 만큼 유독 지속력이 좋은 파운데이션은 신중하게 선택해야 한다. 성분 자체가 독하거나 모공을 막는 성분은 아니지만 성질이 단단한 실리콘과 피막형성제가 뿜어져 나오는 피지를 막는 형국이라, 일부 지성 피부는 좁쌀 여드름이 생길 수 있다. 바르고 있는 시간이 길지 않도록 하고 세안을 철저히 해줘 다시 뿜어져 나올 시간을 줘야 한다.

커버력은 파운데이션의 질감이 아니라 색소의 농도에 달렸다. 베이스와 보습 성분을 많이 넣을수록 색소는 상대적으로 적어지기 때문에 커버력이 떨어진다. 덧바를수록 커버력이 높아지는 제품은 유분이 적고 휘발하는 실리콘(사이클로펜타실록산)이 많이 들어 있어 색소가 쌓이기 때문이다. 이런 파운데이션은 당장은 매끈하고 촉촉해도 금세 실리콘이 날아가 건조하고 거칠게 느껴질 수 있기 때문에 파운데이션은 바르고 한나절 돌아다닌 뒤 구입하는 것이 좋다.

미니 TIP

파운데이션 색이 안 맞을 경우

코겐도 아쿠아 파운데이션 WT-00, 아멜리 크림 파운데이션 13호 등을 섞어 밝게 바꿀 수 있다. 또, 프라이머 중 주황, 노랑을 섞으면 웜 톤으로 보라, 하늘색을 섞으면 쿨 톤으로 보정된다.

촉촉한 파운데이션

Moist

Best Choice 바비브라운 루미너스
모이스처라이징 트리트먼트 파운데이션

일명 '물광 파데'. 휘발하지 않는 유분이 화장을 한 후에도 오래 남아 있어 시간이 지나도 건조해지지 않는다. 유분이 부족한 건성 피부에 적합하며 다른 피부 타입이 쓰면 시간이 지날수록 '물광 효과'가 생긴다. 색상은 모두 웜 톤이라 노르스름한 피부가 가장 정확한 색을 찾을 수 있다. SPF 15, PA+, 커버력◆◆

에스티로더 퓨처리스트
모이스처 인퓨스드 플루이드 메이크업

로션처럼 가볍게 발리며 적당량의 보습 성분이 들어 있어 땅기지도, 번들거리지도 않고 편안하다. 커버력은 덧바를수록 강해진다. 시간이 지나도 자연스럽게 자기 피부처럼 유지된다. 색상이 쿨 톤, 웜 톤 반씩 있어 쿨 톤인 사람도 맞는 색을 찾기 쉽다.

SPF 15, PA++, 커버력◆◆

조르지오아르마니 디자이너 셰이핑
크림 파운데이션

실리콘 오일보다 보습 성분이 더 많이 들어 있어 실제로 로션이나 크림처럼 작용한다. 번들거림은 없으면서도 처음부터 편안하게 땅김 없이 지속된다. 현재 국내에서 판매하는 색상이 두 가지 밖에 없다는 게 흠. 4호는 핑크와 회색이 도는 밝은 쿨 톤이며 5호는 노란기가 도는 웜 톤이나 다른 브랜드 대비 노란기가 덜하다. SPF 20, 커버력◆◆

루나솔 스킨 모델링 워터크림 파운데이션

크림 타입으로 보습 성분이 많이 들어 있다. 바를 땐 촉촉하지만 마무리는 보송하며 땅기지는 않아 건성 피부라면 파우더 없이 사용해도 좋다. 커버력◆◆

부드러운 파운데이션

Smooth

해외 맥스팩터 래스팅 퍼포먼스 파운데이션

로션 타입으로 뭉치지 않고 가볍게 발리며 번들거리는 부위엔 유분이 많이 드러나지 않고 건조한 부위는 편안한 정도로 유지된다. 파운데이션을 처음 만든 브랜드답게 다른 파운데이션 종류도 매우 다양하다. 색상은 다섯 가지인데 쿨 톤이 주를 이룬다. 커버력◆◆

Best Choice 샹테카이 퓨처 스킨

물 베이스이고 보습 성분이 많아 촉촉한 크림 질감이 나는데 사실상 유분이 거의 없다. 인기 색상인 포슬린은 아주 연노랑으로 흰 웜 톤 피부에 적합하다. 쿨 톤으로 확연한 핑크 베이스 색상은 없고 붉은 기가 도는 자연스러운 중간색들이 있다. 피부 결이 좋아 보인다. SPF 10, 커버력◆◆

SKII 쉬폰 크림 파운데이션

단단한 실리콘 베이스라 덧바를수록 커버력이 높아진다. 입자가 매우 고와 모공 커버도 잘 된다. 케이크 타입 중에서는 촉촉한 편이지만 지성 피부가 써도 되며 쿨 톤 색상도 있다. 커버력◆◆◆

캐트리스 얼티미트 모이스처 프레쉬 스킨 메이크업

물 베이스에 유분도 소량 들어 있어 젤처럼 가볍고 부드럽게 발리며, 입자가 전혀 느껴지지 않아 맨살을 톤 보정만 한 것처럼 마무리된다. 덧바르기 쉬운 질감으로 쉽게 커버력을 높일 수 있다. 가장 밝은 010은 중간 밝기 쿨 톤. 대체로 붉은 기가 돌며 우리나라 사람이 원하는 만큼 밝은 색은 없다. 커버력◆◆

보송보송한 파운데이션

Matte

나스 쉬어매트 파운데이션

유분이 없고, 수성 보습 성분만 들었다. 입자가 매우 곱고 매끄러우며 지성 피부가 여름에 쓸 만큼 보송하다. 쉬어 글로우도 촉촉하지 않고 매트한 편이다. 나스 파운데이션은 색상명이 그 지역 주민의 피부색을 의미한다. 11가지 색 중 쿨 톤인 것은 핑크 베이스인 몽블랑, 어둡고 녹색 도는 갈색인 스트롬볼리인데 육안으로 확연히 쿨 톤으로 보일 정도는 아니다. 커버력◆◆

Best Choice RMK 젤 에멀전 컴팩트

단단한 실리콘 베이스의 고형 파운데이션으로 바르는 순간부터 매트해 처음엔 각질이 부각되지만 곧 피지가 나오면서 촉촉하게 마무리된다. 총 5가지 색상 중 201호만 핑크 베이스가 완연한 밝은 쿨 톤. 덧바르는 만큼 커버력이 높아진다. 커버력◆◆◆

메이크업포에버 HD 파운데이션

휘발되는 실리콘 성분이 가장 많아 바른 후 바로 밀착되며 보송보송하게 색소만 남아 고정되고 나면 마치 파우더를 바른 것 같은 질감이 된다. 큰 모공까지는 커버되지 않기 때문에 전체적으로 지성이면서 매끈한 피부에 맞다. 장점은 가볍고 자연스럽게 표현된다는 것. 밝고 핑크 톤이 강한 110번이 있으며 색상 범위가 가장 넓다. 커버력◆

슈에무라 페이스 아키텍트 스무스 핏 플루이드 파운데이션

이른바 '모공 파운데이션'이라고 불린다. 액체 타입이지만 실리콘 베이스가 덧바를수록 단단하게 발리며 모공 커버 효과가 있다. 총 8가지 색상이지만 가장 핑크 베이스인 색도 웜 톤에 속한다. 전체적으로 노랑–주황색 톤을 띠고 있다. 자외선 차단력이 좋아서 두껍게 바르면 자외선 차단제 역할도 한다. SPF 18, PA++, 커버력◆◆

순한 파운데이션

Mild

라로슈포제 똘러리앙 플루이드 파운데이션

무향, 무합성방부제, 무합성색소, 물리적 자외선 차단 성분으로 순하게 화장할 수 있다. 전체적으로 베이지–주황색이 도는 톤. 매트해서 여드름 피부도 쓸 수 있다. 커버력◆◆◆

스킨푸드 당근 파운데이션

파라벤, 인공 향료, 화학적 자외선 차단제 등 여러 가지 자극 요인을 배제했다. 식물 추출물이 많이 들어 있긴 하지만 아무래도 다른 제품보단 자극이 적다. 유분 없는 가벼운 타입. 커버력◆◆

Q&A

파운데이션
Foundation

피부가 안 좋아 커버력, 지속력 좋은 것만 찾는데 나쁠까요?

커버력이 있는 건 크게 상관없지만 지속력이 강력한 파운데이션은 여드름 피부에 장기적으로 좋지 않다. 배출되어야 할 피지가 모공 안에 갇혀 있는 시간이 길어진단 뜻이기 때문에 여드름이 낫지 않거나 악화될 수 있다. 이런 파운데이션은 성분을 보면 강력하게 막을 형성하는 성분이 여러 가지 들어 있다. 일반 피부도 세안을 깨끗이 해야 한다.

비비 크림은 순하지만 파운데이션은 독하다는데 맞나요?

그렇지 않다. 비비 크림은 파운데이션보다 보습 성분이 더 들어갔을 뿐 기본적으로 같은 종류다. 파운데이션의 색소(안료)는 가루라서 피부에 흡수되지도 않는다.

피부가 어두워서 화사하게 화장하는 걸 좋아하는데 어떨까요?

목과 차이 나는 색을 바르면 혼자 거울 볼 땐 기분이 좋지만 남들이 보기엔 부자연스럽다. 화사하다는 느낌은 꼭 밝고 붉은 기 도는 파운데이션을 써서가 아니라, 자기 피부 톤에 맞는 베이스 메이크업과 색조 메이크업을 했을 때 우러난다. 블러셔, 립스틱 색을 잘 선택해 피부가 환하고 밝아 보이는 효과를 볼 수도 있다. 김희선도 가무잡잡한 피부.

파운데이션을 바를 때 스펀지, 손, 브러시 뭐가 좋을까요?

스펀지가 여러 가지 테크닉을 구사할 수 있어 무난하다. 묽은 타입이나 녹는 케이크 타입은 브러시가 섬세하게 표현하기 좋다. 손가락은 다 바른 후 부분적으로 뭉친 곳을 펴거나 밀착시키는 데 사용하는 게 좋다.

오일, 세럼을 파운데이션에 섞어 바르면 어떻게 되나요?

피부에 나쁠 건 없다. 하지만 유중수, 실리콘 중수 등 기껏 만들어놓은 파운데이션의 상과 맞지 않을 수 있다. 보송보송하라고 만든 파운데이션인데 오일을 섞으면 다크닝이 생길 수 있는 것.

It Cosmetic

비비와 씨씨 크림, 무엇이 다를까?

요즘 세상 모든 브랜드에서 비비와 씨씨 크림이 나오는 것을 보면 '나비 효과'라는 말이 떠오른다. 나비의 날갯짓처럼 작은 변화가 폭풍우 같은 큰 현상을 불러일으킨다는 뜻인데 비비, 씨씨 크림 열풍이 딱 그렇다. 비비 크림이 탄생하기 전에도 틴티드 모이스처라이저(Tinted Moisturizer)처럼 같은 역할을 하는 제품들이 서양 화장품 브랜드에 있었다. 말 그대로 색이 있는 보습제인데, 독일의 에스테틱 살롱 브랜드 같은 곳에서 필링을 한 후 붉고 건조해진 얼굴에 바르는 어둡고 진정 성분이 약간 든 크림이다. 그런데 '피부의 재생을 돕는다.'는 콘셉트의 그 제품이 우리나라에 수입되면서 피부를 재생시키는 기능이 있는 것처럼 오도되다가 '비비 크림'이란 이름으로 더욱 널리 불리게 됐다.

비비 크림은 부르기 쉽고 새로운 시장을 형성하기에도 적합해 먼저 국산 제품이 널리 퍼져나갔고, 차츰 외국 브랜드도 합세해 세계 유명 브랜드들에도 비비 크림이 넘쳐나게 됐다. 영어권에서는 '블레미시 밤 크림(Blemish Balm Cream)'이 문법상 맞지 않고 '블레미시'가 염증을 뜻해서 '뷰티 밤(Beauty Balm)'과 같이 BB란 약자에 맞춘 신조어까지 생겨났다.

씨씨 크림은 비비 크림의 시장 한계를 극복하고자 생겨난 것이다. 컬러 코렉팅(Color Correcting) 혹은 컬러 콘트롤(Color Control)의 약자로 색소 입자가 터져 색이 변하는 종류도 있지만 용도가 비비와 다르지 않고 크게 보면 이 모든 것이 틴티드 모이스처라이저에 속한다.

비비, 씨씨 크림의 장점과 단점

비비와 씨씨 크림이 파운데이션과 다른 점은 애초에 보습제가 바탕이 되기 때문에 손으로 펴 바를 수 있고 촉촉하다는 것이다. 색소 농도는 낮더라도 다량의 보습제를 바른 것이라 피부가 바로 촉촉해 보이고, 화장을 안 한 듯 자연스러우면서 자외선 차단 기능이 포함된 것은 자외선 차단제와 로션, 크림 등 보습제 역할과 피부 화장을 한 번에 해결할 수 있다.

처음엔 독일 블레미시 밤의 전통을 이어가려는 생각에 색상이 칙칙하게 나왔지만 지금은 독립된 베이스 메이크업 제품으로서 색상도 화사하고 다양하다. 또 우리나라 특유의 기능성 화장품 인증 제도까지 영향을 미쳐 주름 개선, 자외선 차단, 미백, 삼중 기능성 제품도 많아졌다. 제형 역시 튜브에 든 크림 타입에서 벗어나 콤팩트에 든 밤 타입, 쿠션에 묻힌 액상 등 거의 모든 형태가 등장했다. 그래서

VICHY
AÉRA
MINÉRAL BB
shu uemura
stage per-former
BB perfector
skin smoothing
beauty
cream
crème
bb beauté
SPF 30 PA
LANEIGE
CC
Water Base CC Cream
SPF 26 PA
Pure Beige
Dr.Jart+
BB
BOBBI BROWN

간편하게 제품 하나로 화장을 하려는 학생, 주부, '귀차니스트'들에게 큰 인기를 끌고 있는 것이다.

비비, 씨씨 크림의 가장 큰 단점으론 '다크닝(Darkening)'이 꼽힌다. 시간이 지남에 따라 색소 파우더가 피지에 젖어 어두워 보이는 현상인데 모래가 물에 젖으면 진해지는 것과 같은 이치다. 이것을 방지하기 위해 여러 가지 분산, 코팅 기술이 동원되고 있지만 애초에 파운데이션보다 보습제가 많아 특히 지성 피부가 다크닝이 빨리 생기는 건 당연한 일이다. 오래가고 색상 표현이 선명한 파운데이션이 괜히 생겨난 게 아니란 얘기다. 비비, 씨씨 크림과 파운데이션의 경계도 점점 모호해지고 있지만 소량으로도 완벽하고 오래가는 피부 표현을 하려면 파운데이션을 써야 한다. 또한 파운데이션의 휘발성 베이스가 날아간 후 파우더를 덧발라 고정을 시키는 게 중요하다.

또 다른 단점은 색상이 다양하지 않다는 것이다. 반투명하단 이유로 두세 가지 색상 밖에 없는 브랜드가 많은데 화장품 회사에서는 이보다 좋을 수가 없겠지만, 소비자 입장에선 어색한 색을 바르게 되는 것이다. 실제로 비비, 씨씨 크림이 유행한 다음부터 전혀 맞지 않는 가면 같은 화장을 하고 다니는 사람들이 많아졌다.

비비, 씨씨 크림 고를 때 주의할 점 ◢

요즘 비비, 씨씨 크림의 절대다수는 실리콘 오일 베이스다. 앞에서도 여러 번 말했지만 실리콘 오일은 이름이 오일이면서 일반적인 기름과는 성질이 다르다. 매트하고, 어떤 것은 휘발되고, 피부에

바를 때 주의할 점

비비, 씨씨 크림이 가볍다고 얼굴 전체에 바르진 말아야 한다. 색상이 피부와 딱 맞지 않기 때문에 경계선이 생겨 '얼큰이'처럼 보이고 촌스럽다. 얼굴 윤곽선보다 약간 안쪽까지 발라야 하며 오일을 섞어 바르면 다크닝이 더 빨리 올 수 있다.

남는 것은 피지를 통과시키며, 피부가 매끈해 보이게 한다. 하지만 보습력이 기름이나 다른 보습제보다 약하고 실리콘 오일 중에서 정말 쫀쫀하게 막을 형성하는 것은 여드름을 악화시키는 경향이 있다. 실리콘 베이스인 것은 괜찮으나 발랐을 때 매트하고 오래 지속되는 것이 오히려 여드름 피부엔 안 좋을 수도 있다.

요즘은 아예 젤처럼 워터 베이스인 것도 나온다. 실리콘 베이스 제품에도 물이 들어가지만 물만으론 지워지지 않는데 비해, 진짜 워터 베이스인 제품은 물 세안으로 줄줄 흘러내린다. 그만큼 지속력은 떨어지지만 피부에 부담은 덜하다. 오일 베이스인 제품 중 실리콘이 안 든 것은 거의 찾아보기 어려운데, 어쨌든 세틸에칠헥사노에이트, 코코넛 오일 같은 유분이 전성분표의 앞에 자리하면 오래 촉촉한 건성 피부용 제품이다.

자외선 차단 기능은 많이 발랐을 때 제 효과를 보는 것이다. 그래서 커버력이 높거나 뻑뻑한 제품은 자외선 차단제를 따로 발라야 한다. 거의 로션 같이 묽고 커버력이 낮아서 많이 바를 수 있는 제품은 색 있는 자외선 차단제라고 생각해도 좋다. 비비, 씨씨 크림도 자외선 차단제처럼 티타늄 징크옥사이드 같은 물리적 차단성분만 들어간 것이 있고(이 경우 순하다고 '미네랄' 등의 용어를 넣어 광고한다) 에칠헥실메톡시신나메이트, 부틸메톡시디벤조일메탄 같은 화학적 차단 성분을 쓴 게 있으니 자기 피부 타입에 맞게 골라야 한다.

비비, 씨씨 크림

BB, CC cream

일본 가네보 후렛셀 비비 모이스트

우리나라의 비비 크림 열풍으로 일본에서 출시된 제품이다. 대용량으로 크림에 가까운 제형이며 촉촉하면서 피부 결 커버 효과가 좋다. 특히 건성 피부인 사람에게 잘 맞는다. 2가지 색상이며 둘 다 웜 톤이고 커버력은 중간. 자외선 차단 성분은 물리적 차단 성분과 화학적 차단 성분인 에칠헥실메톡시신나메이트 혼합이다.

이니스프리 비자 안티 트러블 BB (SPF 35, PA++)

여드름 피부용으로 다양한 항염, 진정 성분이 들어 있어 독일의 원래 비비 스타일을 충실히 재현했다. BHA 유사 성분을 함유한 화이트윌로우껍질 추출물, 마데카소사이드, 비자 오일이 약한 각질 제거 효과와 항염 효과, 진정 효과를 준다. 전형적인 실리콘 베이스라 보송보송하고 색이 노란 편이며 자외선 차단 성분은 물리적 차단 성분과 화학적 차단 성분인 에칠헥실메톡시신나메이트 혼합이다.

Best Choice 라로슈포제 유비데아 BB (SPF 50+, PA+++)

로션처럼 매끄럽게 발리고 녹아드는 것처럼 밀착되지만 유분이 거의 없고 수분 위주의 조성. 자외선 차단지수 A, B 모두 훌륭해서 충분한 양만 바른다면 자외선 차단이 된다. 에칠헥실메톡시신나메이트 위주인 화학적 차단제에 가깝다. 1호는 붉고 회색빛 도는 쿨 톤, 2호는 아주 노란 웜 톤이다.

랑콤 레네르지 CC 멀티 리프트(SPF 30)

실리콘 오일보다 글리세린, 부틸렌글라이콜 등 수성 보습 성분이 많이 들어 있어 수분 크림에 가까운 베이스이며 아데노신 등 주름 개선 기능성 성분이 들어 있어 자외선 차단, 주름 개선을 하는 이중 기능성 제품이다. 또 BHA 유사성분이 들어 있어 지속적으로 사용하면 각질이 관리된다. 1호는 노란 기와 분홍 기가 적절히 조화된 색, 2호는 그보다 어둡다.

Best Choice 닥터자르트 닥터스 세븐 프리 뷰티밤(SPF 20, PA++)

매트하고 커버력이 좋은 실리콘 베이스로 무향료이며 피부에 자극이 될만한 성분이 없다. 물리적 자외선 차단 성분만 썼다. 유분도 들어 있어 질감은 매트해도 여드름 피부는 피하는 게 좋다. 색상은 노란 기 도는 중간색.

슈에무라 워터 글로우 비비 (SPF 30, PA++)

'청담동 비비'라는 별명이 붙어 있을 만큼 보습제인 글리세린과 유분이 상당량 들어 있어 로션 같은 질감이며 바르자마자 은은한 광채가 난다. 입자가 느껴지지 않아 덧발라도 부담이 없고 소량 바르면 맨 얼굴 같다. 노란 기와 분홍 기가 적당히 섞인 색상. 물리적 차단 성분과 화학적 차단 성분인 에칠헥실메톡시신나메이트 혼합이나 화학적 차단 성분이 주로 기능을 한다. 주름 개선 기능성 제품.

비쉬 애라 미네랄 비비(SPF 20)

휘발하는 사이클로펜타실록산 베이스라 크림처럼 발린 후 곧 밀착되며 매우 가볍고 매끈하게 발린다. 덧바를 수 있어 커버력을 조절할 수 있다. 무향료에 유분이 거의 함유되지 않아 민감한 지성 피부에도 적합하다. 둘 다 회색빛 도는 쿨 톤이며 자외선 차단성분은 물리

적 차단 성분과 화학적 차단 성분인 에칠헥실메톡시신나메이트 혼합이다.

라네즈 워터 베이스 CC(SPF 36, PA++)

색상이 피치 핑크와 퓨어 베이지로 커버력은 약하며 피부 톤을 환하게 바꿔주고 촉촉해 보이게 하는 프라이머 혹은 수분 크림에 가깝다. 수분 베이스로 지성 피부의 모공을 막지 않고 물로 지워진다. 젤 타입 기초를 쓰는 지성 피부, 복합성 피부에 특히 적합하다. 화학적 차단 성분을 다양하게 사용했다. 미백, 자외선 차단 이중 기능성 제품.

디올 스킨 누드 비비 크림(SPF 25, PA++)

'베이비 밤'의 약자라고 하며 아기 피부처럼 보송보송하면서 결점이 없어 보이는 맨얼굴처럼 만들어준다. 잡티 커버 효과는 크지 않다. 001은 핑크빛 쿨 톤, 002는 노란 베이지, 012는 펄 베이스다.

It Cosmetic

3D 메이크업 테크닉,
컨실러 & 하이라이터 & 셰이딩 파우더

▶   할리우드 스타들이 집 근처를
돌아다닐 때 민낯만 찍어 공개하는 잡지가 있다. 스타들의 입장에선 참 고약한 일인
데 독자들은 자기들과 다를 바 없는 스타들의 민낯에 경악을 하면서도 쾌감을 느끼
기도 한다. '정말 이게 과연 같은 사람이 맞나?' 한참을 들여다봐야 겨우 알 수 있을
정도로 최고의 섹시 스타가 막 일어난 이웃집 아주머니와 비슷해 보인다.

         그들에게 있어 '신의 손'은 비행기로 모시러 갈 정도로 실력을 인정하는
메이크업 아티스트들이다. 메이크업 아티스트들은 결점은 가리고, 나와야 할 곳은
밝게, 줄어들어야 할 곳은 어둡게 처리해서 완전히 다른 사람을 만들어 놓는다. 살
아있는 사람을 새로 조각하는 셈이다.

우리나라에선 음영 화장이 주로 눈두덩에 국한되고 있지만, 서양에선 컨투어링 메이크업(Conturing Makeup)이라고 해서 화장의 가장 중요한 테크닉으로 여긴다. 피부 결점은 동양인보다 많으니까 가리고, 원래의 입체적인 윤곽을 더욱 또렷하게 만드는 것이다.

불운하게도 지병으로 사망했지만 케빈 어코인은 컨투어링에 있어 천재적인 메이크업 아티스트였다. 수많은 할리우드 스타들이 그의 손에 의해 조각같이 완벽한 모습으로 태어났다. 그런 그가 마지막까지 손에서 놓지 않은 것은 두꺼운 파운데이션이 아니라 컨실러, 하이라이터, 셰이딩 파우더였다고.

다양한 컨실러 고르기 ◢

컨실러에는 다양한 종류가 있다. 커버력이 강한 것과 약한 것, 펄이 있는 것과 없는 것, 촉촉한 것과 매트한 것. 색상 역시 다양한데 목적이 무엇인지를 분명히 하고 구입해야 한다. 대체로 딱딱할수록 커버력이 높다. 묽은 로션 타입은 베이스 성분이 많고 색소는 적어서 커버력이 높기 어렵기 때문에 결점이 심하지 않고 가벼운 하이라이트 효과만 줄 때 적합하다. 케이크 타입, 스틱 타입은 커버력이 매우 높은 대신 수분이 적어서 나중에 갈라지거나 바른 부위가 뻣뻣해 보일 수 있기 때문에 눈 밑 등 깊은 주름이 있는 곳에는 로션이나 크림 타입이 낫다.

펄이 있는 것은 하이라이트 효과를 주고 잡티에는 적합하지 않다. 펄이 없고 피부색과 비슷하거나 약간 어두운 것이 기미, 주근깨 등 잡티를 잘 가린다. 컨실러는 프라이머와 마찬가지로 반대색을 쓰면 결점을 효과적으로 가릴 수 있다. 보

❶ 벤나이
❷ 바비브라운
❸ 더마컬러
❹ 후렛셀
❺ 나스
❻ 맥스펙터
❼ 입생로랑
❽ 캔메이크

라색 다크서클엔 노란색, 홍조엔 초록색 하는 식인데, 그냥 피부색보다 약간 어두운 다크서클엔 색이 있는 것이나 너무 밝은 것보다 피부색과 비슷한 컨실러가 더 자연스럽다.

두드려 바를까? 펴 바를까?

파운데이션과 마찬가지로 컨실러도 두드려 바르면 두꺼워지기 때문에 커버력이 훨씬 좋아진다. 그만큼 표현도 거칠어지기 때문에 눈 밑처럼 매끈해 보여야 할 곳은 일단 점처럼 여러 군데 찍은 후 두드려 바르고 다시 손가락으로 살살 펴주는 것도 좋다. 넓은 부위를 커버할 땐 스펀지에 컨실러를 묻혀 연속적으로 두드리면서 바르는 게 효과적이다. 대신 그만큼 커버력이 있는 케이크 타입 컨실러가 필요하다.

잡티에는 대부분 컨실러 브러시로 바르지만 손가락을 사용해도 좋다. 잡티나 얼룩은 넓은 부위를 다 가려야 하지만 다크서클, 점은 가장 진한 부위만 확실히 커버하는 게 훨씬 자연스럽다. 예를 들어 다크서클이 눈 밑에 넓게 퍼져 있다면 그중에서 가장 진한 선만 집중적으로 커버한다. 한편 지성 피부 중 상당수가 여드름이 되기 일보 직전 혹은 이미 여드름이 된 상태라 붉은 기가 있다. 이런 붉은 기는 피부가 얇아 모세혈관이 비치는 홍조와는 다른 것이며 커버력이 강한 컨실러에 의해 더 악화될 수 있다. 컨실러를 발라서 여드름이 생기는 기미가 있으면 사용을 중단해야 한다.

잔주름 사이에 컨실러가 낀다면 먼저 크림 타입의 부드러운 프라이머(실리콘 오일 성분)를 발라준다. 표면이 매끈해진 후에 컨실러를 바르면 끼지 않는다.

하이라이팅과 셰이딩

하이라이팅과 셰이딩은 구역을 정확히 나눠야 한다. '일회용 성형'이라고도 할 수 있기 때문에 '나와야 되는데 들어간 곳'과 '들어가야 되는데 나온 곳'을 파악하고 전자엔 하이라이팅, 후자엔 셰이딩을 한다. 일반적으로는 이마와 콧날, 턱, 광대뼈 윗부분이 하이라이팅 존이라고 하지만 이런 부위가 유난히 돌출된 사람은 하이라이팅이 아니라 오히려 셰이딩을 해야 한다. 셰이딩 역시 다들 턱선을 어둡게 하지만, 얼굴 전체를 봤을 때 유독 턱이 작고 선이 가파르다면 오히려 밝은 색으로 하이라이팅 처리해야 균형이 맞는다.

하이라이터는 펄이 있는 것이 있고 없는 것이 있는데 있는 것은 자기 피부색과 비슷한 밝기를 발라도 돌출되어 보이지만, 없는 것은 확실히 밝은 색을 발라야 효과가 있다. 미세한 펄은 낮에 적합하고 큰 펄은 밤에 써도 괜찮다. 그렇다 해도 멀리서 봤을 때 돌출되어 보일 정도의 펄(시머, shimmer)이어야지, 너무 번쩍거리면(글리터, glitter) 색조 화장품이 되어버린다.

셰이딩 제품에는 펄이 없어야 한다. 같은 색 파우더라도 펄이 있는 것은 선탠 후 은은한 광택을 위해 쓸어주는 제품이지 셰이딩 파우더로 쓸 수 없다. 색상 역시 어두운 색이라고 해도 수없이 다양한 톤이 있기 때문에 자기 피부에 가장 가까운 것을 골라야 한다. 붉은 피부에 누런색을, 누런 피부에 회색을 바르면 셰이딩한 티가 확 나면서 더 어색하다. 최대한 자연스럽되 자기 피부와 비슷하거나 약간 어두운 색이면 꼭 셰이딩 제품으로 나오지 않은 것이라도(어두운 파운데이션 등) 쓸 수 있다.

미니 TIP

꼭 펄이 있는 제품으로만 하이라이팅을 할 수 있는 건 아니다. 밝고 커버력 있는 파운데이션으로 티 나지 않게 할 수 있으며, 가수나 배우들이 많이 쓰는 방법. 특히 스틱 파운데이션이 편리하다. 콧대와 이마, 턱, 눈 밑 등 밝아야 할 곳에 그어준 후 다른 부위와 경계가 섞이도록 가볍게 문지른다.

컨실러 & 하이라이터 & 셰이딩 파우더

3D Makeup

Best Choice 캔메이크 컬러 스틱

드럭스토어에서 쉽게 구할 수 있는 컨실러 중 가장 커버력이 좋고 매끈하게 발린다. 스틱 타입이지만 뻣뻣하게 마르지 않아 다크서클에도 쓸 수 있다. 총 6가지 색상이며 무난한 건 2번이지만 다크서클엔 노랑도 추천.

입생로랑 뚜쉬에끌라

로션처럼 가볍고 촉촉하면서 밝은 살색에 은은한 펄이 든 제품. 다크서클이나 잡티를 가리기엔 커버력이 부족한 대신 얼굴 이곳저곳 어두운 곳에 발라주면 자연스러운 하이라이팅 효과가 있다. 사용이 간편하고 티가 나지 않는다.

RMK 수퍼 베이직 리퀴드 컨실러

YSL 뚜쉬에끌라와 같은 형태이나 더 매트하며 커버력이 강해 지성 피부에 더 적합하고 화장 위에도 쓸 수 있다. 미세한 펄이 있어 하이라이팅 효과가 약간 있다. 4가지 색상이 있으며 문제별로 보색을 사용하면 된다. SPF 28, PA+++의 강력한 자외선 차단 효과.

바비브라운 크리미 컨실러 키트

찐득하고 커버력이 강한 크림 타입 컨실러와 파우더 세트로 노란 웜 톤 피부에게 잘 맞는다. 농도가 진하므로 한꺼번에 많은 양을 바르지 말고 얇게 덧바르면서 커버력을 조절해야 티 나거나 나중에 갈라지지 않는다. 총 7가지 색상.

일본 가네보 후렛셀 컨실러

프라이머, 하이라이터, 컨실러가 하나의 팔레트에 든 제품으로 먼저 프라이머를 바르고 컨실러를 하거나 코 옆, 눈 밑 등 들어간 부위에 하이라이터를 써서 돌출되게 하는 등 다양한 방법으로 쓸 수 있다. 프라이머와 컨실러를 섞어 바르면 잔주름도 커버되는 매끈한 컨실러가 된다.

더마컬러 캐모플래지 크림

넓은 부위의 잡티, 홍조, 흉터, 기미 등에 컨실러 혹은 파운데이션으로 쓸 수 있는 제품으로 소량으로 최대의 커버력을 낸다. 스펀지로 두드리듯 바른 후 파우더로 마무리한다. 총 4가지 색상으로 초록색인 D2는 붉은 기 전용.

벤나이 토탈 커버 올휠 by 메이크업 매직

멍, 반점, 붉은 기 등 진한 얼룩을 커버하는 전문가용 컨실러. 하나에 6가지 색상이 든 2가지 종류. 얼룩의 색상별로 보색을 쓰면 된다. 색소 농도가 높고 뻑뻑한 편이라 브러시에 소량을 묻혀 잘 두드리면서 발라준다.

영국 맥스팩터 마스터터치 컨실러 펜

스틱에서 크림 타입 컨실러가 나오는 방식으로 조금 돌려 컨실러를 묻힌 후 손가락으로 두드려 바르면 된다. 크림 파운데이션처럼 표현이 매끈하고 커버력은 강한 편이라 다크서클 커버에 좋다. 색상은 3가지로 쿨 톤 위주. 영국, 홍콩 등 여러 나라 드럭스토어에서 판매.

나스 래디언트 크리미 컨실러

광택은 없으면서 매트하지도 않고 리퀴드 타입으로선 커버력이 좋아 얼굴 어디에나 컨실러를 사용하지 않은 듯 자연스럽게 표현할 수 있다. 색상은 피부색과 비슷한 5종류로 용도에 따라 자기 피부 톤에 딱 맞추든가 한 단계 밝게 선택해야 한다. 샹티이는 웜 톤 피부에 하이라이터 역할을 한다.

라로슈포제 똘러리앙 컨실러

붓펜 타입으로 커버력이 있으며 무향, 무합성 방부제로 민감한 피부, 여드름 피부에도 쓸 수 있다. 총 4가지 색으로 베이지는 일반적 용도, 다크 베이지는 잡티, 여드름이나 홍조에는 녹색, 노랑은 다크서클에 쓰기를 추천한다.

나스 더 멀티플

뺨, 눈, 입술, 몸 등 어디에나 하이라이터, 브론저 등으로 쓸 수 있는 펄 스틱. 소량만으로도 은은한 '오로라 광채'가 난다. 총 10가지 색상으로 다양하며 룩소르는 핑크빛 진주 펄로 고급스러운 피부를 만들어준다.

메이크업포에버 스타파우더

눈 밑에 바르면 영롱하게 반짝이는 '눈물 효과'로 연예인들 사이에서도 스테디셀러. 뿐만 아니라 특별한 날 얼굴이나 머리카락, 몸에 소량 발라도 조명 아래서 매우 선명한 광채를 낸다. 8가지로 색상이 다양하다. 단, 입자가 미세한 합성수지 소재라 눈에 들어가면 안 된다.

바비브라운 브론징 파우더

브론저 중 드물게 펄이 없고 발색이 자연스러우며 새틴처럼 매끄럽게 발려서 얼굴 윤곽이나 콧날에 음영을 주는 셰이딩 파우더로 쓰기 좋다. 양도 많아서 얼굴의 넓은 면적에 써도 오래간다. 국내엔 2가지 색상만 판매되지만 미국엔 6가지 색상이 있어 선택의 폭이 넓다.

코켄도 마이판시 모이스처 컨실러

밝기가 다른 세 가지 색을 섞어 쓸 수 있으며 입자가 느껴지지 않을 만큼 미세해서 뭉치거나 갈라지지 않는다.

It Cosmetic

귀티 나는 피부 연출, 파우더

▶ 　요즘은 비비, 씨씨 크림 등이 유행하면서 파우더를 들고 다니는 사람이 많지 않다. 예전엔 '콤팩트'라 부르는 프레스트 파우더를 예쁘고 고급스러운 걸로 들고 다니는 게 여자들의 로망이었다. 더욱 옛날 얘기로 돌아가면 우리나라는 파우더 제조 기술의 선진국이었다. 삼국시대 고분벽화에서도 얼굴을 하얗게 화장한 것을 볼 수 있고, 특히 신라는 아름다운 육체에 아름다운 정신이 깃든다는 '영육일치 사상'을 지니고 있어 남자 청소년인 화랑들이 백옥처럼 곱게 백분을 발랐다. 서기 692년에는 승려가 일본에 건너가 곱고 부착이 잘 되는 연분 제조 기술을 전파한 기록도 있다.

　오랜 세월이 흘러 서양 최초의 상업적 파우더는 1882년 겔랑에서 만들었다. 우리나라에선 유럽, 미국, 일본 등 외제품이 물밀 듯 들어오던 일제시대에 국산품 박가분 대란이 일기도 했다. 종로4가에서 포목점을 하던 박승직(현 두산그룹 박용만 회장의 조부)의 부인 정정숙 여사가 며느리와 함께 가내수공업으로 만들어 포목점에서 팔았는데 하루에 5만 갑을 판 적이 있을 정도로 히트상품이었다고 한다. 박가분은 손에 덜어 물을 더한 후 개어서 얼굴에 바르면 그야말로 하얗게 되는데, 어떤 양반댁 마나님이 어디까지, 얼마나 바르는 줄 몰라 많은 양을 목과 귀까지 바르고 남편을 기다렸다가 남편이 귀신일 줄 알고 기겁했다는 우스갯소리도 전해 내려온다.

파우더는 파운데이션이 나오기 전까지 유구한 역사를 지닌 베이스 메이크업 제품이었다. 파운데이션이 나온 후에는 유분기를 줄이고 고와 보이도록 마무리를 하는 제품이 되었지만, 요즘은 훨씬 그 용도가 다양해졌다.

좋은 파우더의 조건

파우더에는 첨단 분체공학이 동원되며 원료의 등급도 브랜드마다 확연히 다른 아이템이다. 다른 제품은 무조건 좋다고 광고할 수 있어도 베이스용 보습제조차 들어가지 않는 파우더의 품질은 감추기가 어렵다. 좋은 파우더를 바르면 피부도 고와 보이고 무엇보다 은은하게 귀티가 난다. 반대로 나쁜 파우더는 피부가 지저분해 보이고, 어딘가 모르게 촌스러운 인상을 준다. 파우더가 좋은 브랜드는 파운데이션, 아이섀도, 블러셔 등 가루로 만드는 제품이 다 좋을 확률이 높다.

파우더는 일단 입자가 고와야 한다. 손가락으로 비비거나 얼굴에 바르

❶ 코겐도
❷ 겔랑
❸ 끌레드뽀보떼

면 입자가 느껴지지 않고 밀가루처럼 퍼져나가며, 공기 중에 불었을 때 안개처럼 미세하게 보인다. 퍼프에 묻힐 때도 한꺼번에 뭉쳐 떨어지는 것이 아니라 입자가 하나하나 독립적으로 움직여야 한다. 즉, 퍼짐성이 좋아야 한다는 것. 또 목적에 따라 둥글고 빛을 균일하게 반사하는 것과 펄처럼 편광을 반사하는 것 등 반사광에 대한 계산이 있어야 피부가 고와 보인다. 더불어 땀과 물에 젖어 다크닝 현상이 생기지 않도록 실리콘으로 코팅을 하는 등 입자 하나하나를 처리하는 기술이 있어야 한다.

파우더에 들어가는 광물질에도 다양한 등급이 있는데 어떤 것에는 다양한 보석가루가 영롱한 광채를 내기도 한다. 또 반드시 그런 건 아니지만 좋은 파우더는 부피가 커도 무게가 가볍다. 거의 공기 중에 떠 있는 듯한 상태이기 때문이다.

파우더의 종류

파우더는 종류가 매우 다양하다. 원래대로 가루인 것은 루즈 파우더, 그것을 그대로 압축해 고체로 만든 것은 프레스트 파우더(Pressed Powder)라고 하며 주로 가지고 다니면서 수정용으로 사용하지만 서양에선 그 상태 그대로 브러시로 쓸어 바르는 걸 선호하는 사람도 많다.

트윈 케이크나 투웨이 케이크는 일본에서 개발된 것으로 물, 기름이 섞이게 하는 계면활성제를 미리 포함시켜 그냥 마른 상태로 바를 수도 있지만 물에 적신 스펀지로도 바를 수 있는 것이다. 커버력이 강하며 주로 여름에 쓴다. 겉모양은 프레스트 파우더와 같지만 사실상 파운데이션에 속하는 제품이다. 파우더 파운데이션, 팩트라고 이름 붙은 제품들은 프레스트 파우더보다는 커버력이 강하지만 물에 적신 스펀지로는 쓸 수 없는 것이 많다. 한 마디로 파운데이션을 파우더 타입으로 만든 것. 브랜드마다 이름이 다양하므로 반드시 사용법을 파악하고 구입해야 한다.

기본적으로 지성 피부에는 파우더 파운데이션이 낫지만 그중에도 강하게 막을 형성해 모공을 막는 것이 있다. 이럴 경우 워터 베이스인 프라이머나 비비, 씨씨를 쓰고 밀착될 때까지 기다린 후 그 위에 프레스트 파우더나 파우더로 화장하면 한결 부담이 줄어든다.

파우더를 발라야 할 때

특별히 물광 메이크업을 한 것이 아니라면 파운데이션 후에는 꼭 파우더 과정을 거쳐야 화장이 완성된다. 비비나 씨씨 크림만 썼다면 특히 다크닝 현상이 생기기 쉬운데 이때 기름종이로 얼굴 전체를 눌러준 다음 파우더를 바른다. 부드러운 브러시로 쓸 듯 바르면 소량을 넓은 부위에 퍼뜨릴 수 있어 자연스럽고, 스펀지로 꾹꾹 눌러 바르면 다시 화장을 한 듯 보송보송하고 커버력도 있어 산뜻해 보인다. 특히 지성 피부는 번져나오는 피지를 파우더가 계속 흡수하는 역할을 해 모공 안에 고이지 않게 한다. 파우더 안에 옥수수 전분, 쌀 전분 등 곡물의 녹말만 없다면 모공을 막을 염려도 없다.

하지만 파우더 중에도 보습 성분을 상당량 처리해 바르면 촉촉한 느낌이 드는 것이 있는데, 이 제품들은 건성 피부가 쓰기에도 부담이 적다. 주로 일본산 중에 이런 느낌이 많고, 미국산은 보송보송하고 피지를 흡수하는 기능 위주이며, 유럽산 디자이너 브랜드 제품 중엔 펄이 들어 있어 은은하게 베일 효과를 주는 제품이 많다.

파우더
Powder

메이크업포에버 슈퍼 매트 루즈 파우더

성분이 김 흡습제로도 쓰이는 실리카로, 촉촉한 타입이 아니며 지성 피부를 뽀얗고 보송보송하게 표현해준다. 비비나 씨씨 크림의 다크닝이 우려되는 사람도 이 제품을 쓰면 지속력이 높아진다. 파우더로선 매우 다양한 8가지 색상이 있어 어떤 피부 톤에도 어울린다.

하나모리 피니싱 파우더
모이스트 트랜스 루센트

매트하지도 촉촉하지도 않은 중간이며 입자가 곱고 약간의 색을 띤다. 퍼플, 핑크, 그린, 블루 4가지 색이 있어 노란 기를 퍼플, 칙칙함을 핑크, 붉은 기를 그린, 주황색을 블루가 완화시킨다. 내장된 퍼프도 품질이 좋으며 용량이 두 가지라 경제적이다.

Best Choice **끌레드뽀보떼 뿌드르 트랑스빠랑뜨**

마치 밀가루처럼 입자가 미세하고 촉촉하다. 보습 성분이 코팅되어 피부가 건조한 사람도 파우더가 건조하게 느껴지지 않는다. 육안으론 연분홍이지만 피부에선 화사한 투명으로 발색되며 피부 결이 매끈해 보인다. 내장된 퍼프의 품질 역시 훌륭하다.

겔랑 메테오리트 펄 일루미네이팅
파우더 퓨어 래디언스

1987년 탄생한 구슬 타입 파우더로 피부에 균일하게 막을 씌우는 것이 아니라 깊은 곳에서 우러나오는 은은한 진줏빛 뉘앙스를 준다. 로즈, 베이지 2가지 색상이 각기 6가지 색 구슬로 되어 있어 브러시로 섞으면 하나의 색으로 표현된다. 얼굴 전체에 바를 수도 있고 티존과 뺨 위주로 하이라이터처럼 사용할 수도 있다.

Best Choice **코겐도 페이스 파우더**

입자가 거의 느껴지지 않는 초미립자 파우더로 화장 고정을 위해 보송보송하면서도 히알루론산과 실크 단백질을 함유해 시간이 흐를수록 건조해지는 느낌이 없다. 총 4가지 색상으로 투명하고 환한 흰 색과 혈색을 부여하는 핑크, 동양여성의 피부 톤에 맞는 밝고 진한 베이지 2종으로 이루어져 있다.

일본 노에비아
엑설런트 멜랑제리 파우더

할머니 세대에도 썼던 역사가 유구한 브랜드
로 프레스트 파우더를 퍼프로 바르는 방식이
다. 입자가 매우 곱고 촉촉하며 퍼프에 균일
하게 묻어나온다. 브라이트 핑크, 화이트, 베
이지 세 색상이 있는데 각 색상이 다시 5가지
의 색으로 모자이크 처리되어 있다. 베이지를
제외하고 쿨 톤 피부에도 잘 맞는다.

Best Choice 조르지오아르마니 마이크로 필 핑크 파우더

강렬하고 미세한 핑크 펄이 든 제품으로 전체
적으로 얇게 바르면 은은하게 빛나는 '물광'
피부가 되고 티존에만 두껍게 바르면 하이라
이터로 작용한다. 촉촉하고 잘 밀착되는 타입
이 아니며 미세하고 보송보송한 타입.

랑콤 뗑 미라쿨 프레스 파우더

'파우더를 발랐다' 싶을 정도로 보송보송하고
순간적으로 화사해지는 프레스트 파우더. 지성
피부나 화장을 수정할 때, 여름철에 매우 유용
하다. 쓸어서 바르는 양모 브러시가 내장되어
있는데 별도의 퍼프로 바르면 더 확실하게 표
현된다. 은은한 뉘앙스가 있는 2가지 색상.

RMK 프레스트 파우더 N

펄, 매트, 베이지, 핑크 등 3가지 질감, 4가지
색상이 구역별로 콤팩트 안에 나뉘어 있어 어
느 쪽을 바르냐에 따라 다양한 피부 표현을
할 수 있다. 브러시로 쓸어 바르거나 스펀지
에 물을 묻혀 바를 수도 있는 다기능 제품. 입
자가 매우 곱고 부드러우며 쿨 톤, 웜 톤을 모
두 커버하는 총 5가지 색상이지만 국내에선
3가지만 구할 수 있다.

디올 스킨 누드 로즈 파우더

장밋빛 미세한 파우더로 커버력은 거의 없으
나 피부에 화사한 핑크 톤을 부여하며 하이
라이팅 효과가 있다. 쿨 톤 피부에 어울리며,
웜 톤일 경우 하이라이팅 존에만 가볍게 쓸
어준다.

에스티로더 리뉴트리브 인텐시브
스무딩 파우더

파우더로서는 촉촉한 편이고 미세한 펄이 들
어 피부가 화사해보여 하이라이터로 써도 된
다. 브러시가 딸려 있지만 퍼프로 바르는 게
낫다.

It Cosmetic

소녀 혹은 정열의 여인으로의 변신, 블러셔

서양 사람들은 블러셔를 절대 빼먹지 말아야 할 필수 단계로 여기지만 우리나라는 생략하는 사람이 많다. 그도 그럴 것이 색감이 풍부하지 않는 한국인의 피부에 진하게 잘못 발랐다간 술 취한 사람, 혹은 뺨 맞은 사람처럼 되기 십상이기 때문이다.

대학생 때 항상 블러셔를 진하게 바르던 교수님이 계셨다. 아마도 옆을 보는 거울이 없었던 것 같다. 사선으로 바르셨는데 항상 귀 옆이 붉은 갈색으로 뭉쳐 있어 맞은 것처럼 보였다. 정열적으로 강의를 하실 때마다 내용보다는 항상 뺨에 시선이 집중되어 뭘 들었는지 기억이 잘 나지 않는다. 교수님이 블러셔만 연하게 펴 바르셨어도 A학점을 받을 수 있지 않았을까?

이렇게 한국인이 유독 어려워하는 블러셔는 안 바르는 것보다 잘 바르는 게 훨씬 낫다. 진화 생물학적으로 봤을 때 혈색이 돈다는 것은 젊고 건강한 여성이라는 걸 상징해 남성에게 성적으로 좀 더 어필했을 확률이 높다. 실제로 술에 취해 발그레하게 물든 여자의 뺨이 사랑스럽다는 남자가 매우 많다. 마리 앙투와네트의 초상을 보면 하나같이 발그레하다 못해 턱 선에 가깝게 붉은 기가 도는 얼굴을 하고 있다. 당시 화장에 있어서도 트렌드세터였던 그녀는 분명 한참을 공들여 볼을 물들였을 것이다. 그 정도까진 아니더라도 핏기 없는 밋밋한 얼굴보단 자기 피부 톤에 맞게 자연스런 혈색이 도는 뺨이 백배는 매력적이다.

블러셔는 혈색이다

웜 톤이라고 해서 오렌지나 웜 핑크만, 쿨 톤이라고 해서 연보라나 쿨 핑크만 바르란 법은 없다. 하지만 기본적으로 블러셔가 혈색을 의미한다는 것은 유념해야 한다. 파운데이션 등 베이스 메이크업을 하면 혈색이 비치지 않게 되는데, 본래의 혈색을 되살려주는 것이 바로 블러셔다.

자기 뺨을 꼬집어 나타나는 색을 바르라고 하는 이유가 바로 그 때문이다. 그 색이 가장 자연스럽고 아름다우며 메이크업 패턴에 따라 다른 색도 바를 수 있지만 자기 피부 톤과 너무 동떨어진 색은 늙고 천박해 보이게 한다.

혈색이 다 비슷한 게 아니냐고 반문할 수 있는데 사람마다 각각 다 다르다. 당장 손바닥만 뒤집어 봐도 손끝에 비치는 색이 어떤 사람은 오렌지, 어떤 사람은 붉은 색, 어떤 사람은 흐린 분홍으로 다 다를 것이다. 뺨을 꼬집어 나타나는 색을

1 나스
2 루나솔
3 스킨푸드
4 베네피트
5 에뛰드
6 더페이스샵
7 브루조아
8 루나솔

못 찾겠다면 손가락 안쪽을 보는 방법도 괜찮다.

참고로 서양 브랜드의 블러셔는 펄이 있는 것이 많고 장밋빛이나 브론저와 비슷한 구릿빛이 많다. 반면 우리나라나 일본 브랜드는 펄이 있더라도 은은하며 순수한 파스텔 빛으로 동화 속 소녀나 아기 볼처럼 표현해주는 색상이 많다.

좋은 블러셔의 조건

블러셔는 한 번에 진하게 발리면 화장을 망치는 지름길이기 때문에 발색력이 좋다고 다 좋은 게 아니다. 발색력이 좋다면 반드시 뭉치지 않고 잘 퍼져야 한다. 사실 이 두 가지 조건을 충족시키는 블러셔가 많지 않다.

대부분 발색력이 약해서 안전 지향적이거나, 발색력이 강해서 뭉친다. 손가락 끝으로 문질러 보는 건 별로 좋은 방법이 아니다. 뺨에 바르는 건 위생상 문제도 덜하기 때문에 직접 손가락으로 바른 후 문질러서 펴 보라. 몇 번 덧바르는데도 발색이 잘 안 되는 제품은 은은한 게 아니라 그냥 품질이 나쁜 것이다. 크림 타입 블러셔는 부드럽게 잘 퍼지는지, 지운 후 착색이 되는지 살펴야 한다. 착색되는 제품은 색소를 잘 코팅하지 않은 것이고 피부 건강에도 좋지 않다.

지속력은 블러셔를 문질러봐서 보송보송할수록 약하고, 물 타입에 가까울수록 강하다. 틴트 타입은 피부에 착색되어 거의 지워지지 않고, 그 다음 크림 타입, 그 다음 압축한 가루 타입, 가장 약한 것이 그냥 가루 타입이다. 지속력을 높이려면 파운데이션 후 바로 블러셔를 바른 후, 그 위에 파우더를 해주면 효과가 있다.

펄이 있는 것 vs 펄이 없는 것 ◢

여타 가루 타입 제품과 마찬가지로 색감이 인위적이고 화공약품 같을수록 싼 제품이다. 그냥 합성 색소를 섞으면 쉽게 만들 수 있는 색 말이다. 반대로 색감이 명화에 쓰인 색처럼 오묘하고, 펄이 있더라도 그 색을 잘 파악하기 어려울 정도로 다양한 펄이 들어 있으면 고급이다.

펄이 든 제품은 뺨이 통통해 보이게 하고, 매트한 제품은 아주 밝은 색이 아닌 한 들어가 보이게 한다. 같은 팔레트에서도 펄이 든 색상은 광대뼈의 윗부분이나 얼굴 앞부분에 발라 젖살 오른 소녀처럼 통통해 보이게 하는 효과가 있다. 반대로 매트한 색상은 뺨의 넓은 부위에 발라 베이스처럼 쓴다. 눈에는 안 띄지만 미세한 펄이 있는 것은 피부 결이 좋아 보이고 고급스러워 보이게 한다. 대신 얼굴 전체에 바르면 얼굴이 커 보일 수도 있다. 펄이 든 제품을 발랐는데 되려 모공이 커 보이고 피부 결이 나빠 보인다면 그 제품은 품질이 나쁘거나 자기에게 맞지 않는 것이다. 펄도 골드 펄과 실버 펄이 있는데 골드 펄은 대체로 웜 톤 피부, 실버 펄은 쿨 톤 피부에 어울린다.

블러셔 예쁘게 바르는 법 ◢

블러셔는 브러시의 질이 테크닉만큼이나 중요하다. 풍성하고 매끄러운 천연 동물 털 브러시에 아낌없이 투자하는 것이 좋다. 자연스럽게 물든 것처럼 바르려면 먼저 양 뺨에 진하게 중심점을 찍고 그 주위로 깨끗한 브러시를 굴려 번지게 하거나, 중심점보다 연한 색을 주위에 발라 경계를 이어준다. 통통한 뺨처럼 볼륨감 있게 바르려면 먼저 넓은 범위에 매트한 색을 바른 후, 튀어나와야 할 부분에 펄이 든 블러셔를 발라준다. 크림, 틴트 타입도 마찬가지.

블러셔는 입술 색과 맞추는 게 가장 자연스럽다. 립스틱이 핑크면 블러셔는 그보다 조금 연한 핑크가 맞는 색. 이 두 군데를 정하면 자연스럽게 눈 화장 색을 정할 수 있다. 파우더 타입 블러셔는 파우더까지 꼼꼼하게 한 후에 쓰고, 크림 타입 블러셔는 파운데이션이나 비비, 씨씨 크림을 바른 상태에서 바른다. 블러셔를 바르는 모양은 기본적으로 얼굴이 길수록 가로형이, 얼굴이 동그랄수록 사선형이 어울린다. 하지만 얼굴이 길다고 아예 일자로 가로 선을 그으면 반대로 긴 얼굴을 더욱 강조할 수도 있다. 블러셔를 바른 후 반드시 옆으로 거울을 보라. 또 양쪽 뺨이 대칭으로 발라졌는지도 확인한다.

블러셔
Blush

Best Choice 나스 블러셔

나스를 대표하는 아이템으로 소량으로도 진하게 발색되면서 뭉치지 않고 넓게 잘 퍼진다. 베스트셀러인 '오르가즘'은 절정의 순간에 달아오른 여자의 혈색을 의미할 정도로 발그레하고 섹시한 빰을 만들어주어 서양에선 수없이 많은 상을 받았다. 가무잡잡한 웜 톤 피부에 가장 잘 어울린다. 그 밖에 오르가즘보다 더 붉은 딥 쓰롯, 연하지만 청순한 복숭앗빛을 띠게 하는 섹스어필 등 히트 색상이 많다.

베네피트 슈가 밤

베네피트의 블러셔는 원래 피니싱 파우더 겸용이다. 그래서 연하게 얼굴 전체에 바를 수도, 빰에 집중적으로 발라 블러셔로 쓸 수도 있다. 골드 펄이 든 슈가 밤 색상은 웜 톤 피부에 필요한 색이 구역 별로 나뉘어 있어 쓸어 바르기에 따라 여러 가지 색을 낼 수 있다. 뭉치지 않고 은은하고 자연스러운 게 특징이다.

바비브라운 쉬머브릭

블러셔 겸 피니싱 파우더, 하이라이터 겸용으로 고급스러운 미세 펄이 자르르 흐른다. 여러 블록으로 이루어져 섞어 쓰기에 따라 진하기가 달라진다. 바탕색과 펄의 색상이 다양해서 웜 톤, 쿨 톤 모두가 맞는 것을 찾을 수 있다. 소량으로도 반짝이는 질감 표현이 잘 돼서 아무리 써도 닳지 않는다는 장점도 있다.

질 스튜어트 믹스 블러시 콤팩트

보석함 같이 예쁜 디자인으로 액세서리 기능도 톡톡히 하는 소녀 감수성의 블러셔. 4색을 전용 브러시로 섞어 쓰는데 진한 색부터 연한 색으로, 톤도 달리한 구성이라 다양한 색을 낼 수 있다. 색감이 맑아 동화적인 화장이 된다. 탈착이 되는 산양모 브러시가 딸려 있다. 국내에서 철수해 현재는 면세점에서 구입이 가능.

일본 가네보 코프레도르 스마일 업 치크

회오리 형태로 생겨 가운데로 갈수록 진해지는 구조. 브러시로 동글동글하게 굴려 바르면 자연스러운 그라데이션을 할 수 있고 통통하게 살이 오른 소녀 같은 뺨을 만든다. 은은한 실버 펄 때문에 쿨 톤에 더 잘 맞으며 색감이 맑다. 말털 브러시가 딸려 있다. 현재 일본에서만 구입 가능하다.

스킨푸드 슈가쿠키 블러셔

스킨푸드는 국내 저가 브랜드 중에서 색조 제품, 특히 파우더 종류의 품질이 좋다. 단단하게 구운 타입이며 브러시를 굴려 바르면 연하고 자연스럽게 발색된다. 3호 베베 라벤더는 쿨 톤이며 6호 윈터 체리는 빨강에 골드 펄이 든 색으로 나스 수퍼 오르가즘과 비슷하게 발색된다.

루나솔 컬러링 치크

시즌마다 이름을 바꾸어 출시되는데 기본적으로 직사각형에 몇 개의 블록으로 나뉘어 있다. 코프레도르와 마찬가지로 알아볼 수 없는 미세한 펄이 함유돼 있고 맑은 딸기 우유색부터 브론저에 가까운 색까지 다양하다. 쿨 톤과 웜 톤이 모두 있

으며 색상이 맑고 투명하게 표현된다.

더페이스샵 러블리 믹스 유&페이스 블러셔

발색이 강하지 않아서 초보자가 손가락으로 발라도 어색하지 않고 순수한 파스텔 톤 색상이 많다. 한국인의 피부에 잘 맞는 약간 가라앉은 웜 톤 위주이며 펄 있는 색상이 있으나 거의 티 나지 않는다. 1호는 하이라이트 색상으로 뺨의 움푹 꺼진 부위나 티 존 등 하이라이트 존에 바르면 통통해 보인다.

아리따움 스타일 팝 블러셔

파우더처럼 두드려 자연스럽게 물든 뺨처럼 표현할 수 있다. 6가지 색상이지만 가장 흔히 쓰이는 파스텔 톤으로 구성됐다. 1번 젯셋은 빨강에 골드 펄이 들어 있어 나스 오르가즘과 비슷하며 2번 스쿨걸은 쿨 톤 연보라로 희고 푸른 기가 도는 피부에 자연스럽게 어울린다.

부르조아 블러셔

단단한 베이크드 타입으로 펄 감이 많으며 은은한 베일처럼 발라진다. 거의 웜 톤이며 사랑에 빠졌을 때 달아오른 뺨 같은 장미색 계열이 많다. 몇몇 색상은 진하게 바르면 붉은 기가 강한데 힘을 빼고 살짝 여러 번에 걸쳐 바르면 거의 티 나지 않는다. 내장된 브러시는 뻣뻣해서 별도의 브러시로 바르는 게 좋다.

Best Choice 슈에무라 글로우온

국내의 많은 브랜드가 색상을 참고한 블러셔 계의 스테디셀러. 발색이 확실하면서도 은은하게 잘 퍼져서 피부색과 어우러진 색이 된다. 순수한 소녀의 볼처럼 보이는 맑은 색상. 색상이 다양하고 펄이 있는 것과 없는 것으로 나뉘어 있으며 쿨 톤, 웜 톤 다 있다. 연보라색인 225, 살구빛인 521, 분홍색인 325, 335가 인기 색상.

에뛰드 발그레 물감 블러셔

끈적이지 않는 워터인 실리콘 제형이라 정말 물감처럼 수분감이 있다. 소량을 톡톡 두드린 후 펴 바르면 원래 피부색처럼 자연스럽게 그라데이션이 된다. 4호 '설레는 라일락'은 라벤더 색으로 너무 노란 파운데이션이나 비비 크림에 섞으면 쿨 톤이 돌도록 보정되는 효과도 있다.

시세이도 마끼아쥬 트루치크

브러시와 블러셔가 하나로 되어 열기만 하면 브러시에 묻어나오는 편리한 제품. 핑크와 오렌지 두 가지 색상으로 손등에 한 번 턴 후 사용하면 손쉽게 발그레하게 물든 소녀 같은 볼이 된다. 둘 다 웜 톤 계열이지만 핑크는 쿨 톤에게도 어느 정도 어울린다. 브러시의 질도 좋다.

로라메르시에 세컨 치크 컬러

가무잡잡한 웜 톤 피부에 가장 잘 어울리는 딥 웜 톤으로 이루어져 있다. 펄감이 거의 느껴지지 않고 자기 혈색처럼 차분하고 자연스럽다. 아주 소량을 펼쳐 발라야 한다.

It Cosmetic

인상을 확 바꿔주는
아이라이너 & 마스카라 & 아이브로우

▶　　　　　　　　　　　　　　　　　　　남자들이 여자를 볼 때 가장
먼저 눈을 본다는 사람이 많다. 인상에서 입보다도 눈이 차지하는 비중이 훨씬 크
기 때문이다. 웃는 눈, 화난 눈, 다정한 눈, 섹시한 눈……. 이 모든 표정이 사실상 눈
화장으로 완성될 수 있다. 우리나라는 전통적으로 눈 화장이 그리 진하지 않았는데,
최근 아이돌 가수들의 무대화장이 유행하면서 아이라이너며 마스카라가 필수품으
로 여겨지기 시작했다.

　　　　한국인의 눈 크기는 세계 평균 대비 매우 작은 편에 속한다. 그런 우리
에게 '눈 화장 신공'은 꼭 필요하다. 그런데 사실 눈만 눈을 보여주는 게 아니다. 무
슨 말이냐고? 눈을 본다는 건 눈썹을 함께 보는 것이다. 눈썹 모양만 바꿔도 인상이

180도 달라진다. 눈썹 모양을 바꾸고 반응이 좋아진 연예인이 얼마나 많은가? 외국엔 요즘 '코리안 아이브로우(Korean Eyebrows)'란 신조어가 있다. 우리나라 아이돌 가수나 탤런트들이 외국에서 유명해진 후 그들이 하고 다니는 일자 눈썹을 그렇게 부르는 것이다. 멀리서도 눈썹만 보면 한국인인 줄 알 수 있다니…….

서양 사람들은 화장은 안 해도 눈썹 다듬기와 마스카라는 절대 포기하지 않는다. 친구 하나에게 잔털 하나 없이 포물선을 그린 눈썹을 보고 '어떻게 이렇게 다듬느냐?'고 했더니 전문 살롱에 가서 왁싱을 한단다. 그 눈썹 하나로 맨얼굴이 정말 깔끔하고 세련돼 보였다. 마스카라는 평소엔 안 하더라도 파티 때는 꼭 한다. 타고난 속눈썹이 풍성해도 마스카라를 하는데 그것 자체로 화장이란 생각을 가지고 있다.

아이라이너 고르는 요령

아이라이너 역시 색조 제품인지라 품질의 차이가 확연하다. 나쁜 리퀴드 아이라이너는 붓펜 타입일 경우 눈꺼풀을 찌르는 듯 딱딱하고 베이스의 휘발성 성분 때문에 눈이 아프다. 또 균일하게 발리지 않고 덩어리 져 떨어지기도 한다. 아무리 유명 연예인이 광고를 해도 이런 제품은 피해야 한다. 좋은 제품은 일단 브러시가 부드럽고 자유자재로 움직여 눈에 자극이 되지 않는다. 액이 매끄럽게 흘러나오고 뭉치지 않으며 하루 종일 안 지워지다가 클렌징으론 잘 지워진다.

펜슬 타입 아이라이너는 색연필로도 유명한 독일 슈완 스타빌로사가 최대, 최고의 OEM 회사다. 수없이 많은 화장품 브랜드에 아이라이너를 납품하는데,

제품에 'Made in Germany'라고 찍혀 있으면 거의 이 회사 제품이라고 보면 된다. 국내 브랜드도 이곳에 제품 생산을 많이 의뢰하는데 똑같은 저가 브랜드 제품이라도 'Made in Germany'인 제품이 더 품질이 좋다. 문제는 가격이 얼마인가다. 펜슬 타입 아이라이너를 오래 쓰려면 뚜껑을 잘 닫아놓아야 한다. 요즘 대부분 그냥 기름이 아니라 휘발성 실리콘 오일을 쓰기 때문에 뚜껑을 열어놓으면 눈에 밀착되기도 전에 공기 중에 노출된 부분이 딱딱해진다.

또 아이라이너 전체의 품질을 가늠할 수 있는 기준이 색감이다. 같은 원색이라도 유치하고 페인트 같은 색을 내는 것이 싼 것이고, 깊이 있고 펄이 있어도 은은하게 색과 어우러진 것이 고급이다. 색을 다양하게 갖춤으로써 선택의 폭을 넓혀주는 것도 고급 제품의 특징.

마스카라의 종류

마스카라는 첨단 수지(polymer)가 동원되는 분야다. 입자가 사슬처럼 연결돼 단단한, 혹은 부드러운 막을 만든다. 짧고 쭉 뻗은 한국인의 속눈썹에는 사실 마스카라가 필수적이다. 하지만 서양에서 아무리 베스트셀러이고 좋다고 해도 그게 우리 속눈썹에 맞는다는 보장은 없다. 가늘어서 잘 보이지도 않는 속눈썹은 강제로라도 두껍게 폴리머를 입히면 두꺼워 보인다. 한 번에 많은 액을 바르기 위해 브러시가 촘촘하지 않고 아예 빗 형태인 것도 있다. 대신 뭉쳐 보이고 마스카라를 바른 티가 난다.

서양에서 말하는 컬링 기능은 부드럽게 자기 컬을 살려주는 것이다. 한국인은 그것만으론 부족하고 일자로 막대기처럼 단단하게 세워주는 것이 좋다. 서

양인이 바르면 속눈썹이 쫙 뻗친 우스운 모양새가 될 수도 있지만 한국인은 워낙 속눈썹이 처져서 뿌리를 세워줄 수 있어야 한다. 볼륨과 컬링 기능이 강력한 이런 딱딱한 마스카라는 워터프루프로 일반 립 앤 아이 리무버로도 잘 지워지지 않는다. 따라서 해당 마스카라에 맞게 설계한 전용 리무버도 구입하는 게 좋다. 또 좋은 것이 섬유질 마스카라. 속눈썹 끝에 붙어서 길이를 늘려주는 것인데 가루처럼 떨어지지 않고 자연스럽게 부착되는 것이 흔치는 않다. 브러시를 좌우로 움직이지 않고 끝을 연장시키는 느낌으로 살살 발라야 효과가 있다.

최근 유행하는 것이 땀이나 눈물엔 안 지워지고, 더운 물에 지워지는 마스카라인데 약 40도에서 녹는 수지를 배합했기 때문이다. 이런 마스카라는 클렌저가 필요 없고 필름으로 통째로 떨어져 편리하다.

아래 속눈썹과 눈 앞머리, 꼬리의 속눈썹은 너무 짧아서 마스카라 액이 잘 묻지 않는다. 이런 곳까지 꼼꼼히 바를 수 있다면 눈 크기가 위아래, 좌우로 상당히 커 보인다. 그래서 등장한 것이 브러시가 아주 작은 타입이다.

눈썹 제품은 숱과 형태, 색깔에 맞춰라

화장은 잘해도 눈썹은 제대로 못 그리는 사람이 많다. 일단 완벽하게 눈썹을 다듬은 후 빈 곳을 메우는 것이 기본. 우리나라 사람의 눈썹 특징은 계속 연결된 것이 아니고 없는 부분은 비어 있다는 것. 이런 부분을 메우는 것만으로도 깔끔한 눈썹이 탄생한다. 메이크업 아티스트들은 연하고 부드러워서 '에보니 펜슬'이라는 미술 연필을 많이 쓰는데 눈썹 색이 여기에 맞으면 자연스럽지만 염색한 머리라든가, 원래 머리색이 갈색이든가 하면 연필 색과 눈썹이 맞지 않게 된다. 그래서 자기 눈썹 색에 맞는 색이 있는 제품이 좋다.

눈썹 섀도는 눈썹 모양이 어느 정도 잡혀 있고 숱만 적을 때 적당하다. 꼬리가 날카롭지 않고 두툼하게 발려 가장 자연스럽다. 보통 한 가지 색만 있는 게 아니라 눈썹 앞머리 아래 섀딩용, 눈썹 산 아래 하이라이트용 색상이 같이 들었는데 이 색들을 함께 사용하면 입체감 있는 눈썹이 된다.

눈썹을 전체적으로 염색해주는 눈썹 마스카라 역시 모양과 숱이 어느 정도 있는 게 좋다. 일본 제품에 금발에 가까운 밝은 색이 많은데 머리가 밝은 색일 경우, 눈 화장을 진하게 할 경우 눈썹을 밝게 해야 촌스럽지 않다. 이것 역시 붉은 계열, 금색 계열 등 톤이 다양하기 때문에 자기 피부 톤, 머리색에 맞춰서 골라야 자연스럽다. 물감 같은 액체 타입 눈썹 제품은 진하고 날렵한 눈썹을 만들어준다. 모양을 자유자재로 표현할 수 있지만 숙련된 기술이 필요하다. 눈썹은 의외로 땀과 피지 분비가 왕성한 부분이라 워터프루프 기능도 중요하다.

아이라이너
Eye liner

Best Choice **가네보 케이트 슈퍼 샤프 라이너**

붓펜 타입으로 브러시가 극도로 얇고 부드러워 속눈썹 사이까지 아이라인을 표현할 수 있으며 액이 눈을 자극하지 않는다. 그릴 땐 물감 같은 액상이지만 특히 유분에 강해 하루 종일 번지지 않는다. 총 3가지 자연스러운 색상이 있다.

시세이도 마죠리카 마죠르카
퍼펙트 오토매틱 라이너

가네보 케이트와 비슷한 붓펜 타입으로 브러시가 조금 더 굵지만 역시 부드럽게 그려진다. 원색에서 한 톤 가라앉은 밝기라 마치 브라운처럼 보이지만 은은하게 색감이 엿보이고 자기 피부 톤에 딱 맞는 색을 찾을 수 있다. 모두 미세한 펄이 들었다. 총 7가지 색상.

Best Choice **바비브라운**
젤 아이라이너

젤 아이라이너란 새로운 아이템을 제시한 스테디 셀러로 묽고 매끄럽게 그

려지면서 고정되면 잘 번지지 않는다. 색상이 매우 다양하고 고급스러우며 펄이 있는 것, 없는 것 등 질감도 달라서 자기에게 가장 잘 어울리는 톤을 찾을 수 있다.

투쿨포스쿨 다이노 플라츠 하이라인

펜슬 타입 아이라이너로 바를 땐 젤 타입인데 30초만 지나면 고정되어 하루 종일 지속된다는 제품. 휘발되는 실리콘 베이스이고 워터프루프라 번지지 않는다. 일렉트릭 컬러라 할 수 있는 원색 위주이면서 쿨 톤이 많고 색감이 세련됐다.

우드버리 이집시안

'절대 번지지 않는 아이라이너'로 유명한 우드버리에서 펄 있는 컬러 펜슬라이너로 나온 제품. 부드럽게 발리고 펄과 색감이 강하며 하루 종일 번지지 않아 마치 걸 그룹 같은 화장을 할 수 있다. 총 8가지 색상. 독일 슈완 스타빌로사 제품.

마스카라
Mascara

랑콤 이프노즈 돌 아이 마스카라

마스카라의 명가, 랑콤의 마스카라 중에서도 베스트셀러. 일본의 거대 화장품 품평 동호회인 앳코스메에서도 오래도록 마스카라 부문 1위를 지켰다. 끝으로 갈수록 가늘어지는 원뿔형 브러시로 동양인의 짧은 속눈썹에 구석구석 바를 수 있고, 과장되지 않은 또렷한 속눈썹을 연출해주며 강력한 워터프루프.

토니모리 퍼펙트 아이즈 롱키니 마스카라

브러시의 두께가 겨우 2mm로 아무리 짧고 가는 속눈썹이라도 마스카라를 바를 수 있다. 언더라인과 눈꼬리, 앞머리에도 꼼꼼하게 바르면 아래위로 인형처럼 펼쳐진 속눈썹이 된다. 볼륨감은 강하지 않은 대신 뭉치지 않고 길이가 늘어나며 컬링이 잘 되고 번지지 않는다.

Best Choice 크리니크 래쉬 파워 마스카라

깔끔하게 발리고 더운 물로 지워지는 실리콘 마스카라. 더운 물이 아닌 땀, 피지 등에 대해선 오히려 워터프루프 효과를 보여 하루 종일 번짐이 없다. 브러시가 작고 섬세한 편이라 짧고 직선적인 동양인의 속눈썹에도 잘 맞는다.

파시오 울트라컬락 볼륨

수영을 해도 지워지지 않는 강력한 워터프루프 기능에 인형 속눈썹처럼 바짝 선 딱딱한 속눈썹을 만든다. 확실히 마스카라를 했다는 티가 나서 숱이 적고 가는 속눈썹에 적합하다. 브러시에 모가 없이 그냥 빗 타입이다. 컬링 타입 역시 부드럽게 컬이 생긴다기보다 일자로 뻗는 듯한 속눈썹이 된다. 잘 안 지워지기 때문에 전용 리무버를 쓰는 게 좋다.

키스미 롱앤컬 마스카라

파시오와 성질이 비슷한 워터프루프 마스카라. 브러시에 모가 있어서 파시오처럼 액이 많이 묻지 않으며 두께도 좀 더 자연스럽다. 컬링과 롱 래시 기능 모두 자연스러우며 대신 쉽게 처지지 않도록 조금 딱딱하게 완성된다. 역시 워터프루프 기능이 강력하기 때문에 전용 리무버를 쓰는 게 좋다.

Best Choice 데자뷰 파이버 윅 엑스트라 롱

출시되고 12년 동안 3천8백만 개가 팔린 마스카라계의 베스트셀러. 바르면 바를수록 길이가

늘어나기 때문인데 마치 자기 속눈썹처럼 자연스러워서 파이버 윅(wig)이란 이름이 붙었다. 섬유질이 있는 타입으로 처음엔 속눈썹 끝을 마스카라로 연장시키는 연습이 필요하다. 사진의 제품은 언더라인과 눈 꼬리 전용인 타이니 스나이퍼.

아이브로우
Eyeblow

케이트 아이브로우 컬러

금발에 가깝게 밝게 염색한 모발에도 어울리는 밝은 눈썹용 마스카라. 펄이 들었고 발색이 잘 되어 눈썹을 염색하는 효과가 있다. 눈썹 고정력이 좋으나 한 번에 많이 묻어나올 수 있기 때문에 입구에서 양을 조절해야 한다. 1호는 붉은 갈색, 2호는 황토색에 가깝다. 1호는 와인색, 마호가니 염색머리 등에 두루 어울린다.

메이크업포에버 아쿠아 브로우 키트

고전영화 속 여배우처럼 완벽한 워터프루프 눈썹을 그리는 데 필요한 도구를 모아놓은 키트. 물감처럼 생긴 눈썹용 젤은 무려 7가지 색상이라 자기에게 딱 맞는 색과 톤을 찾을 수 있다. 실리콘 베이스로 한 번 그리면 물과 피지에 쉽게 지워지지 않으며 브러시로 굵기, 모양을 자유자재로 그릴 수 있다.

Best Choice 슈에무라 하드포뮬러

가장 '눈썹연필'답게 생긴 펜슬로 심이 단단하면서도 부드럽게 발색돼서 자연스러운 눈썹을 그릴 수 있다. 숱이 적당히 있으면서 빈 곳을 메우고 싶을 때 최적이다. 색상은 6가지로 동양인의 모든 톤을 커버한다.

베네피트 브로우 고고

브로우 바 매장에서만 구할 수 있는 눈썹 키트. 눈썹용 아이섀도 2색, 눈썹을 고정시키기 위한 왁스, 족집게와 브러시, 하이라이트 컬러, 아이라이너, 눈 주위를 밝혀주는 아이브라이트가 한 팔레트 안에 다 들어 있다. 자세한 사용 방법을 담은 설명서가 있어 어렵지 않다.

메이블린 패션 브로우 컬러링 마스카라

브러시 끝부분이 공처럼 둥그렇게 커져 있는 형태라 눈썹이 뭉치지 않고 가볍게 색이 입혀진다. 색상은 세 가지로 라이트 브라운이 특히 자연스럽다. 펄이 없고 질감이 매트하다. 어느 정도 눈썹 숱이 있는 사람에게 잘 맞는다.

It Cosmetic

천의 얼굴을 만들어주는 아이섀도

▶ 나는 학창시절 화가가 되고 싶었다. 하지만 결국 다른 쪽 일로 빠지면서 그 욕구가 모두 아이섀도로 쏠린 것 같다. 한때 모았던 아이섀도가 커다란 화장대 서랍 네 개에 꽉 찰 정도였는데 한 번 그어본 것, 아예 건드리지 않은 것, 너무 오래돼 버릴 수밖에 없는 것도 있었다. 아이섀도는 눈 주위를 팔레트 삼아 어떤 패턴이든 만들 수 있다는 점에서 대입 미술 실기 종목 중 하나인 '구성'과 비슷하다. 또 여러 색과 질감이 모인 아이섀도 팔레트는 그 자체가 몬드리안의 차가운 추상 같은 작품이라 할 수 있다.

사실 오랜 경험상 안심하고 쓸 수 있는, 나에게 정말 어울리는 색은 몇 가지가 되지 않는다. 브랜드도 어느 정도 정해져 있다. 왜냐면 그 브랜드가 지향하

1 로라메르시에
2 케빈어코인
3 바비브라운
4 에스뿌아
5 버버리뷰티
6 베네피트

는 바에 따라 사용하는 색조와 질감이 정해져 있기 때문이다. 자연스러운 도시 여성을 지향하는 브랜드가 어느 날 갑자기 소녀적이고 귀여움으로 가득한 아이섀도 콜렉션을 내놓지는 않는다. 따라서 자신을 아름답게 가꾸고 싶다면 자신에게 맞는 브랜드와 색조를 알아두는 게 좋다.

발색력이 전부가 아니다

다른 색조 제품도 마찬가지만 아이섀도만큼은 중고가 브랜드를 쓰기를 권한다. 물론 화장품 가격에는 마케팅과 용기 비용이 상당 부분 차지하나 아이섀도는 고가와 저가의 품질이 다르다. 우리나라도 고품질의 아이섀도를 만들기 위해선 외국 색조 전문 생산업체에 의뢰한다. 또 여러 브랜드를 거느린 기업에서는 각 브랜드의 가격대별로 품질이 다르다. 어떤 브랜드는 가격대를 낮추면서 급격히 품질이 떨어져, 메이크업 아티스트들이 쓰는 브랜드에서 품질을 크게 상관하지 않는 일반인 대상 브랜드로 바뀌기도 했다.

고가와 저가의 가장 큰 차이점은 색소 그 자체다. 오묘한 펄감을 만드는 보석 가루, 특정 색을 띠게 만드는 합성 폴리머, 때론 벌레 껍질까지, 구하기 어렵고 고유의 빛을 내는 소재가 들어간다. 발색력이 좋고 밀착이 잘 되는 단색을 내기 위해선 합성 색소를 쓰는 게 좋은데 눈 주위에 쓸 수 있는 것은 종류가 정해져 있으며 착색이 되지 않아야 하므로 안전하게 만들려면 품질 관리가 잘 되어야 한다. 또 좋은 아이섀도는 진한 색도 가루가 날리지 않고 마치 찹쌀떡 가루처럼 곱게 펴져 그라데이션을 쉽게 연출할 수 있다.

팔레트 제품도 구성 자체가 다르다. 좋은 제품은 컬러리스트가 그 시즌의 유행에 맞게, 전반적 색조와 밝고 어두움, 반짝임과 매트함이 조화를 이루도록 설계하며 전체 색상을 발랐을 때 하나의 룩을 만드는 것이 많다. 저가 제품은 이런 제품을 '저렴이'로 베끼거나, 아예 각각의 색이 어울리지 않거나, 매 시즌 이름만 바꾸어 비슷한 색을 내놓기도 한다.

펄이 다양하진 않더라도 파우더의 품질과 밀착력이 좋은 제품을 고르려고 한다면 이탈리아나 일본의 드럭스토어용 브랜드들도 품질이 좋다. 한 가지 당부하고 싶은 건 미국 등에서 많이 유통되는 수십 가지 색이 든 저가 팔레트를 피하라는 것. 대부분 중국산으로 국내에 정식 수입허가가 나지 않았고 직배송으로 구입하는 경우 안전한 색소를 썼는지, 중금속은 없는지 장담할 수 없다.

브랜드별로 톤이 다르다 ◢

서양의 경우 눈동자 색에 따라 쓸 수 있는 색이 법칙처럼 정해져 있다. 녹색 눈동자에 녹색 아이섀도를 바르면 신비로운 느낌이 연출되며 잘 어울린다. 그 밖의 색도 인터넷이나 잡지만 찾으면 공통적으로 어울린다고 나온 색이 있어서 10대 때부터 그 색들을 바르며 자란다.

하지만 그들 입장에서 동양인의 눈동자는 그냥 검은색일 뿐이다. 미국이나 유럽에서 화장을 하면 동양인은 그냥 브라운을 바르는 것을 쉽게 볼 수 있다. 이는 큰 착각으로 동양인의 눈도 갈색~검은색 안에서 톤이 매우 다양하다. 학창시절 내 친구는 눈동자가 푸른 눈에 가까웠는데 머리카락도 잿빛이고 피부가 매우 창백했다. 이렇게 극명하게 드러나는 사람 말고도 누구나 쿨 톤, 웜 톤으로 규정할 수 있으며 그 중간 정도에 위치해 이쪽, 저쪽을 시도해도 그럭저럭 괜찮은 사람이 있다. 1장으로 돌아가 자신의 톤을 다시 한 번 파악하고 그에 맞는 브랜드와 색조를 찾는 것이 중요하다. 먼저 밝히자면 웜 톤만 있는 브랜드는 있어도 쿨 톤만 있는 브랜드는 없다. 다른 브랜드 대비 쿨 톤 색이 많다는 것이지 웜 톤을 상당수 만들지 않고선 색조 구성이 되지 않는다. 추천 제품 중 중간이라고 표기한 브랜드는 쿨 톤과 웜 톤의 중간 근처에 위치한 색이 많다는 것이지 하나하나가 완벽한 중간 색조란 건 아니므로 명심하자.

웜 톤

Warm tone

버버리뷰티

단색인 아이 인핸서는 버버리 트렌치코트가 그렇듯 밝고 노르스름한 피부에 가장 잘 어울린다. 포셀린 등 베이스 섀도로 쓸 만한 색상이 많고 하늘색, 분홍색, 연보라 등 파스텔 톤도 많은데 대부분 노란 기가 약간씩 돈다. 4색 팔레트인 컴플리트 아이 팔레트는 모두 차분한 웜 톤이며 더 가무잡잡한 피부에 잘 어울린다.

케빈어코인

5색 팔레트인 에센셜 아이섀도는 색상 간 명암의 차이가 확실하며 뉴욕 커리어우먼 느낌의 스모키 아이를 연출하는 데 가장 적합하다. 펄은 거의 없으며 매트하고 깔끔하게 마무리된다. 흰 피부부터 가무잡잡한 피부까지 다 어울리지만 소녀 감성의 귀여운 이미지인 사람에겐 잘 안 어울린다. 간단하게 화장하는 사람은 아이섀도 듀오로도 충분하다. 모든 팔레트 내 색상이 서로 잘 어울린다.

Best Choice 바비브라운

거의 다 웜 톤이며 선명한 원색보다 차분하게 가라앉은 색이 많고 메탈릭 아이섀도도 펄이 크지 않아 세련된 직장 여성 이미지를 준다. 특히 갈색부터 회색까지가 다양해서 자기 피부에 맞는 밝기를 찾아 베이스 섀도로 쓰기 좋다. 입자가 매우 곱고 매끄러워서 손가락으로도 잘 펴진다. 한정판으로 나오는 아이섀도 팔레트는 초보자가 음영 메이크업을 하기에 쉽도록 구성돼 있다.

에스쁘아

싱글 아이섀도 위주이고 시머, 매트, 러스터, 메탈릭 등 질감별로 나뉘어 있다. 한국인의 피부에 잘 어울리며 특히 노르스름하거나 조금 어두운 피부에 잘 어울린다. 매트 아이섀도 중 스킨과 바닐라 머핀, 컵케이크는 눈두덩이 주위 색을 균일하게 해주는 베이스 섀도로, 쉬머 아이섀도 중 선셋 글로우와 진저 브

레드는 매일 쓰는 색상으로 좋다.

로라메르시에

거의 다 웜 톤이며 특히 가무잡잡한 웜 톤이 더욱 깊이 있어 보이도록 하는 색이 많다. 싱

글 아이섀도 위주이고 질감별로 라인이 나뉘어 있다. 베이크드 아이컬러는 구운 고체 타입으로 펄이 많아서 은은하면서도 화려하다. 스틱 타입인 캐비어 스틱 아이섀도는 은은한 시머가 전체적으로 든 스틱 타입으로 쿨 톤이 쓸 수 있는 색상도 있다.

쿨 톤
Cool tone

Best Choice 루나솔

'오로라 펄'로 유명한 브랜드. 매 시즌 새로운 색상의 팔레트를 내놓는데, 다양한 펄 때문에 명도가 높고 초록, 파랑, 보라 중에서도 쿨 톤이 도는 색상이 많다. 눈동자의 반짝임이 분명하고 쿨 톤인 사람은 루나솔 섀도와 시너지 효과를 일으켜 서클 렌즈 없이도 매우 환상적인 이미지로 보인다. 나온 지 오래됐지만 '코랄코랄(웜 톤)'이 베스트셀러.

RMK

루나솔과 같은 가네보 브랜드. 역시 펄, 라메가 든 색상이 많으며 팔레트보다 단색이 더 쓸모가 많다. 인지니어스 파우더 아이즈의 메탈릭 컬러, 샤이니 컬러는 반짝임이 눈부시다. 골드와 실버 색상이 특히 다양하며 골드 라메도 반사광 때문에 바르면 쿨 톤으로 작용한다.

크리스찬디올

색상 자체로 보면 웜 톤도 많으나 전통적으로

은은한 실버 펄이 유독 많이 들어가며 핑크, 보라 계열이 많은 브랜드. 특히 5꿀뢰르 이리디슨트에 펄감이 많다. 피부가 분을 바른 것처럼 보송보송하면서 눈동자 색도 흐릿한 사람에게 잘 어울린다. 최근 웜 톤 색상을 많이 내놓고 있다.

입생로랑

매 시즌 패션쇼와 함께 아이섀도 팔레트를 내

놓는데 오트 쿠튀르 의상처럼 색상 대비가 극명하고 고급스럽다. 흔히 볼 수 있는 색이 아니라 색감이 매우 미묘한 혼색 위주. 물에 적셔 사용할 수 있는 퓨어 크로마틱스는 예술적인 스모키 메이크업을 하기에 적당하고, 기본 아이섀도 팔레트인 5색 옴브르 쌩끄 뤼미에르에는 보라, 자주 계열이 많으며 펄과 글리터, 매트한 색상이 조화롭다.

나스

발색력이 매우 좋고 입자가 곱고 매끄럽다. 색상이 다양한 듀오 아이섀도는 세련된 보색 대비를 이룬 것이 많다. 웜 톤에게 적합한 색도 많지만 가무잡잡한 쿨 톤 피부에 어울리는 색상이 많다는 것이 특징. 올 어바웃 이브, 도쿄, 비올레타, 마다가스카르, 에게아처럼 색이 연해서 일상용으로 쓸 수 있는 색상도 많다. 소프트 터치 섀도우 펜슬은 색상에 따라 아이라이너, 하이라이터로도 쓸 수 있다.

시세이도 마끼아쥬

일본에선 드럭스토어 브랜드로, 20대 초반 직장여성이 많이 쓴다. 루나솔에 비해 펄 입자가 작으며 색감이 차분하다. 웜 톤도 많지만 쿨 톤이 꼭 하나쯤 포함돼 있다. 5색 팔레트인 트루 아이섀도에선 VI762가 대표적. 다른 색상도 실버 펄 때문에 쿨 톤이 써도 무난하다. 종이 포장에 설명된 사용법대로 바르면 모델과 비슷한 룩이 완성된다.

부르조아 아이섀도 트리오

한 색상을 진하기만 달리한 3구 아이섀도로 자연스러운 그라데이션 효과를 볼 수 있다. 중저가 브랜드라 펄이 조금 단순한 면이 있다. 1, 6, 7, 12번 등이 쿨 톤이다.

중간 톤
Neutral tone

맥

선명한 발색과 다양한 색상으로 메이크업 아티스트에게도 인기가 많은 제품. 바닐라는 실버 펄이 조금 든 밝은 베이지로 어떤 피부에나 베이스 컬러로 좋고, 소바는 아주 쿨 톤만 아니면 아이라인에 음영을 주기에 좋다. 가격이 저렴하며 싱글 섀도 위주라 언제든 원하는 색을 추가해 자기만의 팔레트를 만들 수 있다.

베네피트

너무 진하거나 어둡지 않은 밝은 색이 많으며 대부분 웜 톤에 속하지만 실버 펄 때문에 쿨 톤인 색도 상당수 있다. 희고 노르스름한 피부부터 중간 밝기 피부에 가장 잘 어울린다. 단색인 크리즈리스 크림 섀도는 실리콘 베이스로 부드럽게 발리고 마무리는 보송보송하다. 팔레트는 브라운-오렌지 계열의 매일 쓸 수 있는 실용적인 색상이 대부분이다.

에스티로더

역시 지나치게 강렬한 색은 별로 없으며 차분하게 가라앉은 색 중 웜 톤을 바탕으로, 쿨 톤이 약간 있다. 밝고 노란기 도는 피부에 가장 잘 어울리고 보라, 초록 계열도 상당히 많아 이국적이고 고급스러운 이미지를 준다. 펄은 느낄 수 없을 만큼 고운 것이 대부분이다. 한 팔레트 안에도 색상 구성이 다채로워 두세 가지 색만 쓰면서 여러 패턴을 만들 수 있다.

Best Choice 겔랑

대부분이 유화에서 보듯 깊이 있고 풍부한 색감이다. 쿨 톤과 웜 톤이 거의 반씩 존재하며 다양한 피부색에 어울리지만 이미지가 귀엽고 어려 보이는 사람보다 성숙하고 우아한 사람에게 잘 어울린다. 에끄레 6꿀뢰르 아이섀도는 화려한 색 하나를 중심으로 그것을 받쳐주는 차분한 색 5가지로 구성돼 안정적인 음영 메이크업을 할 수 있다. 인기 색상은 분홍 계열인 패시.

조르지오아르마니

로레알 계열 브랜드 중에서 최상위급 브랜드로 가장 색감이 고급스럽다. 쿨 톤, 웜 톤 모두 있으며 한쪽으로 치우치지 않아 어울리는 사람이 많다. 중간 밝기, 약간 어두운 피부에도 세련되게 어울린다. 아이즈투킬 콰토르 아이섀도 팔레트는 누구나 자연스럽게 스모키 메이크업을 할 수 있도록 비슷한 색 내에서 밝기만 다른 4색이 들어 있다.

로레알 컬러리쉬

로레알 계열사에서 가장 대중적인 브랜드로 4가지 색 르 옴브레 꾸뛰르는 강렬한 색부터 무난한 색까지 다양한 팔레트가 있다. 아주 웜 톤도, 쿨 톤도 아닌 중간에 가까운 톤 위주이며 대부분의 피부색에 어울린다. 조르지오아르마니와 같은 회사 제품인 만큼 저가지만 매 시즌 트렌드에 맞게 색상을 제시하고 팔레트 내 색 조합도 훌륭하다. 단 발색력이 아주 좋은 건 아니다.

It Cosmetic

섹시하게 혹은 청순하게, 립 컬러들

▶   '립스틱 효과'란 경제 용어가
있다. 경기가 불황일 때도 립스틱 같이 저렴한 제품은 잘 팔리며, 역으로 그 현상 자
체가 불황을 상징한다는 것이다. 적어도 우리나라에선 이 말이 착착 들어맞았다. 모
든 소비가 둔화되어도 립스틱은 더욱 유행했고, 오히려 싼 립스틱을 여러 개 사는
현상이 나타났다. 화장품 매장에서 메이크업 아티스트가 발라준 새빨간 립스틱을
거울로 비춰보며 순간 여왕 같은 표정을 짓던 한 여자가 인상 깊었던 기억이 있다.
그만큼 립스틱 하나가 기분전환을 시켜준다는 뜻일 것이다.

마릴린 먼로, 비비안 리, 엘리자베스 테일러……, 전설적인 여배우들이
과연 립스틱 없이 탄생할 수 있었을까? 우리나라에서도 여배우가 TV에서 바르고

나온 립스틱을 구하지 못해 발을 동동 구르고, 인터넷 중고시장에서 프리미엄까지 붙여가며 팔고 사는 것도 보았다. 나 역시 오래 전 우리나라의 립스틱 캠페인 광고에 휩쓸려 이영애의 '밍크 브라운'과 '미스티 퍼플', 김지호의 '헵번 브라운', 심은하의 '아이스 아이스 스모키'까지 빠짐없이 사들였던 것을 고백한다. 뿐만 아니라 학생 때 일본에서 눈부시게 선명한 딸기우유 핑크 립스틱을 보고 "10개 주세요." 했다가 그것이 3천 원이 아닌 3천 엔이란 사실을 깨닫고 자괴감에 빠지기도 했었다. 립스틱, 립글로스는 사용 기한이 짧은데도 불구하고 죽을 때까지 써도 못 쓸 만큼 사들였다. 아무래도 '립스틱 효과'는 단순한 경제 용어가 아니라, 립스틱이 여자의 행복지수를 높여줄 수 있는 강력한 무기란 뜻으로 바꿔 사용해야 할 것 같다.

내 입술에 제일 예쁜 색 찾기

수많은 립스틱을 사들여도 실제 쓰는 립 제품은 몇 개 안 된다. 언젠가 '분명 송혜교 립스틱을 샀는데 내가 바르니 그 색이 아닌 것 같다.'며 의아해 하는 사람을 보았다. 당연히 그렇다. 립 제품은 자기 피부 톤, 입술과 반응해 전혀 다른 색으로 보이기 때문이다. 시선을 끌어 모으는 데다, 입술 색이 진하기 때문에 그 어떤 다른 색조 제품보다도 그 정도가 심하다. 쉽게 말해, 안 어울리는 립스틱은 '잔인하리마치' 안 어울린다. 누가 발라서 눈의 여왕처럼 신비로웠던 핑크 펄 립스틱이 내가 바르니 할로윈 분장용 야광 립스틱처럼 보이기도 하고, 고혹적이고 우아한 브라운 립스틱이 얼굴 나이를 스무 살은 더 먹어 보이게 만들기도 한다.

1장에서 말한 쿨 톤, 웜 톤 등 자기 고유의 바탕색에 따른 대비 때문인데 웜 톤이라고 웜 톤에 해당하는 모든 립스틱 색상이 다 어울리는 것이 아니다. 자기에게 정말 어울리는 색 하나, 그 다음으로 어울리는 색 하나, 아이섀도와 피부 표현을 잘 하면 그럭저럭 어울리는 색 하나, 이렇게 세 가지 정도밖에 나오지 않는다.

노르스름한 웜 톤이면서 피부가 희고 눈동자는 진하지 않은 미스에이의 수지는 빨강도 분홍도 아닌 흐릿한 산호색 정도가 제일 잘 어울린다. 보라 기가 도는 핫 핑크를 바르면 본연의 순수하고 아리따운 이미지가 사라지면서 어색하고 피부도 누렇게 떠 보일 것이다. 만약 짙은 화장을 한다고 하면 다홍색처럼 진한 색도 어울리고, 핑크인데 노란 기가 도는 색, 아이라인을 진하게 한다면 베이지인데 골드 펄이 든 색 등 흐린 계열도 어울릴 것이다.

쿨 톤의 대표주자인 배우 김태희는 노르스름한 기가 든 산호색이 정말 안 어울린다. 피곤해 보이고 심지어 나이 들어 보이게까지 한다. 하지만 푸른 기가 도는 빨강, 진줏빛 도는 푸른 핑크를 발랐을 때 그 우아하면서도 화려한 미모가 빛을 발한다. 이런 효과는 단지 연예인에게만 국한된 것이 아니기 때문에 평소 립스틱을 고를 때 핑크 중에서는, 빨강에서는, 베이지에서는 얼마나 노란 기가 도는 색이 어울리는지 정해두는 것이 좋다. 거기서 더 나아간다면 그중에서 얼마나 진한 색이 자신에게 최선인지를 정하면 좋을 것이다. 색조와 진하기가 자신에게 딱 맞아 떨어지는 립 컬러를 발랐을 때 그 사람이 가장 눈부시게 보이고 약점은 감춰진다. 또 많은 사람들이 립 컬러가 잘 어울린다고 칭찬해줄 것이다.

웜 톤은 오렌지, 쿨 톤은 핑크? ◢

보통 웜 톤은 오렌지, 쿨 톤은

핑크가 어울린단 공식이 널리 퍼져 있는데, 핑크에도 노란 기가 도는 웜 핑크가 많고 우리나라에서 유통되는 색 중 상당수가 웜 핑크다. 핫 핑크라 이름 붙은 색 중에도 노란 기가 도는 것이 많다.

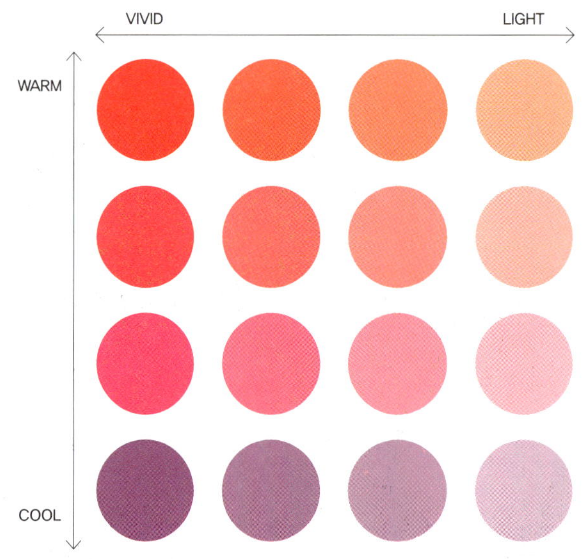

| 피부 톤에 따른 립스틱 컬러 |

※ 왼쪽 위로 갈수록 웜 톤, 오른쪽 아래로 갈수록 쿨 톤이다.

드라마 속 윤은혜 립스틱이라고 소문이 난 '나스 스키압'은 진한 웜 핑크다. 윤은혜도 웜 톤이기 때문에 진하기만 할 뿐 아주 안 어울리는 조합은 아니다. 쿨 핑크는 김남주가 자주 바른다는 푸른 기가 가득한 맥의 생제르망이 진짜 쿨 핑크. 하지만 이런 정도의 쿨 톤이 어울리는 사람은 쿨 톤 중에서도 흔치 않다. 오렌지는 쿨 톤이면 원래 거의 다 안 어울린다. 하지만 간혹 오렌지이면서 형광 기가 돌고 자세히 보면 푸른 펄 같은 것이 든 색이 있다. 주로 유럽 브랜드인데 그런 것은 조금 어울리기도 한다.

자기가 쿨 톤, 웜 톤인 걸 알았다면 어느 정도나 극단적인지를 생각해보는 것도 좋다. 국내 브랜드 립 컬러 대부분이 잘 어울리면 웜 톤일 확률이 높다. 어울리는 색이 많으니 안 어울리는 색만 피하면 된다. 반면 립 컬러만 바르면 촌스러워서 무난한 베이지-브라운을 주로 바르는데도 뭔가 어색하다면 쿨 톤일 확률이 높다. 이 경우 선명하지 않더라도 회보라색 같은 차분하면서도 특이한 색을 시도해보면 딱 맞는 색을 찾을 수 있다.

립 제품, 먹어도 될까?

립 컬러는 사실 최소 비용을 들여 무제한으로 찍어낼 수도 있는 품목이다. 립 컬러에 들어가는 색소엔 천연 색소와 합성 색소(타르 색소)가 있다. 천연 색소는 쇠의 녹, 벌레 간 것, 꽃물 등이고 합성 색소는 주로 석유를 원료로 만든 것이며 종류가 매우 다양하다. 하지만 합성 색소 중 상당수가 몸에 해로워 립 제품에는 식약처에서 엄격하게 먹을 수 있는 종류와 평생 먹어도 해롭지 않은 양만을 허용하고 있다(국내 제품의 경우 천연 색소는 '적색산화철', '카민'처럼 이름으로, 합성 색소는 성분표에 'O색 O호' 식으로 표기된다).

천연 색소는 색이 고급스럽지만 한정돼 있고, 발색이 흐리며 색이 변하기 쉬워서 합성 색소와 섞어 쓰는 경우가 많다. 발색이 잘 되고 색이 화려한 것은 대개 합성 색소가 많은 것이다. 저가 제품의 대다수가 100% 합성 색소만 쓴다. 물론 어린이용 식품에도 합성 색소가 많이 들어가고 국내 화장품법을 지켜 생산한 것이

쿨 톤에 어울리는 립스틱 찾기

국내 저가 브랜드 립스틱은 핫 핑크라 불리는 색도 거의 다 웜 톤이며 쿨 톤 립스틱이 있어도 진한 핑크와 연보라 등 두 가지 정도를 갖추고 있어 우리나라에 많은 회색빛 도는 중간 밝기 쿨 톤인 사람들에겐 어울리기 어렵다. 맥, 입생로랑, 크리스찬디올 등 백화점 브랜드에서 보라 기 도는 진하면서도 약간 탁한 색 위주로 테스트를 해보거나, 슈에무라 루즈 언리미티드 슈프림 샤인 BL042, 투쿨포스쿨 아트 클래스 립 크레용 블루 온 등을 웜 톤 립스틱과 섞어 보정할 수 있다.

니만큼 당장 건강을 해치는 건 아니다. 하지만 워낙 종류가 많다 보니 뒤늦게 해로움이 발견돼 금지되는 경우(예 : 적색 225호)도 있으므로 주의해야 한다.

합성 색소가 많이 든 제품을 장기간 사용하면 착색이 되어 입술 색이 칙칙해지고 피부가 예민한 사람은 쉽게 트기도 한다. 고가 브랜드는 합성 색소와 함께 천연 색소도 많이 쓰는데, 문제는 최근 광물질을 포함한 천연 색소를 쓴 제품에서 미량이지만 중금속이 검출되었다는 것이다. 워낙 소량이기 때문에 법규에 위반되는 건 아니지만 알아둘 필요는 있다. 또 그런 제품은 어떤 브랜드의 한 품목 전체가 아니라, 색상마다 함유량이 달라서 일일이 수거해서 정밀분석을 해보기 전엔 '무엇을 피하라.'고 말하기도 어렵다.

최선의 방책은 립 컬러를 바르기 전에 바탕에 립밤을 바르고 가능한 립 컬러를 먹지 않는 것이다. 또 싸다는 이유로 정체불명의 립 제품을 사지 말고, 반드시 우리나라 식약처의 수입허가를 받았거나 믿을 수 있는 업체에서 생산된 것을 구입하자.

미니 TIP

발색력이 좋다는 것은 색소 농도가 높고 베이스가 매트하다는 것이다. 저가는 대부분 합성 색소만 쓰고 고가는 합성 천연 색소를 쓴다. 착색이 심한 것은 피하는 게 좋다.

고발색 립 컬러
Lip color

Best Choice **맥 립스틱**

발색력이 좋고 어떤 사람에게나 어울리는 톤이 다 있을 만큼 색상이 다양하다는 것이 장점. 약간 매트한 편이며 보이는 색 그대로 발색된다. 입술이 건조한 사람은 립밤을 미리 바르고 바를 것. 생제르맹과 러스터 타입인 밀란 모드는 대표적인 쿨 톤.

나스

두껍게 발리는 느낌이 없으면서 매트하지도 촉촉하지도 않은 질감으로 색상에 따라 발색력이 조금씩 다르지만 색 자체는 분명히 표현된다. 모든 피부 톤을 커버하는 색상이 있으며 로만 홀리데이, 퍼니 페이스, 스칼렛 엠퍼러스 등은 쿨 톤.

영국 로드앤베리 20100

눈과 입술용 화장품 전문 색조 브랜드로 제조는 이탈리아다. 제품명이 20100인 펜슬은 발색이 확실한 매트 립스틱. 대부분 웜 톤이지만 푸시아 핑크처럼 튀는 색도 있고 차분한 베이지 계열도 많다. 패션쇼처럼 도시적인 스모키 메이크업이나 립 포인트 메이크업을 할 때 적당하다.

슈에무라 루즈 언리미티드 슈프림 마뜨

이름처럼 광택이 없고 보호막처럼 두께감 있게 발리면서 오래 바르고 있어도 건조하지 않다. 발색이 매우 선명하지만 색소를 잘 코팅해서 착색이 심하지 않다. 웜 톤이 많지만 강남 핑크와 시크 핑크는 쿨 톤.

VDL 페스티벌 립스틱 러브마크

발색력이 좋은 립스틱 중에서도 촉촉하다. 뉴요커를 연상시키는 서구적인 색감 위주이며 저가로선 세련됐다. 대부분이 웜 톤이지만 104번 조쉬와 같은 색은 쿨 톤. 착색이 있지만 심하지 않은 편이다.

촉촉한 립 컬러

Lip color

바비브라운 크리미 립 칼라

촉촉하면서 발색력도 중간 이상은 되는 립스틱. 베이스가 되는 오일과 왁스가 거의 다 식물성이라 립밤처럼 입술 피부 보호 효과가 좋다. 색상은 선명한 핑크에도 노란 기가 돌고 대부분 차분한 색감이라 웜 톤인 사람이 부담 없이 어떤 색이든 골라도 된다.

시세이도 퍼펙트 루즈 텐더 쉬어

토코페롤, 히알루론산 등 유수분이 모두 배합된 보습 립스틱으로 미세한 펄이 들어 있고 투명감이 있지만 발색력은 갖췄다. 핑크와 빨강 계열이 많아 혈색과 비슷해 보인다. 베스트셀러 색상인 RS307은 웜 톤 피부를 희고 여성스러워 보이게 하는 장미색.

Best Choice 겔랑 루즈 샤인 오토마띠끄

루즈 오토마띠크도 촉촉한 편이지만 그보다도 촉촉하고 글로시한 질감. 한 손으로 밀어 뚜껑을 열 수 있는 고급스러운 용기에 립스틱의 베이스가 다양한 식물 성분과 왁스로 되어 있어 립밤처럼 촉촉하고 답답하지 않다. 쿨 톤, 웜 톤 등 어떤 피부 톤도 커버할 만큼 범위가 넓으며 깊이 있는 혼색으로 고급스럽다.

에스쁘아 립스틱 노웨어 쉬어

립글로스나 립밤처럼 촉촉하며 보이는 색 그대로 부드럽게 발린다. PK002 버블 팝을 제외하곤 웜 톤. BL801 아이스 댄스는 펄이 든 투명. 오렌지색 계열이 풍부하고 다양하게 나와서 웜 톤인 사람에게 선택의 폭이 넓다.

다양한 색감의 립 컬러

Lip color

소망화장품 오늘 해피모먼트

오직 핑크색만을 모아놓은 콜렉션으로 1번(글로스)을 제외한 11가지가 핑크색이다. 또한 쿨톤, 웜 톤 별로 구별을 해놓아 자기에게 어울리는 핑크를 찾을 수 있으며 다른 제품 대비쿨 톤이 많다. 촉촉한 편.

입생로랑 루즈 볼룸떼

크리미하면서 번들거리진 않는 세미 매트 질감. 일명 '딸기우유색'이라고 하는 핑크 계열이 톤 별로 다양하다. 자기에게만 어울리는 바비 인형처럼 예쁜 분홍색을 찾고 싶으면 둘러볼 것. 7번은 쿨 톤 파스텔 핑크, 1번은 베이지에 가까운 웜 핑크다.

미국 세포라 립 컬러 래스트

발색력이 강하고 매트하면서 톤이 매우 다양하다. 흔치 않은 쿨 핑크, 보라, 와인 등 색상이 다양하게 갖추어져 있고 미세한 펄이 든 것도 있다. 미국, 유럽 등을 여행할 때 하나쯤 구입할만하다. 가격이 매우 저렴하다.

성분이 순한 립 컬러

Lip color

Best Choice 베네피트 베네틴트

베네피트의 틴트 중에서 천연 색소인 카민만 사용한 색상. 카민은 연지벌레에서 추출한 색소로 피부에 착색이 되어도 해롭지 않다. 맑은 빨강이며 본래의 입술 색과 섞이기 때문에 피부 톤에 관계없이 쓸 수 있다. 틴트의 특성상 립밤을 덧발라 주는 것이 좋다.

버츠비 틴티드 립밤

코코넛 오일, 베지터블 오일, 비즈왁스, 올리브 오일 등 베이스가 모두 천연 성분이며 색소로 산화철과 카민을 사용했다. 발색이 약해 색이 살짝 도는 립밤이다. 총 7가지 색상으로 천연 색소를 사용한 제품 중 색감이 다양하다.

시드물 자연 꽃잎 틴트

착색이 되는 틴트로서는 천연 색소인 카민만 사용했고 방부제도 모란, 황금 추출물, 1, 2-헥산디올이란 안전한 성분을 사용했다. 방부력이 강하지 않은 만큼 소량이며 3개월 이내 사용을 권장한다. 착색은 연하게 되어 덧바르기에 따라 조절할 수 있다.

미국 아베다 우루쿠 립 피그먼트

브라질 우루쿠 나무에서 추출한 붉은 색소를 썼으며 발색력도 강한 립스틱. 베이스도 호호바유, 무루무루씨버터 등 모두 보습력 좋은 식물 성분이다. 여러 가지 색상이 있지만 대부분 원료 자체의 색인 웜 톤 빨강을 낸다. 국내에 색조 제품은 수입되지 않아 외국에서만 구입 가능.

프레쉬 슈가 립 트리트먼트 SPF 15

비즈왁스, 호호바유, 피마자유, 올리브유 등 베이스가 거의 먹을 수 있는 오일과 왁스로 이루어졌으며 보습력도 좋다. 색소 역시 최대한 천연 색소를 사용했다. 발색력은 립글로스 정도로 은은하다. 화학적 자외선 차단 성분이 함유된 자외선 차단 기능성 제품이다.

It Cosmetic
메이크업 아티스트의 양손, 화장 도구

▶   마치 기계처럼 보이는 메이크

업 아티스트의 손놀림을 보면 '얼마나 연습을 하면 저 정도 기술이 손에 익을까?'

하는 생각이 들곤 한다. 그런데 자세히 보면 그들은 스펀지 하나도 특별한 것, 브러

시도 굉장히 부드러워 보이는 것을 쓴다. 그 정도 도구를 갖추고 있다면 정말 화장

을 더 잘할 수 있을까? 사실 화장을 못하는 사람은 기술도 없지만, 도구도 제대로

갖추고 있지 않은 경우가 많다. 그냥 화장품에 포함된 것을 쓰다가 잃어버리면 손가

락으로 바르고, 제품이 오염돼서 덩어리가 생기면 버리는 식이다.

        좋은 화장 도구라는 신세계에 눈을 뜨면 화장이 쉽고 즐거워진다. 예를

들어, 똑같은 아이섀도도 좋은 브러시로 바르면 일부러 잘 펴려고 하지 않아도 자연

스럽게 음영 메이크업이 된다. 아이래시 컬러를 써 봐야 속눈썹이 잘 집히지 않는 홑꺼풀이라고 포기했던 사람도, 좋은 것을 쓰면 속눈썹 전체가 바짝 올라가 눈마저 커 보이는 효과를 본다.

많이는 필요 없다. 꼭 필요한 몇 개를 좋은 것으로 갖추는 게 중요하고, 처음엔 좀 비싸더라도 오래 쓰다 보면 그 비용을 상쇄하고도 남는다. 아직 우리나라엔 없지만 트위저맨 족집게는 무뎌진 날을 평생 벼려주는 서비스도 한다. 미국 달러로 20달러 조금 넘는 것이지만 평생 쓰라는 것이다. 그만큼 화장 도구는 '명품'으로 장만할 가치가 있다.

고급 브러시는 무엇이 다를까?

베이스와 색조 제품을 표현해 주는 브러시는 품질의 차이가 극명하다. 고가의 '명품' 가방이 농장에서부터 관리한 흠집 없는 동물의 엄선된 가죽만을 사용한다고 광고하듯 털의 태생부터가 다른 것이다. 좀 잔인한 얘기지만 대체로 담비, 다람쥐처럼 작은 동물의 털이 작은 아이새도 브러시 등 극히 곱고 부드러워야 할 것에 쓰이고 염소, 말, 산양처럼 큰 동물은 블러셔나 페이스 브러시 등 중간 이상인 브러시에 쓰인다.

고가의 털이 들어간 브러시는 그 모델이 어떤 동물의 털을 사용한 것인지 따로 밝힌다. 또 털끝을 다듬지 않은 자연 상태로 하나하나 모아 만든 것이 고급이다. 긴 털의 중간 부분으로 만들면 털끝이 잘린 면이 날카로워 부드러움이 덜하고 가치가 떨어진다. 브러시만 만드는 장인도 있는데, 그런 브랜드가 따로 있으며 일부 브랜드는 그 사실을 밝히기도 한다.

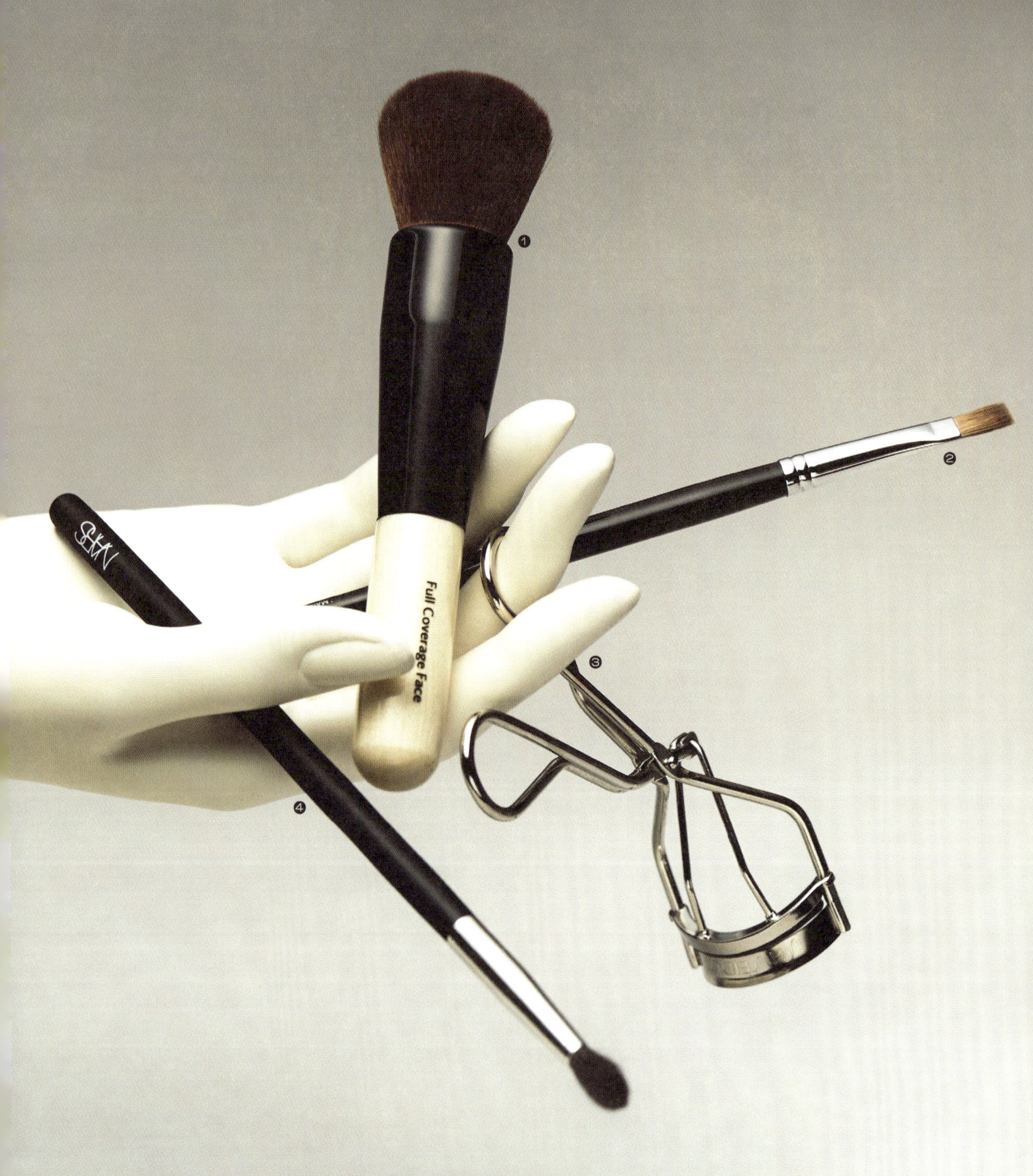

① 바비브라운
② 슈에무라
③ 시세이도
④ 나스

합성모 브러시도 꼭 싸기 때문에 존재하는 게 아니다. 파운데이션, 컨실러 등 액체를 바를 때 필요하다. 마찬가지로 얼마나 부드럽고 탄력 있게 만들었느냐에 따라 품질 차이가 난다. 좋은 합성모 브러시는 천연모만큼 가격이 나간다.

동서양의 브러시가 다르다

동양과 서양의 브러시를 보면 품질부터 형태까지 조금씩 다르다. 화장 방식이 다르기 때문인데, 서양 메이크업 아티스트들은 브러시로 얼굴에 둥글리듯 빠르고 다소 '터프하게' 화장을 한다. 서양인의 얼굴이 입체적인 만큼 셰이딩, 아이섀도 등도 과감하게 분명한 형태를 만들면서 브러시를 많이 사용한다. 그래서 털어내는 용도, 쓸어주는 용도 등 브러시 종류가 다양하고 모질은 그렇게 부드럽지 않다.

동양의 브러시는 오밀조밀한 동양 여성 얼굴에 맞춰서인지 작고 부드러운 것이 많다. 동작 역시 다독이듯, 살살 펴 바르기 좋게 되어 있다. 파우더 등을 주로 퍼프를 사용해서 바르기 때문에 아주 큰 브러시는 동양권 화장에서 잘 사용하지 않는다. 대신 작은 브러시가 다양하며 끝이 비교적 모아져 있고 매우 부드럽다.

무조건 브랜드만 믿고 브러시를 사지 말고, 자신의 화장 스타일이 어떤지, 또 어떤 스타일의 브러시가 잘 맞을지 결정한 후 구입하는 게 좋다. 참고로 나스는 글로벌 브랜드지만 시세이도 소속이라 동양권 브러시의 특징을 띠고 있다.

스펀지와 퍼프 고르기

스펀지와 퍼프도 종류가 다양하다. 천연 라텍스는 피부에 닿는 느낌이 부드러워 자극을 주지 않는다. 하지만 자연적으로 생긴 기포에 묽은 파운데이션이 빨려 들어가곤 한다. 리퀴드 파운데이션은 한쪽 혹은 양면을 비닐로 완전히 코팅해 전혀 파운데이션을 흡수하지 않는 소재의 퍼프를 주로 쓴다. 인조 라텍스 중엔 물을 빨아들여 촉촉한 상태로 쓸 수 있는 것도 있고, 거의 빨아들이지 않아 단단하고 매끈하게 화장이 되는 것도 있다.

스펀지의 모양에 따라서도 화장이 달라지는데 작고 뾰족한 면이 있는 것은 코 옆 등 좁은 부위를 섬세하게 표현할 수 있고, 두껍고 커다란 사각형인 것은 밀착력 있게 파운데이션을 두드려 바르는 데 편리하다. 여러 형태를 다 갖추면 더욱 좋다.

파우더 퍼프는 만졌을 때 벨벳처럼 부드러우면서 쿠션감이 있어 접었다 펴도 그대로 복원되는 것이 좋은 것이다. 퍼프 하나에 몇 만 원인 것도 많으며 몇 번이나 빨아 써도 생생하게 모양이 되살아난다. 물론 파우더도 얇고 균일하게 펴 발라진다. 프레스트 파우더 퍼프는 원래 제품에 들어있는 것의 품질이 엉망인 경우가 많다. 특히 미국제 저가 브랜드가 그렇다. 이런 경우 따로 장만하는 게 좋은데 역시 섬유가 가늘고 길며, 전체 두께는 얇아도 쿠션감이 있는 것이 좋다.

한 끗 차이 금속제 도구들

아이래시 컬러, 족집게, 눈썹 다듬는 가위 등 금속제 소도구들도 품질이 굉장히 중요하다. 어머니들이 '부엌칼 하면 어느 브랜드' 하고 최고를 꼽는 것처럼 미용 도구도 마찬가지다. 유명한 회사는 대개 칼, 가위 등과 함께 미용 도구를 생산한다. 아무리 집으려 해도 눈썹이 집히지 않는 족집게를 써본 적이 있을 것이다. 하지만 좋은 제품은 날이 완벽하게 맞으며 조금만 힘을 줘도 눈썹이 뽑힌다.

　　아이래시 컬러 역시 품질 차이가 확연한데 중요한 것은 바로 자기 눈에 맞는 경사각으로 만들어진 제품이어야 한다는 것. 한국인의 눈은 서양인에 비해 짧고 평평해서 서양에서 좋다는 제품을 써도 맞지 않는 경우가 있다. 직접 집어보고 살 수 있다면 좋겠지만 그럴 수 없다면 동양에서 만들어진 것 중 가능한 짧은 것이 낫다.

브러시
Brush

나스 가부키 아티산 브러시

다람쥐, 염소 등 고급 천연모를 골라 만든 브러시를 갖추고 있어 입자가 아주 곱고 촉촉한 파우더도 잘 묻는다. 특히 아이섀도 브러시들은 다람쥐모. 이 제품은 검은 염소 털로 장인이 하나하나 털을 골라 만든 고급 브러시다. 가부키 배우들이 쓰는 브러시에서 아이디어를 얻었다고 한다. 루즈 파우더에 사용한다.

슈에무라 브러시

메이크업 전문 브랜드답게 모든 용도의 브러시가 다 있으며 컨실러 브러시를 제외하고 모두 목적별로 적합한 천연모 브러시이다. 특히 아이섀도 브러시, 립 브러시에는 끝을 다듬지 않은 자연산 러시아 담비(밍크)모를 써 매우 부드럽고 정확하게 제품이 표현된다.

메이크업매직 바바라 브러시 세트

전부 합성모이며 눈 아래에 컨실러를 바르거나 잡티 커버, 아이라인 등에 매끄럽게 바르는 데 적합하다. 총 5개 세트로 가격이 저렴하다. 납작한 브러시와 뾰족한 브러시가 섞여 있다.

바비브라운 풀 커버리지

세워서 굴리는 형식이고 털끝이 둥글게 다듬어져 있어 자극 없이 모공이 커버된다. 파운데이션의 밀착력을 높여 커버력은 높으면서도 가볍게 화장한 것처럼 보인다. 밤 타입, 리퀴드 타입 어떤 파운데이션에도 쓸 수 있다. 바비브라운의 브러시들은 용도에 따라 천연모, 합성모 재질이 있는데 특히 파운데이션 브러시들이 우수하다.

`Best Choice` RMK 치크 브러쉬 S

휴대할 수 있을 만큼 짧지만 다듬지 않아 극히 부드러운 산양모에 형태가 둥글고 탄력적이라 고체 타입 블러셔도 뭉치지 않고 부드럽게 펴 발린다. 동그란 모양, 길쭉한 모양 등 다양하게 블러셔를 표현할 수 있다. RMK의 브러시 모두 산양모, 말털 등 매우 부드러운 천연모를 사용한다.

코겐도 립 브러시

휴대용 립 브러시로선 매우 부드럽고 품질이 좋은 족제비 털. 전체적으로 납작하면서 끝부분이 일자로 다듬어져 입술 선을 정교하고 깔끔하게 그릴 수 있다.

엘르걸 포인트 아이섀도 브러시

올리브영의 저가 브랜드로 브러시 자체의 질이 매우 좋은 건 아니지만 이 포인트 아이섀도 브러시는 짧고 납작해서 진한 색 아이섀도를 아이라인처럼 그리기에 매우 편리하다. 스펀지 팁보다 훨씬 덜 뭉치고 자연스럽고 또렷하게 눈 꼬리까지 표현할 수 있다.

스펀지
Sponge

올리브영 삼각 스펀지

긴 직각 삼각형으로 잡기 편하고 모서리로 좁은 부위까지 잘 펴 바를 수 있다. 표면이 매끈하고 파운데이션, 비비 크림 등을 많이 흡수하지 않는다. 저렴하면서 한 봉지에 다량 들어 있기 때문에 몇 번 쓰고 버릴 수 있어 위생적이다.

Best Choice 슈에무라 펜타곤 스펀지

파운데이션이나 프라이머를 두드려 바르는 데 주로 사용하며 묽은 로션 타입보다 입자가 느껴지는 매트한 파운데이션에 더 잘 맞는다. 모공을 커버하는 기능이 뛰어나고 커버력이 높아진다. 촉감이 아주 부드럽고 탄력이 있어서 피부에 자극을 주지 않는다.

미쯔요시 리퀴드 파운데이션용 스펀지

메이크업 아티스트들이 주로 쓰는 전문 브랜드. 묽은 파운데이션과 프라이머를 흡수하지 않는 소재라 낭비 없이 밀착력 있게 바를 수

있다. 먼저 넓게 펴 바른 후 두드려주면 효과적이다. 긴 달걀형을 하고 있어 넓은 면과 좁은 면 모두에 쓰기 편하다.

코겐도 프레스트 파우더 퍼프

납작하면서도 털이 길고 매우 부드러워 피부에 자극이 없고 프레스트 파우더를 뭉치지 않게 묻혀서 벨벳처럼 매끈하게 펴 발라준다. 순면 소재로 빨아서 쓸 수도 있다.

기타 도구들

Etc.

Best Choice **시세이도 아이래시 컬러**

한국, 일본 등 동북 아시아인의 눈 길이와 경사각에 맞게 설계되어 한 번에 속눈썹 전체가 집히며 힘을 주지 않아도 부드럽게 컬링이 잘 된다. 견고한 스테인리스 소재라 오래 써도 휘거나 변형되지 않는다. 리필용 고무 하나가 딸려 있다.

스타래쉬 아이미 속눈썹 38호

연예인들이 촬영 때 티 안 나는 분장용으로 가장 많이 쓰는 제품. 한국인의 속눈썹과 비슷한 구조와 길이(8mm)로 만들어져 제대로 붙이기만 하면 자기 속눈썹 같이 숱이 풍성해진다. 국내 기업 제품이며 홈페이지를 통해 구입 가능.

슬라이스 포인티드 스테인리스 트위저

족집게, 가위 등 금속 소품 브랜드인데 디자인이 모던하고 품질도 트위저맨 못지않다. 포인티드 트위저는 끝이 날카로우면서 정확하게 맞아 속으로 파고드는 눈썹, 다리 털 등을 빼내거나 잔털을 제거할 때 적합하다.

트위저맨 슬랜트 트위저

트위저맨은 독일의 '쌍둥이 칼'로 유명한 쯔빌링 헨켈의 자회사로 트위저맨의 트위저 역시 명품으로 인정받고 있다. 특히 족집게나 왁싱으로 눈썹을 뽑아 정리하는 서양에서 스테디셀러인 제품. 슬랜트 형태는 기울어지고 잘 접합되는 날로 두세 개의 털을 한 번에 뽑을 수 있다.

트위저맨 폴딩 아이래시 콤

마스카라를 바른 후 속눈썹이 뭉치지 않도록 빗는 도구인데 빗살이 금속으로 된 것을 만들 수 있는 회사가 몇 안 된다. 빗살이 매우 가늘면서도 촘촘하고 강해야 속눈썹이 빗어지기 때문.

듀오 속눈썹 풀

메이크업 아티스트들이 가장 많이 쓰는 제품. 인조 속눈썹이 잘 붙고 깨끗하게 떨어지며 독성이 없다. 용량이 넉넉해서 한 번 사면 오래 쓴다. 투명과 어두운 색이 있다.

It Cosmetic

03

보디 & 헤어 제품

It Cosmetic

실크 같은 머릿결을 연출하는 헤어 제품

▶   조선시대 사극을 보면 왕실과
세도가의 처첩, 기생들이 땋은 머리를 둘둘 두르고 비녀와 장신구를 잔뜩 꽂은 걸
볼 수 있는데 이것이 이른바 '가체'다. 긴 머리가 많이 들어가기 때문에 남의 머리를
사서 땋은 후 이어 얹는 형식. 지체가 높을수록 가체도 크고 화려했다. 반면 서민 아
낙은 머리를 그들에게 팔아 광목 수건을 두른 경우가 많았다. 가체로 인한 사치풍조
와 안전문제 때문에 영조는 급기야 '가체금지령'을 내리기도 했다고. 하지만 몰래몰
래 중요한 날에는 가체를 얹었으며 자기 머리에 '다리(가발 땋은 것)'를 더하는 것은
계속됐다.

17~18세기 프랑스와 영국도 가발의 전성시대였다. '태양왕'으로 불린

프랑스의 절대권력자 루이 14세는 초상화에서 풍성하고 긴 곱슬머리를 하고 있는데, 그것 역시 가발이다. 가발은 귀족 남성의 사회적 지위와 재력을 상징했다고 하며 영국 법정에선 법조인들이 권위를 세우기 위해 옆머리를 돌돌 말아 올린 가발을 썼다. 우스운 건 지금도 영국과 홍콩, 싱가포르, 호주 법정에선 그런 가발을 쓴다는 것.

요즘 머리에 신경 쓰는 사람들도 옛 선조들과 이유가 크게 다르지 않을 것이다. 월급이 그리 많은 것도 아닌데 파마와 염색 등의 스타일링, 헤어 트리트먼트, 코팅, 왁싱 등을 하는 데 큰 비용을 들인다. 헤어스타일에 신경을 쓰지 않으면 온 몸이 초라해 보이니 어쩔 수 없는 것이다.

그런데 아무리 돈을 들여도 머릿결이 부스스해서, '떡이 져서', 혹은 비듬이 생겨서 헤어스타일이 잘 살지 않는 경우가 많다. 그 때문에 헤어 케어 시장은 날로 커지고 있지만 머릿결이 나쁘다는 사람은 좀처럼 줄지 않고 있다. 좋다는 헤어 케어 제품은 많지만 정작 자기에게 맞는 걸 쓰지 못하고, 멋을 내려는 목적 때문에 두피와 모발을 손상시키는 행위를 계속하기 때문이다.

두피도 피부다!

사람들이 자주 잊어버리는 게 두피가 피부란 사실이다. 이마 바로 위 모발이 없는 곳부터 두피인 만큼, 얼굴 피부와 두피는 매우 가까운 사이다. 그런데 얼굴엔 온갖 신경을 쓰면서 두피는 샴푸와 린스가 다다. 사실 그렇게 단출한 과정이 두피 건강에 오히려 좋을 수도 있다. 하지만 자기 두피의 성격을 파악하지 못한 채 그저 좋다는 샴푸, 린스에 의존하는 건 문제다.

두피도 다른 부위의 피부와 마찬가지로 지성, 건성, 복합성, 민감성 등 특징이 있다. 1장에서 다뤘듯 피지 분비가 많으면 덩어리진 피지와 각질(비듬)이 생기고 냄새가 나기 쉽다. 남성형 탈모는 피지가 엄청나게 분비되는 것이 특징인데, 대개 두피 문제가 있고 머리카락이 가늘어지다가 빠진다. 적당한 지성 두피는 피지에 젖어서 그렇지 머릿결은 좋은 경우가 많다. 반면 피지 분비가 잘 안 되면 두피가 하얗게 말라붙고 건조해서 간질간질하며 머리카락에 피지를 보낼 수 없어서 머릿결도 거칠어지고 손상된다.

+++ 내 두피는 지성? 건성?

지성

- [ ] 하루만 안 감아도 머리에서 냄새가 난다.
- [ ] 머리 감은 후 2~3시간이 지나면 '떡 지기' 시작한다.
- [ ] 두피를 만지면 끈적이고 미끈거린다.
- [ ] 누렇고 *끈끈한* 각질이 있을 때가 있다.
- [ ] 모발의 뿌리 부분이 항상 젖어 있다.
- [ ] 두피에 여드름 같은 뾰루지가 자주 난다.

건성

- [ ] 머리를 며칠 안 감아도 아무렇지 않다.
- [ ] 머리 감은 후 두피가 조이는 듯 땅긴다.
- [ ] 두피를 만지면 뻑뻑하며 심하면 붉어져 있기도 하다.
- [ ] 각질이 말라 부서진 것 같은 하얗고 고운 비듬이 떨어진다.

☐ 모발의 뿌리도 부스스하다.

☐ 뭐가 나진 않지만 건조함이 심해지면 가렵다.

＊ 어느 쪽에도 체크한 것이 없거나 둘 다 비슷한 개수가 나오면 중성 두피.

두피 건강을 위해서 적당한 세정력이 있는 샴푸를 쓰고 유분이 든 샴푸, 린스(=컨디셔너), 트리트먼트는 지성인 경우 모발에만 써야 한다. 건성 두피엔 린스, 트리트먼트가 보습을 해주고 pH를 맞춰주는 효과가 있지만 머릿결을 좋게 한다고 강력한 피막 형성제가 든 제품을 쓰면 건성 두피에마저 부담을 줘 비듬이 생기거나 뾰루지가 나는 등 부작용이 있을 수 있다.

내 두피에 맞는 샴푸 고르기

대부분 슈퍼마켓에서 파는 샴푸를 쓰지만 샴푸 하나만으로 두피와 모발을 다 만족시키긴 무척이나 어렵다. 두피에 필요한 건 순하면서 적절한 세정력을 갖춘 것인데, 이미 손상된 머릿결을 코팅하기 위해선 막을 씌우는 '찰랑찰랑' 샴푸를 써야 하는데다, 향기까지 강한 것이 많아서 우리의 두피는 여러모로 난국에 처해 있다.

만약 두피가 지성이고 민감해서 문제가 많다면 당장 머릿결이 윤기 나길 바라는 건 포기하는 게 좋다. 지성 두피용 샴푸에는 소듐라우릴설페이트란 강력한 합성 세정 성분을 쓰는 경우도 종종 있다. 러쉬 샴푸 바가 대표적인데 거품이 잘 나고 뽀드득하게 씻기며, 탈모가 진행 중인 사람용인 의약외품 샴푸 같은 것엔 약용 식물 추출물이 많이 들어가 안정성을 위해 소듐라우릴설페이트를 쓰기도 한다. 하지만 두피에 남으면 좋지 않고 모발이 건조해질 수 있어 잘 헹궈야 한다.

민감성 두피는 얼굴용 클렌저와 마찬가지로 성분 자체가 순하고 잔여물을 남기지 않는 유기농 샴푸 계열이 좋다. 식물 추출물이 좋다는 게 아니라 인증된 유기농 브랜드에선 디소듐코코암포아세테이트, 데실글루코사이드 등 천연 혹은 합성이라도 천연에 가까운 순한 세정 성분을 쓴다. 세정력이 약하고 거품도 덜 나는 게 보통이지만 두피에 순하고 모발이 점점 더 건조해지지 않는다. 하지만 거품이 안 난다고 양을 늘려서 쓰는 사람이 많고 실리콘 오일, 합성 폴리머 등 모발을 매끄럽게 코팅해주는 성분마저 없으면 비누처럼 뻑뻑하게 느껴져서 마찰로 인해 모발이 손상될 수 있다. 당장 윤기가 안 나니까 실망하고 다시 '찰랑찰랑' 샴푸로 갈아타기도 한다.

뭘 써도 두피는 특별한 문제가 없는데 머릿결이 문제라면 세정력과 코팅 기능을 따져야 한다. 절대다수의 슈퍼마켓 샴푸들은 세정 성분으로 '소듐라우레스설페이트+코카미도프로필베타인'이란 합성 성분을 쓴다. 이 조합은 세정력이 소듐라우릴설페이트 다음으로 강한 편이며 거품이 잘고 풍성하게 잘 일어난다. 프랑스 르네휘테르 샴푸도 이 조합이다. 가장 일반적인 샴푸의 질감과 세정력이라 소비자가 큰 불만이 없으며 코팅 성분을 얼마나 강력한 걸로 넣었는지, 기타 탈모 방지 성분이 얼마나 들었는지가 차이점이지만 대개 고만고만하다.

슈퍼마켓 샴푸라도 머릿결에 신경 쓰는 사람들이나 여자들이 주로 쓰는 브랜드면 같은 합성 계면활성제라도 세정력이 조금 덜한 암모늄라우레스설페이트, 암모늄라우릴설페이트를 쓴다. 이에 더해 코팅 기능을 강력하게 한다. 대체로 실리콘 오일, 합성 오일, 합성 폴리머 성분인데 쓰자마자 머릿결에 윤기가 나고 두툼해지는 것이 이들 성분 때문이다. 이런 제품을 쓰다가 두피에 문제가 생기는 경우 머

❶ 밀본
❷ 아베다
❸ LMW
❹ 사이오스

릿결을 위한 성분이 두피엔 안 좋게 작용한 것이므로 앞서 말했듯 두피냐, 당장 찰 랑찰랑한 머릿결이냐 사이에서 어느 정도 결정을 하는 게 좋다.

또 모발은 다른 부위보다 훨씬 더 산, 염기에 민감한데 피부는 알칼리성 클렌저로 씻어도 약산성 물질이 올라와 곧 약산성으로 돌아가지만, 모발은 두피에 서 피지가 흘러내려오기 전에는 쉽게 바뀌지 않는다. 모발이 알칼리성인가? 모피를 알칼리성 세제로 빨았다고 생각해보라. 빗자루처럼 뻣뻣하게 느껴지고 모발 속이 쉽게 손상된다. 특히 파마와 염색을 했다면 쉽게 풀리기 때문에 약산성 샴푸를 써야 한다. 미용실에서 흔히 쓰는 약산성 샴푸는 성분 자체는 일반 샴푸와 다르지 않은데 pH를 약산성으로 맞춘 것이다. 파마와 염색이 오래 유지되며 감고 난 후 컨디셔너 를 안 해도 비교적 부드러운 상태가 된다. 대신 세정력은 떨어질 수 있어 지성인 사 람은 불만족스러울 수 있다.

컨디셔너, 트리트먼트, 세럼 고르기

트리트먼트 사용 시 주의할 점
쓰자마자 모발을 찰랑찰랑하게 해주는 트리트먼트엔 손상된 모 발에 강력히 달라붙는 유분과 막 을 형성하는 성분이 들어 있다. 두피에 닿지 않게 주의해야 하며, 얼굴에 닿을 시 여드름이 날 수 도 있다.

컨디셔너, 트리트먼트, 세럼은 뭉뚱그려서 모발을 코팅해서 촉감이 매끄러워지게 하는 실리콘, 합성 수지(피막 형 성제), 합성 및 천연 기름과 왁스, 수성 보습 성분, 모발과 비슷한 단백질 등이 주성 분이다. 그 조합에 따라 성격이 달라진다. 컨디셔너는 모발을 약산성으로 되돌려주 며 보습 성분으로 가볍게 코팅해 미끄럽게 하고, 트리트먼트는 그보다 유분이나 막 을 만드는 성분이 더 많으며, 세럼이나 헤어 매니큐어 등은 실리콘이 주를 이루어 갈라지고 일어난 모발 겉에 보호막을 만들어주는 기능을 한다.

소비자들이 상상하는 건 모발이 영양분을 흡수해서 안쪽이 촘촘히 채워지고 표면도 되살아나는 장면이겠지만 모발은 죽은 세포이기 때문에 어떤 성분도 이미 손상돼서 파괴된 모발을 원상태로 되돌리진 못한다. 잠시 표면을 코팅했다가 머리를 감으면 씻겨 나가기를 반복하는 것이 모든 헤어 케어 제품의 역할이다. 컨디셔너와 트리트먼트는 둘 중 하나만 써도 되고(트리트먼트 하는 날엔 컨디셔너 생략 가능), 세럼은 손상된 모발 끝 위주로 드라이하기 전에 쓰면 좋다.

　　　　자연 친화적인 제품은 '실리콘 프리', '합성 폴리머 프리'를 강조하기도 하는데 단단한 막이 덜 생길 뿐 기름, 왁스, 보습 성분 등으로 모발을 코팅하는 건 마찬가지다. 실리콘은 보송보송하면서 볼륨감 있게 모발을 코팅하고 떡이 지지 않는다. 반면 실리콘과 합성 폴리머가 없는 제품은 그야말로 모발에 로션이나 크림을 바른 것처럼 보습력만 있다. 대신 쉽게 씻겨나가기 때문에 비듬이 잘 생기거나 모공이 잘 막히는 두피에 적합하다.

머리가 손상되지 않게 하는 방법
1. 두피가 건강하게 유지되는 세정력을 지닌 샴푸를 쓰고, 머리끝으로 갈수록 샴푸가 많이 닿지 않도록 하며, 특히 젖었을 때 비비지 않는다.
2. 컨디셔너, 트리트먼트, 헤어 스타일링제는 두피 전용 제품이 아닌 한, 두피에 닿지 않게 하고 머리끝 위주로 사용한다.
3. 찬 바람, 혹은 미지근한 바람으로 두피를 말리되 모발엔 가능한 드라이, 열 컬링, 염색, 파마를 피한다.

두피와 모발 균형 맞추기

　　　　옛날 미인들은 삼단 같은 머릿결을 자랑했는데 요즘 사람들은 대부분 머릿결이 거칠고 부스스하다며 고충을 호소한다. 그만큼 우리 스스로가 머릿결을 손상시키고 있다는 얘기. 파마, 드라이, 염색이 모두 모발을 손상시키며 세정력 좋은 샴푸로 매일 머리를 감는 습관도 그렇다. 두피에서 피지가 분비돼 머리끝까지 전달되는 데는 시간이 걸리는데 그 전에 머리를 감으니 머리끝은 항상 건조할 수밖에 없다. 그렇다고 기름이며 각질이며 헤어 스타일링제며 컨디셔너, 트리트먼트까지 묻어 있는 두피를 모른 척하고 머리를 잘 안 감을 수도 없는 노릇.

샴푸

Shampoo

미쟝센 펄 샤이닝 영양&윤기 샴푸(건성)

'슈퍼마켓 샴푸'로는 드물게 합성 계면활성제지만 소듐라우레스설페이트보다 세정력이 약한 암모늄라우릴설페이트, 암모늄라우레스를 썼다. 실리콘 오일 외에 진주 단백질 등 모발을 매끄럽게 하고 보습하는 특허 성분을 많이 넣었다. 머릿결을 차분하게 한다.

LMW 트리트먼트 샴푸(건성)

세정 성분이 적게 들어 있고 트리트먼트 성분이 많이 들어 있어 샴푸와 트리트먼트의 중간 정도 되는 제품이다. 세정 성분 자체도 순한 것이라 극히 건조하고 손상된 모발, 하루에 두 번 이상 머리를 감는 사람, 아이도 쓸 수 있다. 여기에 발모 촉진 한방 성분인 육미지황 등 탈모 방지 한방 성분이 다량 들어간 의약외품.

Best Choice 아베다 인바티 엑스폴리에이팅 샴푸(지성)

순한 식물 유래 계면활성제를 썼고 강황 등 식물 추출물이 다양하게 많이 들어 있다. 가장 큰 특징은 지성 피부의 각질을 녹이는 BHA와 자극이 적은 PHA가 함유됐다는 것('각질 제거제' 편 참고). 실리콘 오일과 합성 폴리머도 없어 다른 두피 타입에도 쓸 수 있지만, 특히 피지가 많고 모공이 잘 막히는 지성 두피에 좋다. 당장 모발에 윤기가 돌진 않는다.

사이오스 리페어&스무스 샴푸(지성)

최근 일본 경향에 맞게 실리콘을 뺐다는 샴푸. 세정 성분은 소듐라우레스설페이트와 코카미도프로필베타인 조합으로 일반 샴푸와

같으며 실리콘은 뺐지만 폴리머는 들어 있다. 그래도 모발이 코팅되는 듯한 느낌이 덜하며 두피에 각질이 잘 쌓이는 사람에게 깔끔하다.

존마스터스 오가닉 베어 언센티트 샴푸(민감성)

여러 가지 유기농 원료를 썼다고 하나 그보다도 향 성분 무첨가라는 점이 민감한 두피에 적합하다. 원료 자체의 냄새를 빼고는 합성 향료, 아로마 에센셜 오일 모두 없으며 실리콘, 합성 폴리머도 없어 그냥 세정 성분에 보습 성분을 더한 것에 가깝다. 세정력은 중성에 맞추어져 있어 샴푸 양으로 조절할 수 있다.

청미정 샴푸(민감성)

EM발효한 개다시마 추출물이 베이스로 많이 들어 있고, 그 외에도 여러 한방 추출물과 극소량이지만 휴먼올리고펩타이드(EGF) 등 원가가 높은 성분이 많이 들어 있다. 향으로는 에센셜 오일이 소량 들었는데 세정 성분, 방부제 등 핵심적인 성분들이 순한 것이라 웬만큼 민감한 두피에는 자극이 되지 않을 수준. 묽고 거품이 많이 나지 않는다.

트리트먼트 & 에센스
Treatment & Essence

Best Choice 일본 시세이도 피노 프리미엄 터치

일본의 소비자 모임에서 여러 번 트리트먼트 부문 1위를 차지한 제품이다. 강력한 합성 오일, 폴리머, 실리콘 등의 조합으로 한 번만 사용해도 손상된 머릿결을 보수하고 윤기를 주는 효과가 있다. 모발에만 써야 하며 특히 지성 두피, 여드름 피부의 경우 헹군 물도 얼굴에 닿지 않도록 주의해야 한다.

무코타 IM 트리트먼트

실리콘 오일 중 디메치콘과 세틸알코올 등이 주성분이며 손상된 모발에 두꺼운 막을 만들어준다. 각종 식물성 오일과 모발 단백질인 케라틴도 함유됐다. 사용 후 모발에 힘이 생긴 것 같은 느낌을 주며 드라이나 헤어 스타일러를 사용하는 경우 열로부터 보호막 역할을 한다. 머리를 감으면 며칠에 걸쳐 서서히 씻겨 나간다.

밀본 디세스 뮤

일명 '밀본 클리닉'으로 불리는 살롱에서 3단계, 집에서 4단계째를 홈케어로 하는 트리트먼트로 모발 상태에 따라 3가지 타입으로 나뉜다. 실리콘 오일로 먼저 거친 모발 표면을 보수하고 단단하기가 다른 각종 폴리머로 차례로 코팅하는 과정. 강력하게 막을 형성하므로 두피에 닿지 않아야 한다.

사이오스 리페어 인텐시브 케어 트리트먼트 마스크

식물에서 유래한 보습 성분과 합성 왁스 성분이 많아 촉촉하면서도 매끄러운 머릿결을 만들어준다. 수분을 끌어당기는 보습 성분이 상당량 들어 있어 건조하고 정전기가 잘 생기는 계절, 건성 모발에 좋고, 여름엔 조금 끈적일 수 있다.

록시땅 아로마 리페어 세럼

식물성 오일이 많이 든 로션 타입으로 실리콘 등의 성분으로 막을 만들어 코팅하는 것이 아니고 건조해진 모발에 피지 대신 유분을 공급한다. 머리가 젖었을 때 바르면 수분 증발을 차단해 더 효과적이지만 건조감을 느낄 때 수시로 발라도 된다. 5가지 아로마 에센셜 오일의 꽃향이라 헤어 향수 기능도 한다.

오가닉스 리뉴잉 모로칸 아르간 오일

이름과 달리 거의 다 실리콘 오일이라 손상된 모발을 코팅하고 부들부들하게 해주는 기능을 한다. 실제 아르간 오일은 소량 들었다. 모발에 남고 끈적이는 유분이 아니기 때문에 지성 모발도 보호 차원에서 쓸 수 있다. 역시 헤어 드라이나 스타일러 전에 사용하면 모발이 타는 것을 막아주는 효과가 있다.

Best Choice LMW 스켈링 워터

모발이 아닌 두피에 뿌리는 에센스로 BHA가 함유되어 모공을 막고 있는 피지, 오래된 각질을 녹여주며 항염 등 효과가 있는 한방 성분도 다량 함유했다. 지성 두피, 지성 비듬이 생긴 두피에 가장 적합하다. 뿌리고 작용할 때까지 1~2분 방치한 후 마사지하고 샴푸한다. 두피 상태를 보며 사용주기를 조절해야 한다.

두피가 끈끈하고 뾰루지와 누런 비듬이 생겼어요!

두피염일 확률이 있으므로 피부과 진단을 받는 게 좋다. 지성 두피인데 '찰랑찰랑 샴푸'를 쓰면 피막 형성제와 오일 성분이 두피의 모공을 막아 더 심해질 수 있다. 절대 두피에 컨디셔너, 트리트먼트, 세럼, 스타일링제가 닿지 않도록 해야 된다

**부스스한 곱슬머리는
어떻게 해야 할까요?**

곱슬머리는 손상되거나 건조해서 거칠어진 게 아니라 원래 그렇게 생긴 것이다. 유분을 공급하기보다 폴리머로 코팅해 찰랑찰랑하는(곱슬머리용) 헤어 제품을 쓰는 게 낫다. 머릿결은 상하지만 스트레이트 파마를 해서 덜 부스스하게 보이는 게 최선.

**미용실에서 하는 헤어 클리닉이나
매니큐어는 효과가 있나요?**

원리는 집에서 하는 트리트먼트와 마찬가지. 하지만 전문가가 단계별로 더 꼼꼼히 바르고 스팀 열처리 등을 해 모발의 빈 공간과 일어난 표피를 강력하게 채워 넣는다. 헤어 매니큐어는 표면 위주로 단단하고 광택이 있는 폴리머를 입히는 것이다. 모두 머리를 감으면 자연스럽게 떨어져나가 한 달 정도면 효과가 사라진다.

비누로 머리를 감으면 좋다고 하던데 사실인가요?

한 번 감아보면 머릿결이 엄청나게 뻣뻣해지는 걸 경험할 것이다. 비누는 경수에서 비누 때를 만들며 상당히 알칼리성이다. 대신 피막 형성제, 합성세제가 없으므로 두피에 남아도 순하다. 꼭 비누를 쓰려면 가능한 중성에 가까운 것을 쓰거나 연수기 물로 감고, 식초 용액 등으로 헹궈서 중화를 해줘야 한다.

It Cosmetic

언제나 촉촉하고 매끄럽게, 보디 제품

▶ 요즘 피부과 의사들 중 물로만 샤워를 하라거나, 목욕을 자주 하지 말고 보습제를 꼭 바르라는 말을 하는 사람이 많다. 그만큼 건조증, 아토피 등 피부 문제가 흔해졌다는 얘기다. 수십 년 전만 해도 주중엔 얼굴과 손발, 중요 부위만 씻고 여름엔 등목까지만 하며 일주일에 한 번 주말에 목욕탕에서 때를 벗기는 게 보통이었다. 그땐 지금처럼 피부가 건조하다는 사람이 많지 않았다. 사실 때밀이가 안 좋긴 한데 목욕을 매일 같이 하지 않으니 그 정도 자극은 이겨낼 수 있었던 것 같다.

티베트 고지대에 사는 사람들은 거의 물로 목욕을 하지 않으며 식물성 버터를 문지른 후 닦아내는 기름 목욕을 한다고 알려져 있다. 물이 거의 없는 몽골

초원지대에 사는 사람들도 전통적으로 목욕을 잘 하지 않는다. 그만큼 목욕이란 것도 자기 피부의 특징과 처한 상황에 맞게 해야 하는 것임을 알 수 있다.

보디 클렌저는 피부 타입에 맞고 순한 것

대한민국 사람 절대 다수가 아파트 생활을 하면서 하루 한 번 이상 샤워하는 습관이 생겼다. 동시에 보디 클렌저도 널리 퍼졌는데 덕분에 건조증을 호소하는 사람이 급격히 늘었다. 보디 클렌저로 매일 샤워를 하면 지성 피부가 아닌 한 피지선이 거의 없는 팔다리는 건조해질 수밖에 없다. 건성 피부는 말할 필요도 없다. 얼마 안 되는 피지가 번져나가 몸을 덮을 시간도 없이 또 씻어내는 꼴이다. 보디 로션, 크림 등이 많이 나와 있지만, 씻고 보습제를 많이 바르는 것보다 덜 씻고 덜 바르는 게 훨씬 효과적이다. 몸의 천연 보습막을 따라갈 수 있는 보습제는 없기 때문이다.

하지만 정말 보디 클렌저로 아침저녁 샤워를 해야 하는 사람도 있다. 그냥 물만으로 씻거나 하루 이상 거르고 샤워를 하면 피지로 범벅이 되다 못해 여드름이 나는 지성 피부인 사람이 그렇다. 등 여드름이 있는 사람이 굉장히 많은데, 진화의 흔적인지 털이 갈라져 나오는 등엔 유독 피지가 많으며 가슴, 목에도 많다. 지성 피부인 사람도 팔다리는 피지 분비가 적기 때문에 번들거리는 부위만 하루 한 번 이상 보디 클렌저로 씻어줘야 한다. 손이 닿지 않는다고 등은 내버려 두고 팔 다리만 씻는 건 균형이 맞지 않는다.

보디 클렌저도 폼 클렌저나 샴푸와 성분은 비슷하다. 다른 점이 있다면 보디 제품의 특성상 향과 색소를 많이 넣는다는 것. 세정력도 폼 클렌저보다 강한

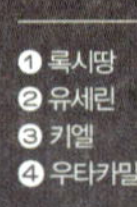

① 록시땅
② 유세린
③ 키엘
④ 우타카밀

게 많다. 그래서 폼 클렌저로 몸은 씻어도 되지만, 보디 클렌저로 얼굴을 씻으면 트러블이 생길 우려가 있다. 따라서 얼굴과 몸 전체에 쓸 수 있다고 광고하는 제품은 그만큼 순하게 만들었을 확률이 높다.

광범위하게 퍼진 입소문이 합성 세정 성분 중 설페이트류-소듐라우릴설페이트, 소듐라우레스설페이트-를 쓰면 병이 난다는 것이다. 하지만 이것을 쓴다고 해서 병이 나는 게 아니라 세정력이 좋기 때문에 매일 샤워를 할 경우 천연 피부 보습막을 지나치게 씻어낼 수 있고, 피부에 남으면 트러블을 일으킬 수 있으며 눈에 들어가면 따갑다는 것.

샴푸와 마찬가지로 거의 모든 슈퍼마켓용 보디 클렌저는 소듐라우레스설페이트, 코카미도프로필베타인의 조합이다. 하지만 점점 촉촉한 보디 클렌저를 찾는 경향 때문에 더 순한 천연 유래 성분을 많이 배합하거나 아예 천연 세정 성분을 쓴 제품도 많아지고 있다. 비누는 자연 상태에서는 세정력이 보디 클렌저보다 더 강하다. 보습 성분을 많이 넣고, 세정력을 줄이는 인공적 조치를 하지 않는 한 지성 피부가 아닌 사람이 매일 쓰는 용도로는 바람직하지 않다.

손발 제품은 목적이 중요

공중 화장실에 있는 손 세정제에 대해 한 번쯤 불만을 느낀 적이 있을 것이다. 손을 말리고 나면 급격히 건조해지며 향기가 역하다. 또 시중에서 파는 손 세정제에 들어 있는 항균 성분 트리클로산은 배합 한도가 0.3%인, 먹어선 안 되는 성분이라 좀 더 순한 성분으로 항균 효과를 준 것이 좋다. 손을 자주 씻는 사람일수록 세정력이 너무 강하지 않고 항균 성분도 독성이 덜한 것, 향은 없거나 머리 아프지 않은 천연 에센셜 오일인 것을 쓰는 게 좋다.

핸드 크림은 대체로 얼굴에 바르기엔 부담스러운 질감으로 만든다. 손은 두꺼운 각질층으로 덮여 있고 피지 분비가 없어 막을 만드는 성분이 들어가도 느낌이 나쁘지 않기 때문이다. 하지만 성분은 천차만별이다. 가장 흔한 것이 싼 합성 오일과 물을 섞어 만든 것인데 로션 질감이며 사계절 쓰기에 무난한 보습력과 질감이다. 수분을 많이 넣으면 빠르게 흡수되고 지문도 찍히지 않지만 보습력이 오래 가지 않고, 유분을 많이 넣으면 보습력은 강해지지만 물건을 만지기 어려울 정도로 끈적이고 두텁게 느껴질 수 있다. 그래서 핸드 크림 역시 손의 피부 상태에 따라서 정하는 게 좋다.

시어버터 등 유분 중에서도 값비싼 성분을 많이 넣은 것은 건성 피부에 적합한 고급 제품으로 볼 수 있으며 보습력도 확실히 뛰어나다. 수성 보습 성분인 글리세린이 많이 든 것은 진득하지만 유분이 아니다. 물을 흡수하는 성분이라 물기가 많은 곳에서 쓰면 시너지 효과가 있다.

풋 제품은 정말 발 상태에 맞게 골라야 한다. 땀이 많아 곰팡이 균이 살기 좋은 발과 건조해서 뒤꿈치가 두꺼워지고 하얀 각질이 일어나는 피부는 전혀 다른 상태이기 때문이다. 습한 발은 깨끗하게 씻어주면서 항균 작용이 있는 세정제로, 보송보송하게 말려주고 나쁜 냄새를 막아주는 제품을 써야 된다. 건조한 발은 강한 세정제로 씻으면 안 되고(차라리 맹물로 씻는 게 낫다) 두꺼운 유분막을 만들어주면서 두꺼워진 각질을 녹이는 보습제를 써야 한다. 특히 독일 등 북유럽에 각질을 강력하게 녹이며 보습하는 우레아(요소)를 쓴 제품이 많은데 우레아 함량을 표시하기 때문에 확인하는 게 좋다. 5%만 돼도 닭살 등 웬만한 각질은 부드러워지고 10%는 발뒤꿈치를 촉촉하게 하는 수준이며 갈라질 정도로 두꺼운 발뒤꿈치에 쓰는 일반의약품, 반질 크림엔 20%가 함유돼 있다.

미니 TIP

풋 제품의 종류

□ 땀 많은 발 : 항균 효과가 있는 성분, 파우더, 페퍼민트, 멘톨 등 시원한 향 함유.

□ 각질 제거 : 발이니만큼 작용이 강력한 우레아나 AHA, BHA 스크럽 함유. 두꺼운 뒤꿈치용.

□ 보습 : 우레아와 미네랄 오일처럼 밀폐 기능이 강력한 유분 함유.

보디 클렌저
Body cleanser

아이오페 보디클리닉 마일드 워시

세정력이 강한 설페이트류를 사용하지 않았고 거품이 잘 나는 합성 세정 성분과 식물 유래 순한 세정 성분을 조화시켰다. 피톤치드로 유명한 항염 효과가 있는 편백수와 황금 추출물, 천연 보습 성분인 해조 추출물 등 고급스러운 추출물이 들어갔으며 저향이라 자극이 적다.

라로슈포제 리피카 신데뜨

세정 성분보다 보습 성분인 글리세린이 더 많이 들어 있고 주요 세정 성분 역시 디소듐코코디암포디아세테이트라는 순한 천연 유래 성분을 사용해 마치 로션처럼 촉촉하다. 무향, 무합성방부제에 pH를 약산성인 5.5에 맞춰 보디 클렌저지만 얼굴에 써도, 매일 샤워를 해도 괜찮은 제품. 거품은 많이 나지 않는다.

Best Choice 아베다 카밍 보디 클렌저

피부에 남아도 천연 보호막을 파괴하지 않는 순한 식물 유래 세정 성분을 사용했고 로즈, 바닐라, 라벤더 등 기분을 편안하고 따뜻하게 하는 아로마 에센셜 오일이 들어 있다. 보습 성분으로 아보카도 오일 등 고급 보습 성분을 함유했다. 피부를 코팅하는 듯한 강력한 느낌은 없어도 바짝 조일 정도로 건조하지 않다.

세바메드 올리브 페이스 & 보디워시

pH 5.5의 약산성에 샤워 후 거칠지도 너무 미끈거리지도 않는 적당한 보습막을 남긴다. 세정력도 훌륭해서 얼굴용 클렌저로 쓰면 화장도 잘 지워진다. 무향, 무색소. 건성 피부를 제외하고 두루 잘 맞는다.

보디 로션
Body lotion

키엘 크렘 드 꼬르

다른 제품에는 소량만 첨가하는 고급 보습 성분 스쿠알렌이 물 다음으로 많이 들어 있다는 게 가장 큰 특징. 무향, 무색소인데 스쿠알렌 자체가 노란색을 띤다. 보습력이 강해서 매끈하다기보다 약간 끈적이는 질감으로 건성 피부와 거친 피부에 적합하다. 특히 가을, 겨울 팔다리에 쓰기에 좋다.

유세린 컴플리트 리페어 5% 우레아

우레아, 글리세린, 세라마이드3, 락틱애씨드(젖산) 등 사람의 몸 안에 든 보습 성분을 다양하게 함유한 제품으로 특히 우레아는 두꺼운 각질층을 녹이는 역할을 해 건조가 심해 비늘처럼 각질이 일어났거나 딱딱해진 피부, 팔다리와 발, 노인들에게 적합하다.

폴라초이스 리지스트 스킨 리빌딩 보디 로션 위드 AHA 10%

각질을 녹이면서 보습을 하는 제품이라 닭살이나 여드름이 있는 부위, 무릎과 팔꿈치, 건조가 심해 각질이 쌓인 부위 등 두껍고 거친 부위를 매끈하게 해준다. AHA가 10% 함유되어 작용이 강하므로 얇거나 민감한 피부엔 맞지 않을 수 있다. 무향, 저자극으로 시큼한 원료의 냄새가 난다.

Best Choice 록시땅 시어버터 뷰티 밤

보습력이 뛰어난 카리테 나무 열매에서 나는 시어버터를 99.8% 사용한, 원료 그 자체에 가까운 밤으로 조금씩 덜어 체온으로 녹인 후 몸, 얼굴 어디든 유분이 부족한 곳에 쓰면 된다. 거칠고 건조한 손에 오래 가는 보호막을 만들어준다. 작은 용기에 덜어 립밤으로, 머리카락 끝부분에 트리트먼트로 써도 좋다.

해피바스 내추럴 24 센서티브

해피바스 내에 여러 가지 향이 있지만 순한 것은 이 제품. 무색소, 무향료에 시어버터, 올리브유, 카모마일 등 피부에 유익한 천연 성분만 들어 있고 용량 대비 가격이 저렴하다.

핸드 제품
Hand lotion

록시땅 시어버터 핸드 크림

수많은 유사품을 탄생시킨 핸드 크림으로 시어버터가 20% 함유되어 매우 건조한 손에 바르면 코팅되는 느낌이 아니라 빨리 흡수되고 보습력이 오래간다. 일반적인 핸드 크림과 비교하면 차이가 있기 때문에 건성 피부인 사람들이 사랑하는 제품. 또 모두 순한 성분이라 바르고 손으로 음식을 먹어도 안심할 수 있다.

해피바스 핸드 워시

유명 항균 핸드 워시 속에 든 트리클로산의 독성을 대체하기 위해 개발한 천연 항균 복합체. 구주소나무잎 오일, 쑥 오일, 녹차 카테킨을 쓴 제품. 세정 성분도 다른 제품은 합성 세정 성분만 쓰는데, 식물성 비누 성분을 주로 하고 일부러 합성 세정 성분을 더해 지나치게 건조해지지 않도록 했다.

뉴트로지나 노르웨이젼
포뮬러 핸드 크림

글리세린이 주성분으로 굉장히 진해서 한 겹 막을 씌운 것 같은 느낌이 든다. 밀착된 뒤에는 부들부들한 느낌이다. 글리세린은 주위 수분을 빨아들여 보습을 하는 성분이라 스키장이나 설거지를 할 때처럼 물기가 많을 때 더욱 보습 효과가 좋다.

Best Choice 허바신 우타카밀 핸드 크림

글리세린과 각종 팜 열매에서 추출한 보습 성분 등으로 유분과 수분이 조화를 이룬 크림. 브랜드 이름처럼 진정 작용이 있는 카모마일 추출물도 들어 있다. 너무 무겁지 않으면서 보습력은 중간 이상이라 사계절용으로 무난하다.

스킨푸드 로즈 & 시어버터 핸드 크림
(SPF 25, PA++)

저가 핸드 크림으로는 미백, 자외선 차단 기능을 동시에 지녀 실용적. 햇빛을 많이 쬐는 사람에게 필요하다. 성분이 아주 순한 건 아니기 때문에 요리 전엔 쓰지 않는다.

풋 제품

Foot lotion

누미스메드 풋밤 10%(건조한 발)

독일 브랜드로 각질을 녹이며 보습을 하는 우레아가 10% 들어 있어 두껍고 거칠어진 발에 바르고 자면 다음날 아침 뒤꿈치가 부드러울 정도로 효과가 강력하다. 하지만 촉감은 일반 로션처럼 부드럽고 금방 흡수되어 바르기도 편하다.

네이처리퍼블릭 풋 테라피 풋 필링 마스크(건조한 발)

양말처럼 신으면 발 각질을 며칠에 걸쳐 녹여내는 제품. AHA, 우레아, 파파인 효소 등 각질을 녹이는 성분은 다 들어 있는 만큼 매우 강력해서 딱딱한 발뒤꿈치 등도 새살이 드러나게 한다. 별로 두껍지 않은 발 피부엔 너무 강할 수 있으며, 각질이 벗겨지기 시작하면 발을 씻고 로션을 바르는 게 좋다.

티타니아 풋 파우더(습한 발)

발 냄새와 땀이 문제인 발에 수시로 뿌려주면 효과가 있다. 땀은 빨아들이고 냄새는 없애면서 상쾌한 멘톨 향을 남긴다. 항균 효과가 있어 무좀 등 고질적인 발 문제가 있는 사람은 수시로 쓰면 좋다. 발을 씻고 쓸 때는 말린 후 뿌릴 것.

Best Choice 더바디샵 페퍼민트 쿨링 스프레이(습한 발)

알코올과 페퍼민트 에센셜 오일, 박하 에센셜 오일 등이 주성분으로 여름철 덥고 땀 나는 발에 뿌리면 즉각적으로 시원한 느낌이 들고 향기롭다. 이 정도 양의 알코올은 다른 부위에 부담이 되지만 발처럼 땀이 많고 세균이 쉽게 번식하는 부위에는 도움이 된다.

It Cosmetic

여배우처럼 섹시하게, 보디 메이크업

연예인들은 일상처럼 보디 메이크업을 하며, 심지어 남자들의 경우 복근을 그리기도 한다. 보통 사람들도 노출이 있는 의상을 많이 입으면서 여름, 특히 바캉스철엔 선탠 대신 보디 브론징 메이크업을 하기도 한다. 많은 사람이 모이는 클럽이나 저녁식사, 파티에서도 몸이 탄력 있고 건강하게, 섹시하게 보이도록 어느 정도 신경 쓰는 것이 좋겠다.

한 결혼식 피로연 파티에서 만난 캘리포니아에서 왔다는 친구는 온 몸이 가무잡잡하고 반짝반짝 윤이 나며 볼륨감이 넘쳐 보였다. 처음엔 그녀의 피부색이 원래 그런 줄 알았는데, 피부색은 페이크 탠(fake tan)이고 오일과 브론저 등으로 윤기 있어 보이게 강조한 것이라고 했다. 쇄골이나 가슴골이 더욱 돌출되고 들어가 보이는 것도 다 시머 덕이라고. 최근 자외선의 폐해가 알려지면서 미국인들도 직접 태닝을 하기보다는 태닝 제품을 발라 가무잡잡한 피부를 만드는 사람이 많다고 한다.

단지 피부색을 바꾸는 게 아니라 건강하고 탄력 있어 보이게 하는 게 보디 메이크업의 목적이다. 한 번 사진을 찍어보면 쇄골이 반짝이는 것과 아무 것도 없는 것 사이에 엄청난 차이가 있다는 것을 알게 될 것이다.

보디 오일, 보디밤, 브론저, 시머 크림

이들 제품은 비슷한 듯 조금씩 다 다르다. 보디 오일은 건조한 몸을 촉촉하고 빛나게 만든다. 등과 가슴엔 피지선이 발달했지만 지성 피부인 사람도 팔다리는 건조하기 때문에 전체적으로 발라주는 것이 좋다. 특히 팔꿈치와 무릎이 촉촉하지 않으면 각질이 드러나 지저분해 보일 수 있다. 보디 오일 자체에 펄이 들어 보습도 하고 반짝임을 주는 것도 많다. 보디밤도 마찬가지. 원래 밤은 오일을 굳힌 것으로 건성 피부를 위한 보습용이지만 요즘 보디 밤이라고 하면 펄을 함께 넣어 바르면 반짝이게 한다.

보디 파운데이션은 얼굴과 마찬가지로 피부색을 균일하게 하고 희거나 가무잡잡하게 바꿔주기도 한다. 묽고 잘 퍼지는 것이어야 얼룩이 지지 않는다. 또 마른 후 보송보송해야 한다. 브론저는 펄이 있는 것과 없는 것이 있으며 액체 타입일 수도, 가루 타입일 수도 있다. 보통 브론징 파우더는 고형으로 굳힌 프레스트 파우더 타입이라 브러시로 굴려 몸에 바른다. 가슴 골 등에 섬세한 메이크업을 할 수도 있다.

시머 크림은 굉장히 다양하고 얼굴에 하이라이터로도 쓰며 파운데이션

NARS
FACE & BODY
MAKE UP FOR EVER
PARIS
PROFESSIONAL
Fluide pour
Visage & Corps
Face & Body
Liquid Make Up
NUXE
PARIS
Huile Prodigieuse®
HUILE SÈCHE MULTI-FONCTIONS
VISAGE, CORPS, CHEVEUX
AUX 6 HUILES VEGETALES PRECIEUSES
MULTI-PURPOSE DRY OIL
FACE, BODY, HAIR
WITH 6 PRECIOUS PLANT OILS
e 50 ml 1.6 FL.OZ.
1 조 말론
2 나스
3 녹스
4 록시땅
5 메이크업포에버

과 섞어 펄 프라이머로 쓰기도 한다. 펄이 얼마나 들었느냐가 제품마다 다른데, 많이 든 것은 보디 로션이나 오일에 섞어 쓰기도 한다. 쇄골, 팔, 가슴, 다리 등에 펴 바르면 된다.

보디 메이크업 제품에도 톤이 있다 ◢

보디 메이크업 제품도 피부 톤에 따라 달리 쓰는 게 좋다. 브론저는 대체로 갈색인데 붉은 갈색, 회색빛 갈색 등 제품마다 다 다르다. 발라보고 자기 피부보다 어두워도 잘 섞이는 색을 골라야지 전혀 맞지 않는 색을 발랐다가 '불타는 고구마'가 되는 수가 있다. 시머 크림이나 보디 밤에 든 펄도 잘 보면 실버, 핑크, 옐로핑크, 골드 등 발색이 다양하다. 당연히 쿨 톤은 실버와 푸른 빛 나는 맑은 핑크, 웜 톤은 노란 핑크, 골드 등이 잘 맞는다. 몸이 심한 웜 톤인데 강한 실버 펄을 바르면 어딘가 모르게 어색한 느낌을 준다.

펄의 크기 역시 중요하다. 은은할수록 티는 안 나지만 탄력 있어 보이는 피부에 펄이 굵고 크면, 디바 가수처럼 섹시하고 화려한 느낌이 된다. 목적에 따라서 달리하고, 겹치거나 섞어 발라도 된다.

워터프루프, 자외선 차단 기능을 확인할 것! ◢

모든 보디용 제품은 반드시 스크럽이나 타월로 각질 제거를 꼼꼼히 한 후에 발라야 한다. 그렇지 않으면 뭉치거나, 심하면 바르다가 때가 밀리는(물론 각질이다) 현상이 생기기도 한다. 또 어디 한군데를 빠뜨리면 안 된다. 얼굴은 희게 화장하고 몸만 가무잡잡한 것도 우스꽝스럽다. 쇄골에 실버 펄이 든 시머 크림을 발랐다면 이마, 코 끝, 광대뼈 앞부분 정도에도 살짝 터치해줘 전체적으로 통일감이 들게 해야 한다.

해변이나 수영장으로 바캉스를 간다면 워터프루프인지도 반드시 확인해야 한다. 보디 밤과 잘 스며드는 오일, 시머 크림은 제형상 워터프루프이지만 파운데이션, 파우더 타입 브론저는 안 되는 경우가 많기 때문에 꼭 확인하자. 오일 중에서도 잘 스며들지 않고 번들거리는 제품은 물에 들어갔을 때 기름이 둥둥 뜨는 최악의 '민폐'를 끼칠 수도 있다.

간혹 자외선 차단도 되는 제품이 있는데 금상첨화로 매니큐어, 페디큐어까지 어울리는 색으로 한다면 최고로 멋진 모습을 보일 수 있다. 보디 밤이나 브론저용 브러시는 오염되기 쉽기 때문에 한 번 사용 후 세척하고 잘 말리는 게 좋다. 또 지성 피부인 사람은 등과 가슴에 피지선이 크게 발달해 보디 메이크업 제품이 모공을 막을 수 있으므로 외출에서 돌아오자마자 깨끗이 샤워해서 지워야 한다.

Writer's
Choice

보디 메이크업
Body makeup

에나 보습 오일로 쓸 수 있다. 또 보디용 파운데이션과 섞어서 더 촉촉하게 표현할 수도 있다. 매우 은은하고 고급스러운 펄감을 남기고 은은한 꽃향도 난다.

Best Choice 베네피트 테이크 어 픽쳐

수많은 보디 밤의 원조 격인 제품으로 은은한 핑크 베이지 펄과 함께 번들거리지 않고 미끈한 피부 표현이 된다. 바른 후 색상이 피부색과 크게 차이 나지 않아 자연스럽다. 커다란 쿠션 퍼프로 여러 군데 두드린 후 죽 밀듯 발라주면 된다. 향수 메이비 베이비와 비슷한 달콤한 향이 난다.

메이크업포에버 훼이스 앤 보디 파운데이션

오일 프리 젤 타입으로 묽고 촉촉하며 마른 후엔 보송보송해서 연예인들이 보디용 파운데이션으로 많이 쓴다. 총 7가지 색으로 어두운 색을 바르면 선탠을 한 것처럼 만들 수도 있다. 수분이 다량 함유돼 있어 색소가 가라앉아 있기 때문에 꼭 흔들어 써야 한다.

맥 스트롭 크림

얼굴에 하이라이터나 펄 베이스로 쓰기도 하지만 연예인들은 기본적으로 몸에 하이라이터로 쓴다. 매우 은은하고 자연스러운 실버 펄이라 바른 후 거의 티가 나지 않으며 조명을 비추거나 사진을 찍으면 확실한 반사광이 생긴다. 성분 자체가 촉촉한 수분 크림이기도 해서 건조한 피부에 특히 좋다. 색감 자체는

록시땅 피브완 플로라 쉬머링 오일

미세한 골드 펄이 식물성 오일에 가라앉아 있어 흔들어 바르면 어깨, 쇄골 등에 하이라이터로, 펄 없는 윗부분은 머리, 얼굴, 몸 어디

쿨 톤 피부에 더 잘 맞는다.

겔랑 테라오라 스컬프팅 파우더

1984년 최초로 탄생한 브론징 파우더, 테라
코타가 진화한 2013년 버전. 해마다 디자인이
다른 브론징 파우더를 출시한다. 골드 펄이
도는 구릿빛 피부를 만들어주며, 보디용 파운
데이션이나 오일, 로션을 발라 흡수시킨 후
커다란 브러시로 굴려가며 몸에 바르면 된다.
가슴 골, 광대뼈 아래 등에 발라 음영을 주는
데도 좋다.

눅스 윌 프로디쥬스 멀티 드라이 오일

보습력 강한 식물성 오일과 합성 오일을 섞어
빠르게 스며들면서도 보습 효과가 오래가는
오일. 얼굴, 몸, 머리카락에 다 쓸 수 있는데,
몸이 아주 건조해서 각질이 일어나는 사람은
일단 이 오일을 드러난 곳 전체에 발라 매끈
하고 촉촉하게 만드는 게 좋다. 은은한 아카
시아 향이 난다.

나스 일루미네이터

펄이 많은데 자세히 보면 색이 다 다르며 아
주 미세하다. 농축된 타입이라 소량을 넓게
펴 발라도 확실히 광채가 난다. 보디용 파운
데이션에 섞으면 좀 더 자연스럽다. 파티나
클럽 등에서 돋보여야 할 때 아주 유용하다.
가장 인기 있는 색은 따뜻한 핑크 펄인 코파
카바나, 다른 색들은 브론즈 빛이 돌아 가무
잡잡한 피부에 잘 맞는다.

 조 말론 코롱

향수는 자칫 역하게 느껴지기 쉬운데 조 말론
향수들은 모두 고급 천연 향료를 함유하고 있
을 뿐 아니라 신선하며 독특하다. 단일 향료
혹은 향료의 가짓수가 적어서 어떤 장소나 이
미지를 연상시키기 쉽다. 보디 메이크업의 마
지막으로 무릎, 팔목 등에 뿌려주면 은은하게
올라오는 향을 느낄 수 있다. 30㎖는 이브닝
백에 휴대하기도 간편하다.

에스쁘아 쉬머링 퍼퓸 미스트

스파클링 에스쁘아 향수의 향을 담은 해바
라기씨 오일 함유 미스트. 느낄 수 없을 만
큼 은은한 골드 펄이 즉각적으로 촉촉하고
생기 있는 피부로 만들어준다. 유분기가 있
지만 번들거리지 않고 하루 종일 다리에서
은은한 향이 올라온다.

해외여행 시
화장품 알뜰 쇼핑 노하우

해외여행이 주는 또 하나의 즐거움은 바로 쇼핑! 그중에서도 여성들이라면 화장품 쇼핑을 빼놓을 수 없다. 늘 쓰던 화장품을 공항 면세점에서 싸게 살 수 있는 기쁨도 크지만, 여행하는 곳에서만 살 수 있는 화장품이나 저렴하게 구입할 수 있는 브랜드를 미리 체크해 두면 쇼핑의 즐거움은 두 배가 된다.

미국에서 사면 좋은 화장품

백화점 브랜드 에스티로더, 나스, 바비브라운, 맥, 케빈어코인 등이 국내에서 구매할 때보다 월등히 싸고 발매일이 국내보다 빨라 최신 상품을 장만할 수 있다. 특히 에스티로더 파운데이션은 미국이 다인종 국가이기 때문에 색상이 훨씬 다양하고 국내 면세점보다도 싸다. 쿨 톤이고 피부가 희지 않은 사람은 국내에서 맞는 파운데이션 색상을 찾기 쉽지 않기 때문에 미국, 유럽에서 구입

BULL DOG
NATURAL SKINCARE
Sensitive Moisturiser
Original Face Wash
Original Face Scrub
Original After Shave Balm
Original Moisturiser
Original Shower
7.39
4.29
4.29
5.49
6.19
4.99
7.39
Sensitive Shave Gel
Original Shave Gel
Original Face Wash
Original Face Scrub
Original Post Shave Balm
Original Moisturiser
WELEDA
Since 1921
POMEGRANATE
Regenerating Body Lotion
CITRUS
Hydrating Body Lotion
WILD ROSE
Pampering Body Lotion
SEA BUCKTHORN
Replenishing Body Lotion
WHOLEBODY
TESTER Try Me!
21.99
13.99
19.99
15.99
Wild Rose Body Lotion
Sea Buckthorn Body Lotion
CERTIFIED FAIR TRADE
Dr. Bronner's Magic Soaps
All-One Hemp ROSE
PURE-CASTILE SOAP
MADE WITH ORGANIC OILS
All-One Hemp LAVENDER MILD
PURE-CASTILE SOAP
All-One Hemp LAVENDER
PURE-CASTILE SOAP
All-One Hemp ALMOND
PURE-CASTILE SOAP
All-One Hemp EUCALYPTUS
PURE-CASTILE SOAP
Rose Soap Bar
Baby Mild Soap Bar
Lavender Soap Bar
Almond Soap Bar
Eucalyptus Soap Bar
4.49
4.49
4.49
4.49
4.
Melvita
Savon crème
BIO net wt. 3.53 oz
Melvita
BOUQUET FLORAL
Savon visage
extra-doux
Face soap
ultra-gentle
BIO
ORGANIC
BENTLEY ORGANIC
Organic Soap
Savon Bio
Cleana
3 Savonnettes
LAVANDE de PROVENCE
Verbena Leaf Cream Soap
Floral Bouquet Soap Cup
Smoothing Soap
Calming Moisturising Soap
Aleppo Soap With Red Clay
Aleppo Rose Soap
French Honey Soap
3.99
6.99
6.49
2.49
2.49
6.19
6.29
9.39
temporarily out of stock
faith in nature
faith in nature
faith
in nature
OLIVA
PURE
유기농,
자연주의 브랜드만
모아놓은
홀 푸드 마켓

하면 좋다.

　　　백화점에서 화장품 쇼핑을 할 땐 에스티로더의 에이린(AERIN), 돌체앤가바나, 톰포드뷰티(Tom Ford Beauty), 트리시맥보이(Trish McEvoy)처럼 국내에서 구할 수 없는 (톰포드뷰티의 경우 국내에 일부 입점) 브랜드를 공략하면 좋다. 또 세포라의 다양하고 싼 자체 색조 제품들(특히 립스틱)이나 드럭스토어와 ULTA 같은 화장품 전문점에서 파는 레블론 파운데이션과 포토제닉 파우더, 세라비(Ceravie)의 보습제, 록(Roc)의 레티놀 에센스, 미국 뉴트로지나와 클린앤클리어의 여드름 피부용 제품, 엑수비앙스(Exuviance)의 필링 제품, 로락(Lorac), 스틸라(Stila), 타르테(Tarte), 투페이스드(Too Faced)의 색조 제품 등이 구입하면 좋은 품목.

　　　홀 푸드 마켓에선 존마스터스오가닉, 키스마이페이스 등이 추천 브랜드이고 100% 시어버터, 아르간 오일, 뱃저(Badger)의 자외선 차단제(100% 물리적 차단제라 아이들용으로 좋다) 등도 좋다.

태국에서 사면 좋은 화장품

　　　　　　　　　　　　　　　백화점 수입 브랜드는 매우 비싸며 태국 사람들 대부분이 드럭스토어인 부츠와 왓슨스에서 화장품을 산다. 태국 번화가 이디에서나 쉽게 볼 수 있는데 부츠 자체 브랜드뿐 아니라 솝앤글로리, 올레이 등 영국 부츠에서 취급하는 브랜드가 대부분 입점해 있다. 태국에 프록터앤갬블, 존슨앤존슨, 로레알 등의 공장이 있는데 올레이, 클린앤클리어, 로레알, 클리어러실, 가르니에, 니베아, 팬틴 등의 제품들이 현지인의 소득 수준에 맞춰 저렴한 가격으로 책정돼 나와 그 어떤 나라보다 싸다. 물론 모든 제품이 태국산이다.

　　　태국은 천연 화장품 원료의 수출국이다. 덕분에 현지의 스킨 케어, 보디 케어, 헤어 케어 브랜드는 다른 자연주의 브랜드에 극소량 들어가는 식물성 원료를 그대로 갈아 넣다시피 한 제품이 많다. 특히 부츠 등에서 큰 자리를 차지하고 있는 스무스이(SMOOTH E)라는 브랜드는 제품이 약산성에, 피지와 비슷한 보습막을 남겨주어 건성 피부용으로 훌륭하다. 클렌저 라인은 거품이 나지 않는데, 얼굴에 가볍게 마사지하고 물로 씻어내면 생크림을 바른 듯 촉촉함이 그대로 남아 아토피가 있거나 악건성인 사람에게 추천할만하다. 태국에서만 나오는 헤나 염색 샴푸, 천연 성분 마스크 등 헤어 제품도 대량 구매해볼만하다.

또 놓치지 말아야 할 제품이 바로 야돔이다. 야돔은 민트 등 허브 오일을 립스틱 모양의 통에 넣은 일종의 아로마 테라피 제품으로 더운 날씨와 에어컨 때문에 코가 막힐 때나 기분 전환이 필요할 때 콧구멍에 대고 향을 들이마시면 상쾌해진다. 호랑이 연고는 워낙 잘 알려진 제품인데 우리 식으로 보면 삔 데, 멍든 데, 타박상에 두루 사용하는 가정상비품이다. 편의점이나 슈퍼마켓에서는 꽃가루를 포장한 마스크, 아로마 오일을 듬뿍 넣은 비누 등을 매우 싼 가격에 살 수 있다.

홍콩에서 사면 좋은 화장품

홍콩은 도시 전체가 면세 지역이라 쿠폰, 적립금이 없는 면세점이라고 할 수 있다. 정가로만 따지면 환율에 따라 다르지만 우리나라 백화점보다 싸고 면세점보단 비싸다. 홍콩뿐 아니라 중화권에는 화장품 전문점이나 드럭스토어 개념인 사사(SASA), 봉쥬르(BONJOUR), 왓슨스, 매닝스가 있다. 일본, 프랑스, 독일, 미국 등 세계 각국의 화장품 브랜드가 한 자리에 모여 있다는 것이 장점. 잘 살펴보면 일본 화장품이 일본보다 싼 경우도 있고, 일본 회사 중 중국 회사에 기술 라이선스를 주거나 현지 공장을 세운 경우가 많아서 성분이 같은 제품을 일본의 삼분의 일 가격에 살 수도 있다.

사사나 봉쥬르가 처음 유명해진 건 랑콤, 에스티로더, 크리니크, SK-Ⅱ 등 유

코즈웨이베이
레이튼 로드(Leighton Road)
에 있는 화장품점
사사 슈프림

명 브랜드 제품들을 아주 저가에 팔았기 때문이다. 지금은 그 정도는 아니지만 확실히 백화점보다는 싸고 샘플도 판매한다. 고가 제품일수록 할인 폭도 커서 수십만 원짜리 제품의 경우 국내보다 10~20만 원 정도 싼 경우도 있다. 하지만 최신 제품은 없으며 사용기한, 보관 상태 등을 잘 살펴야 한다. 르네휘테르, 바이오더마 등 유럽 화장품은 유럽보다는 훨씬 비싸나 국내보다는 조금 싸니 비교를 먼저 해봐야 한다. 왓슨스와 매닝스로 대표되는 드럭스토어는 일본 드럭스토어 제품이 사사와 봉쥬르보다 비싸지만 상품이 조금 더 최신이거나 깔끔한 상태로 판매한다. 전 세계의 비타민이나 건강식품은 항상 세일 등의 행사를 해서 매우 싸다.

백화점에서는 레인크로포드의 화장품 코너가 세계의 프리미엄 브랜드를 모아놓아 고급스럽고, 하버시티의 페이시스는 브랜드 종류가 다양하며, 소고백화점도 웬만한 백화점 브랜드들이 다 모여 있다. 홍콩에선 한정판으로 나오는 색조 제품이 당일에 다 팔리는 경우도 있으니 나온 지 한참 된 신상품을 홍콩에서 싸게 사는 건 무리다. 시티슈퍼의 화장품 코너인 로그온(LOG ON)은 주로 새로 나온 일본 드럭스토어 제품을 비싸게 판다.

프랑스에서 사면 좋은 화장품

약국의 기능이 많이 남아 있으면서도 다양한 화장품을 취급하는 파머시(Phamacy)가 주요 화장품 판매처. 향수와 메이크업 제품은 가끔 백화점이나 부티끄에서 사도 되지만, 스킨 케어 제품은 파머시가 낫다. 아벤느, 바이오더마, 유리아쥬, 라로슈포제, 비쉬, 피지오겔 등이 모두 파머시에서 팔리고 달팡, 꼬달리, 눅스, 르네휘테르 등 중고가 브랜드도 파머시에서 구입할 수 있다.

프랑스 파머시 중 가장 유명한 곳은 파리 몽쥬 역에 있는 몽쥬약국과 생제르멩 데프레에 있는 시티 파르마(Citi Pharma). 국내 구입 정가 대비 반값도 안 되는 것도 많

프랑스 파리의
파머시, 몽쥬약국

다. 몽쥬약국은 현장에서 텍스 리펀드(세금 환급)를 해주고 모든 제품이 한국어로 안내가 되어 있으며 한국어를 할 수 있는 직원이 있어서 한국인들이 많이 몰린다. 물론 가격이 가장 싼 곳이기 때문이지만 간혹 시티 파르마가 더 싼 품목도 있다.

화장품을 살 때 우리나라에서 누가 쓴다더라, 좋다더라 하는 데엔 신경 쓰지 않아도 된다. 입소문 난 것 중 실제 성분은 별로 좋지 않은 것이 많다. 우리나라 사람들은 자기 피부에 맞지 않는 악건성용 라인을 사는 경우가 많은데, 스킨 케어 제품은 약사에게 피부를 보여주고 제품을 추천받는 게 가장 정확하다. 자외선 차단제(특히 립밤), 여드름 피부용 라인, 식물성 오일, 프랑스 특산물인 초록·분홍 진흙 등이 좋으며 샴푸 등 헤어 케어 제품은 유기농 브랜드(소듐라우레스설페이트가 없는 것)가 아니면 비싸기만 하고 우리나라 것과 크게 다르지 않은 경우가 많다.

프랑스에도 록 제품들이 있지만 미국보다 비싸다. 또 거리에서 흔히 볼 수 있는 마르세유 비누 가게나 화장품 전문점에서 로제에갈레(ROGER & GALLET)의 향수 비누를 사면 선물용으로 좋다.

영국에서 사면 좋은 화장품

부츠와 수퍼드럭이라는 드럭스토어의 양대 산맥이 있으며, 부츠의 넘버세븐은 특히 인기가 많다. 맥스팩터의 다양한 파운데이션과 파우더는 영국의 드럭스토어에서 꼭 사야할 아이템. 색상도 다양해서 얼마든 써보고 자기 피부 톤에 맞는 걸 찾을 수 있다. 로레알, 레브론, 색조 제품도 저렴하며 다양하다. 헤어 케어 브랜드인 범블앤범블, 존프리다, 토니앤가이 등 헤어 살롱 브랜드가 대규모로 모여 있는 것도 특징. 모발 타입이나 색상별로 세분화되어 자기에게 맞는 제품을 살 수 있다. 케이트 모스가 모델이며 유행에 빠른 립멜(RIMMEL)은 매우 저렴하기 때문에 기념으로 하나 장만할만하다. 부츠와 수퍼드럭은 모두 하나를 사면 두 개째는 반값에 준다든가, 두 개 사면 하나를 덤으로 주는 행사를 많이 하니 잘 보고 양을 맞추면 훨씬 저렴하게 쇼핑을 할 수 있다.

홀 푸드 마켓에는 온갖 유기농, 자연주의 브랜드가 모여 있다. 닐스야드 래머디스 같은 영국 브랜드를 구입하면 좋다. 체인이 아닌 작은 동네 약국을 돌아보면 영국 전통 디자인에 향을 담은 로열 아포틱(Royal Apothic) 같은 브랜드도 몇몇 만날 수 있다. 성분은 평범하지만 디자인이 워낙 고급스러워 기념품으로 사면 좋다. 핸드 크림, 향수, 비누 등이 무리 없는 선택.

일본에서 사면 좋은 화장품

드러그스토어가 가장 큰 화장품 유통 채널이고, 그 다음이 통신판매, 백화점 순인데 우리나라에서 백화점 브랜드로 꼽히는 시세이도 마끼아쥬, 아넷사, 가네보의 알리, 코스메데코르테도 일본에선 드러그스토어에서 팔린다. 기본적으로 세일을 하는 곳이 많고, 계절 끝에는 추가 세일을 해서 심한 엔고만 아니라면 국내 가격보다 매우 싸게 살 수 있다.

일본 여성들은 화장품에서 진한 향이 나는 것과 기름진 질감을 싫어해서 무향, 젤 타입 스킨 케어 제품이 많다. 닥터시라보, 미즈노텐시, 쥬쥬코스메틱 아쿠아모이스트 등은 수분 부족형 지성 피부 소유자들이 구매하면 좋은 선택이다. 최근 국내에 유행 중인 무첨가 화장품도 일찍이 일본에서 유행을 했던 것인데 불필요한 향료, 인공 색소, 미네랄 오일, 독한 방부제 등을 넣지 않았음을 강조하는 것이다. 백화점에서 팔리는 같은 회사의 고가 브랜드보다 오히려 저가인 드러그스토어용 브랜드 제품을 썼을 때 피부가 더 편안할 수 있다.

일본은 습도가 높아 젤 타입에 끈적임이 전혀 없는 화학적 자외선 차단제를 선호하며 드러그스토어에서 값싸게 구할 수 있다. 니베아 선 프로텍트 워터 젤, 비오레 사

고가 브랜드와
실용적인 브랜드가
알차게 모여 있는 런던의
리버티 백화점

라사라, 시세이도 아넷사, 가네보 알리 등이 유명하다. 일본에는 거품 염색제, 마시는 미백제, 안구 세척액, 비 오는 날 머리 처짐 방지 스프레이, 립스틱 코팅용 립글로스, 아래 속눈썹 전용 마스카라 등 수많은 아이디어 상품들이 있다. 저가 브랜드 간의 경쟁이 치열해서 거의 매달 새로운 아이디어를 적용한 신제품들이 쏟아지므로 둘러보면 좋다.

　　일본이 특별히 자랑할만한 화장품이 바로 파운데이션이다. 입자가 곱고 얇게 발리면서도 깨끗하게 피부를 표현한다. 하지만 습한 환경 탓에 젊은이들이 많이 쓰는 브랜드는 우리나라에선 다소 건조할 우려가 있다. 드럭스토어에선 소피나(Sofina), 일본 맥스팩터 등이 구입하기 좋은 제품이며 노브(N.O.V), 세잔느(CEZANNE) 같이 저가도 가격 대비 훌륭하다. 일본 브랜드의 비비 크림도 쉽게 찾을 수 있는데 '일본인에게 맞는 비비'라고 광고하곤 한다. 가네보 후렛셀(freshel), 닥터시라보(Dr. Cirabo) 등이 대표적이며 백화점 브랜드로는 웜 톤, 쿨 톤이 나뉘어 있는 커버마크(COVERMARK)가 있다.

　　색조 제품으로는 드럭스토어에서 파는 비세(VISEE, 특히 글램누드와 글램 핑크 아이즈가 유명), 에스프리크(ESPRIQUE), 엑셀(EXCEL), 코프레도르(COFFRE D'OR) 추천. 마끼아쥬는 드럭스토어에서 세일을 하면 우리나라 백화점 가격 대비 매우 싸다. 백화점 브랜드로는 가네보의 SQQUU, 질스튜어트(JILL STUART), 폴앤조(PAUL&JOE)가 있다. RMK와 루나솔은 국내 면세점에서 쿠폰 등을 이용하는 게 더 싸다.

　　일본에 가면 다양한 미용 도구들도 저렴하게 구입할 수 있는데 LOUJENE 같이 드럭스토어에서 하나씩 포장해 파는 브러시의 품질이 매우 좋다. Ferie 눈썹면도기, MTG의 얼굴 마사지 전동기기, 요지야 기름종이, 가네보 속눈썹 빗, 대량으로 파는 화장용 스펀지, 앞머리 고정기구와 올림머리 만드는 도구들 등을 구입하면 좋다. 또 말기름을 쪄 정제한 마유도 구할 수 있는데 100%에 가까울수록 좋으며 야쿠시도의 손바유가 유명하다.

해외 화장품 온라인 쇼핑몰
완벽 정리

한국에는 아직 론칭을 하지 않은 브랜드의 제품이나 브랜드가 입점했어도 해외에서만 구할 수 있는 색조 라인들 중에 구하고 싶은 제품이 있다면 어떻게 해야 할까? 화장품 하나 사려고 비행기를 탈 수도 없는 일이고, 아쉬움만 간직한 채 포기해야 할까? 이럴 땐 우리에게 인터넷 쇼핑이 있지 않은가. 한국까지 직접 배송해주는 유용한 온라인 해외 쇼핑몰만 모았다. 한국어 서비스를 제공하거나 무료 배송을 해주는 곳도 있으니 잘 살펴보자.

미국 아이허브

자연주의 제품을 전문적으로 파는 사이트로 한국어 서비스를 제공한다. 각종 프로모션과 빠른 배송으로도 매우 유명한 곳.

kr.iherb.com

미국 프래그런스넷

믿을 수 있고 저렴한 향수 판매처. 화장품도 판매한다. 할인 코드를 찾아 입력하면 더욱 싸다. 처음 거래할 때 신용카드 정보(특히 영문 주소)를 카드사에 등록된 것과 같게 정확히 입력해야 한다.

www.fragrancenet.com

미국 아마존

미국에서 유통되는 거의 모든 제품이 있으며 아마존 직배송 제품은 한국까지 배송해주고, 개인 판매자 제품은 각각 다르다. 가격 비교를 하면 현지에서도 아주 싼 가격으로 살 수 있지만 대개 배송이 느리다.

www.amazon.com

영국 에이소스

영국 최대의 패션 통신판매 업체지만 화장품 코너도 충실한 온라인 쇼핑몰이다. 영국 브랜드 중 상당수를 현지 가격으로 국내까지 무료 배송해준다. 단, 나스와 베네피트 등은 국외 배송하지 않는다.

www.asos.co.uk

영국 에이치큐 헤어

유럽의 다양한 헤어 케어 브랜드와 화장품을 국내까지 무료 배송한다. 가격이 아주 저렴한 것은 아니지만 상시 세일 코너가 있어 잘 찾아보면 득템도 가능하다.

www.hahair.com

홍콩 사사

국내 배송 시 현지 가격보다 약간 비싸게 받는 품목도 있고 아닌 것도 있지만 전 세계 화장품이 대부분 저렴하며 250 홍콩 달러 이상이면 무료 배송이다.

www.sasa.com

홍콩 봉주르

사사와 같은 화장품 전문점으로 할인 행사를 자주 한다. 단, 사사와 가격을 비교해볼 필요가 있으며, 87.57 미국 달러 이상 주문 시 무료 배송이다.

www.bonjourhk.com

일본 라쿠텐

일본 드럭스토어 화장품과 통신판매 화장품을 현지 가격으로 살 수 있고 배송료도 저렴하다. 한국어 페이지가 따로 있다. 간혹 상점별로 배송료 추가 결제 메일을 보내는데 그때 답메일을 보내야 배송이 진행된다.

www.rakuten.co.jp

일본 월드비

일본에 있는 구매대행 업체로 현지가보다 비싸지만 최신 상품이 많다. 원하는 상품은 따로 구매를 대행해주기도 한다.

www.worldbee.kr

프랑스 몽쥬약국

현지 가격 그대로 판매해 가장 저렴하며, 다소 부정확한 면도 있지만 한국어 서비스를 제공한다. 무게별로 배송료를 적용한다.

www.pharmacie-monge.com

프랑스 르 기드 상테

몽쥬약국보단 비싸지만 피에르 파브르 그룹 브랜드(아벤느, 듀크레이, 르네휘테르, 끌로랑)와 라로슈포제도 판매한다. 마찬가지로 무게별로 배송료를 적용한다.

www.leguidesante.com

프랑스 파리슈퍼

구매대행 업체로 각 제품 가격은 몽쥬약국보다 비싸지만 199,999원 이하 구입 시 배송료를 1만 5천 원만 적용한다.

www.parisuper.co.kr

프랑스 파리베네

배송료가 무게에 상관없이 7,900원이지만 상품 가격이 현지가보다 높으므로 잘 계산해볼 것.

www.parisbene.com

화장품 브랜드별 특징 및 대표 제품

화장품을 향한 여성들의 열정만큼이나 세상에는 다양한 화장품 브랜드들과 제품이 존재한다. 고가의 제품도 많은데 자칫 잘못 선택하면 한 번 쓰고 버리는 일도 수두룩한 게 바로 화장품. 화장품 브랜드별로 기본적인 특징만 이해해도 자신의 취향과 피부 타입에 맞는 화장품을 선택하기 위한 첫 관문은 가볍게 통과할 수 있다.

해외 주요 화장품 브랜드

겔랑	원래 19세기의 손꼽히는 조향사 피에르 프랑수아 파스칼 겔랑에 의해 탄생한 고급 향수 브랜드였지만 현재는 색조 제품이 더 유명하다. 1980년대에 테라코타 파우더란 브론저를 만들어 휴양지에서 잘 그을린 상류층처럼 보이는 룩으로 히트했다. 색조 제품의 색상 조합이 매우 훌륭하다.

끌레드뽀보떼	시세이도의 프리미엄 브랜드로 파우더와 파운데이션이 건성 피부, 노화 피부에 좋다.
나스	메이크업 아티스트인 프랑소와 나스의 이름을 땄다고 하지만, 시세이도의 프리미엄 브랜드이며 색조 제품의 품질이 뛰어나다. 실험적 색상부터 무난한 색상까지 다양하고 밀착력과 발색력 모두 훌륭하다.
뉴트로지나	여드름 피부용 제품, 자외선 차단제가 좋지만 작용이 강한 품목들이라 자기 피부에 맞아야 한다.
달팡	에스티로더 계열 브랜드로 식물 추출물이 많이 들어 있어 이런 성분이 자신에게 맞으면 좋다.
라로슈포제	약은 아니지만 아직까지 병원을 통해 판매점을 지정받아 구입하는 경우가 대부분인 로레알 그룹의 브랜드. 피부 타입별로 세분화되어 있으며 콘셉트 성분 없이 딱 필요한 성분으로만 구성돼 있다. 자외선 차단제인 안뗄리오스 라인, 민감성 피부 라인인 똘러리앙, 건성 피부용 보디 케어 라인인 리피카, 지성 피부용 라인인 에빠끌라가 좋다.
로라메르시에	메이크업 아티스트 로라 메르시에가 만든 브랜드로 프라이머를 최초로 만들었으며 웜 톤을 위한 차분한 색조 제품이 대부분을 이루고 있다. 프라이머는 실리콘 베이스인데 파운데이션은 무실리콘인 제품도 있다.
록시땅	식물 성분을 많이 쓰는 자연주의 브랜드로 시어버터를 함유한 제품들이 특히 유명하며 보습력도 좋다. 각종 향수와 오일도 추천할만하다.
바비브라운	지적이고 도시적이며 실용성을 강조하는 에스티로더 그룹의 브랜드. 파운데이션과 파우더 제품의 품질이 좋고 대부분 웜 톤에 잘 맞는다. 엑스트라 라인은 식물성 오일이 많이 들어 있어 건성 피부에 잘 맞으며 브러시 중 합성모 제품이 좋다.
베네피트	미국 브랜드였지만 LVMH 그룹에 소속되면서 건성 피부에 맞는 스킨 케어 제품도 나오고 있다. 건강해 보이는 피부 표현을 위한 보디밤, 시머, 틴트 등이 베스트셀러. 아이섀도와 립스틱 같은 색조 제품은 거의 웜 톤이며 매우 자연스럽다.
비오템	지성 피부용 수분 제품과 남성 제품 위주이나 로레알의 계열사인 만큼 자외선 차단제와 항산화 성분이 든 에센스도 좋다. 오비타미네 등 고전적인 보디 제품도 많이 있다.

슈에무라	할리우드 메이크업 아티스트였던 슈 우에무라에 의해 설립된 전문가용 브랜드였으나 로레알 그룹에 소속되면서 색조 제품도 국제적인 색감을 띠게 되고, 자외선 차단제 등의 성분도 로레알 그룹과 공유하게 됐다. 가장 유명한 제품은 클렌징 오일이며 지성 피부용 파운데이션, 립스틱, 브러시, 속눈썹을 추천할만하다.
시세이도	국내에서 가장 인기 있는 아이템은 자외선 차단 기능이 막강한 아넷사 선크림이지만, 사실 미백 에센스에서 독보적인 기술을 갖고 있다. 바이오 퍼포먼스 라인의 아이 크림 등 일부 주름 개선 제품도 좋다. 더메이크업, 마끼아쥬는 품질이 좋으나 대중적이진 않다.
아베다	에스티로더 그룹 계열 브랜드로 식물 성분 위주로 순한 성분을 쓰면서 헤어 케어 제품엔 AHA, BHA를 쓰는 등 기능도 고려한 제품이 많다. 무향 스킨 케어 라인은 매우 순하다.
에스티로더	에스티로더 그룹의 주력 브랜드로 최초의 대중적 AHA 제품인 프루션(단종)과 아이디얼리스트, 나이트 리페어 등의 에센스로 유명하다. 그룹에서 새로운 성분 개발 시 가장 먼저 적용하는 브랜드이기도 하다. 최근 국내에선 더 블웨어 파운데이션이 유명하나 다른 파운데이션의 품질도 좋으며 미국에서 구입하면 색상이 다양해서 어떤 피부도 자기에게 맞는 색을 찾을 수 있다.
입생로랑	색조 제품과 향수가 유명하며 특히 색조는 패션쇼 의상만큼이나 화려하고 질감도 다채롭다. 무난한 색상도 있지만 선명한 원색이 많아 이를 소화할 수 있는 사람에게는 매우 좋다. 최근 국내에서 립 틴트가 히트했지만 원래 립스틱도 색조가 다양하고 품질이 좋다.
코겐도	일본 메이크업 아티스트가 론칭한 브랜드로 일본 특유의 차진 피부 표현에 적합하며 파운데이션, 파우더, 컨실러, 프라이머 등의 품질이 모두 좋다. 스킨 케어 제품 중에선 클렌징 워터가 좋다.
코스메데코르테	고세의 프리미엄 브랜드로 원래 에센스의 강자인 만큼 나노 리포솜에 보습 성분을 담은 모이스처 리포솜 에센스가 가장 유명하다.
키엘	로레알 계열 브랜드로 최근에 개발된 에센스, 자외선 차단제 등 기능성 제품이 대체로 좋다. 향이 없는 제품이 많고, 남자가 같이 써도 되는 제품이 많다.
크리니크	전제품 무향이란 점이 가장 좋으며 기본적으로 스킨 케어에 충실하자는 콘셉트로 론칭했지만 최근에는 미백, 주름 개선, 자외선 차단 등 기능성 제품도 좋다. 무향, 무색소인 보습제도 좋다.

크리스챤디올	전통적으로 립스틱과 아이섀도가 강세인 브랜드. 최근엔 립스틱이 더 유명하다. 보습력이 좋으며 색상도 선명한 것부터 립밤처럼 연한 것까지 다양하다. 특히 빨강색 립스틱 톤이 다양하기로 유명하다. 파우더류의 품질도 좋다.
SK-II	일본 브랜드로 착각하기 쉬우나 올레이, 커버걸, 맥스팩터 등과 함께 프록터앤드갬블(P&G) 계열의 브랜드이다. 미백 에센스와 각질 제거 토너, 파운데이션 등이 좋다.

국내 주요 화장품 브랜드 ◢

보브	국내 저가 브랜드 중 색조 제품의 품질이 좋은 브랜드로 특히 20's 팩토리 라인은 펑키한 메이크업을 위한 파격적인 제품이 많다.
빌리프	처음엔 LG생활건강에서 키엘을 타깃으로 만든 브랜드이나 현재는 콘셉트가 달라진 상태. 식물 추출물을 많이 쓰며 유분이 많지 않은 크림, 에센스가 인기다.
설화수	아모레퍼시픽 그룹의 프리미엄 브랜드로 자체 개발한 기능성 성분이 많이 들어가는 것은 물론이고, 한방 성분이 매우 다양하게 들어간다. 이들 성분이 자기 피부에 맞을 시 좋으며 클렌징 오일이나 클렌징 폼 등은 순해서 누구에게나 좋다.
숨	발효 에센스가 유명하며 거의 모든 제품에 발효물이 들어간다. 발효물과 제품 고유의 향이 자기 피부에 맞는다면 좋은 선택이다. LG생활건강에서 개발하는 미백, 주름 개선 기능성 원료도 많이 적용된다.
스킨푸드	전신이 피어리스이며 국내 저가 브랜드 중에서 색조 제품의 품질이 좋다. 기초 제품 중에서 어린잎 퓨어 라인이 순하고 피부 타입별로도 나뉘어 있어 좋다. 색조 중에선 당근 라인이 좋다.
아이오페	한국인의 피부에 맞는 레티놀 에센스를 최초로 개발한 브랜드로 미백, 주름 개선 등 자체 개발한 신성분을 에센스에 많이 적용한다. 마일드 클리닉 라인이 매우 순해서 추천할만하다.

에스쁘아	원래 향수 브랜드였으나 색조 제품을 다양하게 내놓으면서 이미지 변신에 성공한 케이스. 특히 립스틱의 밀착력, 보습력 부문에서 가격 대비 품질이 좋다. 펄이 많은 색조 제품이 다양하다는 것도 특징.
이니스프리	최근 제주도에서 생산되는 각종 식물 추출물 및 발효물을 이용한 스킨 케어 제품을 다양하고 저렴하게 내놓고 있다. 특히 지성 피부가 쓸만한 클렌저, 에센스, 자외선 차단제 등이 많다.
투쿨포스쿨	화장품 종합매장 토다코사에서 만든 브랜드로 디자인상도 받을 만큼 패키지 디자인이 뛰어나다. 색조 제품의 색감이 독특하며 콤팩트처럼 거울과 퍼프가 달린 기름종이 등 아이디어 상품도 많다. 히트 상품은 자외선 차단제인 장 조지 롱.
프리메라	아모레퍼시픽 그룹의 식물 성분 위주 백화점 브랜드로 식물 추출물만 피부에 맞는다면 나머지 성분들은 대체로 순하다. 최근 기능성 제품을 많이 추가하고 있다.
VDL	LG생활건강의 패셔너블한 색조 중심 브랜드로 색감이 매우 국제적이다.

2SOL
COSMETIC

잘 팔리는 제품보다 꼭 필요한 제품,
그래서 모두가 행복한 제품을 만듭니다.
세상의 빛과 소금같이
꼭 필요한 이솔!

GALACTOMYCES
POWER AMPOULE
100% pure galactomyces makes
your skin bright and clean
while keeping your skin firm

2SOL
COSMETIC
Made in Korea

TOMYCES
AMPOULE
galactomyces makes
bright and clean
ng your skin firm

2SOL
COSMETIC
de in Korea

100%
갈릭토미세스
발효 여과물

2SOL
COSMETIC
이솔쇼핑몰 http://2sol.co.kr   지마켓 · 옥션 · 11번가에서도 구입이 가능합니다.